gute arbeit!

marion king

gute arbeit!

eine anstiftung zur selbstwirksamkeit

marion king

verlag franz vahlen münchen

vahlen.de

ISBN Print 978 3 8006 7034 5
ISBN E-Book (ePDF) 978 3 8006 7035 2
ISBN E-Book (ePub) 978 3 8006 7036 9

Wilhelmstr. 9, 80801 München
Druck und Bindung: Beltz Grafische Betriebe GmbH
Am Fliegerhorst 8, 99947 Bad Langensalza

Satz: Fotosatz Buck
Zweikirchener Str. 7, 84036 Kumhausen
Produktion: Sieveking Agentur, München
Umschlag: N-A-G-E-L, David Nagel
Bildnachweis: Barbara Dietl, Berlin

vahlen.de/nachhaltig

Gedruckt auf säurefreiem, alterungsbeständigem Papier
(hergestellt aus chlorfrei gebleichtem Zellstoff)

»ich glaub' an dich.«

Hannah King

inhalt

das vorwort

Wer hat hier die Macht? 11
Ein philosophische Einleitung von Natalie Knapp

der zustand der arbeit

● **Vier Perspektiven**
Mitarbeiter:innen 18
Organisationen
Chef:innen
Unterstützer:innen

● **Wer jammert, hat noch Reserven**
Die eigentliche Einleitung zum Buch 23

alte arbeit

● **Kein richtiges Leben im falschen** 32
Über den Zustand unserer Welt

● **Die Wurzeln unserer Arbeit** 37
Die Herren Taylor, Fayol und Ford

● **Taylor meets IT** 44
Die dritte und vierte industrielle Revolution

● **Hat sich denn nichts verändert?** 49
Wie das mit der Arbeit weiterging

● **Was sich immer noch hält und für uns normal ist …** 52

neue arbeit

- **Ein ganzes Dorf** — 58
  Wie es zu »New Work« kam
- **»New Work«-Mythen und Missverständnisse** — 62
- **Danke Frithjof Bergmann!** — 65
  Über die Quelle von »New Work«
- **Von neu zu gut zu ....** — 67
  Ein Perspektivwechsel
- **Was die Welt braucht** — 71
  Verantwortliche Organisationen
- **Es geht um alles** — 81
  Ein passendes Betriebssystem
- **Was das »neue Arbeiten« ausmacht ...** — 146

machen

- **Warum verändert sich nichts?** — 154
  Zwölf »gute« Gründe
- **Einen neuen Umgang finden** — 159
  Über gute Veränderung
- **»Neue Arbeit« selber machen** — 204
  Über die Selbstwirksamkeit
- **Loslegen** — 229
  Drei Schritte
- **Über die Geduld** — 234
  Ein paar gute Worte für den Weg

inspirationen

Neue Männlichkeit 238
New Work needs New Men

New (Generation) Female 243
New Work als feministische Praxis

Eine neue Schule 252
Wie sich Selbstwirksamkeit entfalten kann

Ein neuer Job 256
Über das »Gerne-Prinzip«

ein anhang

Was ganz gut ist, zu lesen 266
Absolute Lieblingsbücher

Zum Vertiefen 269
Das Literatur- und Quellenverzeichnis

Dankeschön 291

»die häufigste art,
wie menschen
ihre macht aufgeben,
besteht darin,
zu denken,
dass sie keine haben.«

Alice Walker[1]

das vorwort
wer hat hier die macht?

Eine philosophische Einleitung von Natalie Knapp

Gute Arbeit beginnt mit dem Gefühl, etwas bewirken zu können. Dieses Gefühl setzt dann die Energie frei, die wir brauchen, um Impulse zu geben, die schließlich Ergebnisse hervorbringen, die uns freuen und dadurch neue Ideen anstoßen, die wiederum zu Impulsen werden und immer so weiter. Gute Arbeit etabliert einen Energiekreislauf und ist eine Form von Kreislaufwirtschaft.

Um so einen Kreislauf aufbauen zu können, muss man zuallererst daran glauben, selbst wirksam sein zu können. Denn nur wer sich selbst als wirksam erlebt, weiß, dass er die Macht hat, etwas zu verändern.

Wie viele andere habe ich während des ersten Lockdowns der Pandemie zu backen begonnen. Ein instinktiver Impuls hat mich dazu gebracht, Rezepte zu wälzen, Teig zu kneten und den Backofen einzuschalten. Erst viel später habe ich begriffen, dass mich dieser Impuls mit dem essenziellen Wissen verbunden hat, dass ich die Macht habe, mein Leben zu gestalten. Jeder von uns hat dieses Wissen, man muss es nicht erwerben, denn es ist angeboren. Aber schon nach wenigen Berufsjahren liegt es oft unter vielen Enttäuschungen verborgen und unter vielen Schichten von falschen Annahmen über die Welt, die zu weiteren Enttäuschungen führen, die uns schließlich lähmen.

So glauben wir etwa, die Macht für große Veränderungen liege in den Händen weniger, die am oberen Ende des Organigramms sitzen und fragen uns, was wir als kleine Rädchen im Getriebe ausrichten können.

Die Wahrheit ist allerdings: niemand hat die Macht für große Veränderungen. Kein Konzern, kein CEO, keine Präsidentin, keine Partei und auch keine Führungskraft. Aber alle haben ein bisschen davon, weil Macht immer ein Stück mit verteilten Rollen ist. Das gilt übrigens für alle Lebensbereiche. Und zwar auch dann, wenn uns die Organigramme glauben lassen, die wahre Macht für Veränderungen liege an der Spitze der Verantwortungspyramide.

Im familiären Umfeld mag es beispielsweise so aussehen, als hätten Eltern Macht über ihre Kinder, weil sie Entscheidungen treffen dürfen und die finanziellen Mittel kontrollieren. Aber in der Realität haben die Kinder schon als neugeborene Babys die Macht, ihre Eltern dazu zu bewegen nachts alle zwei Stunden aufzustehen, um sie zu füttern. So ähnlich sind die Machtverhältnisse auch in hierarchisch organisierten Unternehmen verteilt. Es mag so aussehen, als würden alle wichtigen Entscheidungen ganz oben getroffen. Doch in der Realität werden die meisten Entscheidungen vom mittleren Management vorbereitet, welches von der Arbeit der Teams abhängig ist, die sich auf andere Teams beziehen, die u. a. von der Leistung der Kantine abhängig sind und immer so weiter. Die reale Machtstruktur eines Unternehmens ist ein soziales Netzwerk, das in das größere soziale Netzwerk der Gesellschaft eingebunden ist, das von historischen Entwicklungen abhängig ist, die von politischen Entscheidungen gesteuert werden, die häufig auch von Zufällen abhängen und immer so weiter. »Selbst Kanzlerinnen oder Konzernlenker, die nach allgemeiner Ansicht die Zügel des Geschehens in der Hand haben, klagen häufig über Machtlosigkeit und allgegenwärtige Sachzwänge, die ihnen kaum Spielraum in ihren Entscheidungen ließen.«, schreibt daher Ulrich Schnabel in seinem wunderbaren Buch »Zusammen: wie wir mit Gemeinsinn globale Krisen bewältigen«. Einer der prägenden Begriffe von Angela Merkels Regierungszeit sei daher das Wort »alternativlos« gewesen. Ihrem Nachfolger sei es nicht anders ergangen und Umweltaktivist:innen verzweifelten immer noch regelmäßig daran, dass ihnen die mächtigsten Politiker:innen der Welt sagen, sie würden ja gerne, könnten aber nicht anders. Wegen der Wähler:innen, der Wirtschaft, der aufgeheizten Stimmung im Land, weil kein Geld da ist oder wegen anderer Sachzwänge. Auch die Mächtigsten fühlen sich also derzeit machtlos und genau das sollte uns hellhörig machen.

In der Zeit der Pandemie war es besonders schwer, sich selbst als wirksam und machtvoll zu erleben, weil man auf so viele äußere Umstände keinen Einfluss hatte. Aber viele wussten intuitiv, dass es darauf ankam, sich trotzdem als wirksam zu erleben. Sie haben ihre Wohnungen renoviert, den Keller aufgeräumt oder für andere eingekauft. Wir konnten die äußeren Umstände nicht ändern, aber wir konnten durch solche Tätigkeiten einen essenziellen Unterschied in unserer unmittelbaren Umgebung erzeugen. Die Freude über diesen sichtbaren und spürbaren Unterschied hat uns die Energie gegeben durchzuhalten. Weil uns gar nichts anderes übrigblieb, haben wir uns zu Hause einen kleinen Energiekreislauf guter Arbeit gebastelt. Aber je länger die Pandemie anhielt, desto schwerer wurde es, diesen Energiekreislauf aufrecht zu erhalten. Erstens, weil schließlich alles aufgeräumt war, zweitens, weil immer mehr Probleme dazu kamen, die mit Bordmitteln nicht gelöst werden konnten und drittens, weil wir alle von Natur aus soziale Wesen sind und daher darauf angewiesen, dass unsere Anstrengungen nicht nur durch Ergebnisse belohnt werden, sondern auch durch unvorhersehbare Impulse und positive Rückmeldungen von anderen sozialen Wesen. Dafür brauchen wir dann einen großen Energiekreislauf guter Arbeit. Wenn dann noch eine angemessene Bezahlung dazukommt, erscheint die Arbeit gut genug, um die Sache von Montag bis Freitag durchzustehen.

Führungskräfte und alle, die mitgestalten wollen, brauchen allerdings noch etwas mehr. Um sich relativ regelmäßig auf die Arbeit freuen zu können und auch am Ende ihres Lebens noch mit ihrem Lebenswerk zufrieden zu sein, brauchen sie noch drei weitere Zutaten, um ihren großen Energiekreislauf guter Arbeit komplett zu machen:

Erstens brauchen sie gute Gründe zu glauben, dass es einen Unterschied macht, ob sie ihre Arbeit ganz persönlich erledigen oder irgendein*e andere*r. Und zwar nicht nur für ihren Kontostand, sondern weil sie eigene Ideen und Impulse einbringen und ihren Job auf eine ganz persönliche Weise erledigen – mit ihren Werten, ihrem Engagement und ihrem Charakter.

Zweitens müssen sie erleben, dass ihre Impulse Resonanz erzeugen, so dass langfristig auch ihr Team in einen Energiekreislauf guter Arbeit hineinwächst.

Und drittens brauchen sie zumindest eine Ahnung davon, dass ihre Arbeit auch die Ressourcen des Planeten nicht einfach nur aufzehrt, sondern langfristig mitwirkt an einem Wandel, der Zukunft stiftet. Denn ohne diese Zutat werden sie vielleicht mittelfristig gerne zur Arbeit gehen, sich aber langfristig und im Rückblick die Haare raufen.

Erst wenn das alles zusammenkommt, werden sie als Person mit Gestaltungswillen auch dauerhaft gerne zur Arbeit gehen. Denn zu spüren, dass man mit seiner Arbeit einen Unterschied macht, dass andere die eigenen Impulse wertschätzen, sie weitertragen und als Verbündete an einer gemeinsamen Sache arbeiten, ist nichts weniger als ein wichtiger Teil vom Sinn des Lebens. Denn Sinnerleben hat nichts mit zu erreichenden Zielen zu tun, sondern ist das erfüllende Gefühl, dass sich das eigene Leben in die richtige Richtung bewegt. Das war übrigens die ursprüngliche Bedeutung des Wortes Sinn und wir finden sie heute noch in dem Wort Uhrzeigersinn. Eine Uhr hat kein endgültiges Ziel, aber sie bewegt sich in Richtung Zukunft.

Gute Arbeit ist also nichts anderes als ein nachhaltiger Energiekreislauf, der Sinn stiftet. Sie erkennen ihn daran, dass Ihre Arbeit Ihre Lebensenergie nicht nur aufzehrt, sondern auch immer wieder neue erzeugt. Und nicht nur Sie selbst, sondern auch Ihr Team, Ihr Unternehmen und die Welt sind ein Teil davon.

Um in diesen Kreislauf nicht nur einzutreten, sondern ihn auch langfristig erhalten zu können, muss man eine Menge wissen – über sich selbst, die Welt und den derzeitigen Zustand der meisten Unternehmen. Vor allem aber muss man an sich glauben und sich auf den Weg machen in Richtung Zukunft. Und genau dabei wird Sie das Buch unterstützen, das Sie gerade zu lesen begonnen haben. Es wird Ihnen Mut machen, Tools an die Hand geben, Wissen vermitteln und sie auf angenehmste Weise begleiten.

Gute Reise!

Lese-Empfehlungen

- **Die unfassbare Vielfalt des Seins. Jenseits menschlicher Intelligenz**
  James Bridle, C.H. Beck (2023)
- **Zusammen: Wie wir mit Gemeinsinn globale Krisen meistern**
  Ulrich Schnabel, Aufbau Verlag (2022)

Dr. Natalie Knapp ist Philosophin, Keynote Speakerin und Autorin populärer Sachbücher. Sie ist Dozentin der ZEIT Akademie, der Liechtenstein Academy und der Leuphana Universität Lüneburg. Als Mitglied verschiedener Expertengremien ist Dr. Natalie Knapp ebenso im Einsatz wie als Leiterin von Seminaren und Akademiewochen für Führungskräfte. Zu ihren wichtigsten Themen gehören Komplexität, der Umgang mit Unsicherheit, die Psychologie von Netzwerken, die Flexibilität des Denkens sowie die Frage, wie man in bewegten Zeiten angemessene Entscheidungen trifft.

Um was es in diesem Kapitel geht …

- Unsere Arbeitswelt ist in großen Teilen weder effektiv noch nachhaltig und glücklich macht sie schon gar nicht. Dazu gibt es jede Menge offizielle Studien; man braucht für diese Erkenntnis aber auch einfach nur mit ein paar Menschen sprechen – oder in sein eigenes Herz schauen.

- Trotz all dem verharren wir brav im gewohnten »System Arbeit«, glauben, das muss alles so sein, machen einfach weiter wie bisher, warten auf die »da oben«, dass sie uns sagen, was wir zu tun haben und wie wir es machen sollen. Das kann nicht sein!

- Weil WIR ALLE, die wir arbeiten, die Arbeit sind. Und damit jede:r von uns. Wir können unser Wohl nicht »den anderen« überlassen. Wir können nämlich etwas – beitragen, verändern, machen. Das bedeutet aber, weniger folgsam zu sein und mehr selbstwirksam zu werden. Alle. Jede:r.

der zustand der arbeit

vier perspektiven

mitarbeiter:innen

Seit 2005 führt die Unternehmensberatung Gallup die »State of Global Workplace«-Studie durch.[1] Es ist die weltweit größte und langfristigste Studie über das Engagement von Menschen bei ihrer Arbeit. Jahr für Jahr sagt uns Gallup, dass die Menschen beim Arbeiten nicht wirklich glücklich sind, dass viele nur Dienst nach Vorschrift machen, dass sie sich nicht gesehen, wertgeschätzt, gefordert fühlen. Sechs von zehn Mitarbeitenden wissen zum Beispiel nicht genau, wie sie tatsächlich beitragen können oder sollen und warum was wichtig ist. Sie erfahren keine Unterstützung und fühlen keine Bindung zu ihren Kolleg:innen, ihrem oder ihrer Chef:in oder ihrer Organisation. 44 % der Befragten geben zudem an, dass sie Stress beim Arbeiten empfinden.

Gut, dass es diese offiziellen Studien gibt, aber eigentlich wissen wir das alles auch selbst – zumindest aus der Kaffeeküche. Arbeiten ist (in der Regel) das, was wir irgendwie machen, weil wir irgendwie unser Geld verdienen, Miete und Versicherungen und ein Auto bezahlen, unsere Familie ernähren müssen. Und weil wir dann noch ein bisschen Geld brauchen, um wirklich Spaß im Leben zu haben. Ausgehen, Hobbies, schöne Klamotten, Urlaub. Für die meisten Menschen ist es nämlich genau das: ein Müssen. Nix Purpose. Freude und Leichtigkeit gehen anders. Zwischendurch gibt es immer mal wieder kleine Hoffnungsmomente: ein Change-Projekt! Hey, eine neue Vision, eine neue Mission, neue Werte, neue Powerpoints, neue Berater:innen, jede Menge Workshops und Post-its und große Versprechungen. Und dann: passiert leider meist doch nichts, was einen wirklichen Unterschied machen würde, wirklich etwas bewegt, verändert. Mitarbeitende sind gefrustet von unzähligen Ankündigungen, nicht getroffenen oder nicht umgesetzten Entscheidungen, von unsäglichen Meetings, fast schon traumatisiert von dem, was sie jeden Tag am Arbeitsplatz erleben und vorgelebt bekommen. Verrückterweise spüren oder wissen die Menschen meist ziemlich genau, was anders laufen müsste und sogar, wie das gehen könnte. Sie hätten auch richtig gute Ideen und vor allem Lust, etwas beizutragen. Sie könnten das auch. Menschen sind ja nicht doof. Aus irgendwelchen Gründen machen sie es aber nicht (mehr) oder nur im Rahmen dessen, was irgendjemand anordnet oder zulässt.

organisationen

Dann gibt es da die »andere« Seite: die Unternehmen, die Organisationen. Ihnen sagt Gallup jedes Jahr von Neuem, dass sie Unsummen an Geld verlieren, weil sie das mit dieser Zusammenarbeit nicht wirklich gut hinkriegen, dass die Menschen unglücklich, unmotiviert und unzufrieden sind. Das ganze Dilemma kostet die Weltwirtschaft jährlich circa 8,8 Milliarden Dollar, das sind 9 % des globalen Bruttoinlandsprodukt (BIP).[1] Richtig viel Geld also.

Leider können sie sich darum aber nicht kümmern, weil sie sich im Dschungel der immer größer und komplexer werdenden sonstigen Herausforderungen zurechtfinden müssen. Das Titelbild des »Chief Economists Outlook«, ein Bericht des World Economic Forums, zeigt dieses Jahr eine düstere Wolkenlandschaft mit einem kleinen bisschen Sonnenschein dazwischen.[2] Im Intro steht, dass der Ausblick »gloomy«, also düster sei. Da wird von drohender globaler Rezession, den Auswirkungen der weltweiten Spannungen durch Kriege und Krisen, der Unsicherheit im Energie-, aber auch im Arbeitsmarkt gesprochen, ganz abgesehen von den gestiegenen Energie- und Ernährungskosten. Im »Future of Jobs Report 2023« kann man nachlesen, dass die Einführung neuer Technologien einer der wichtigsten Treiber der Geschäftstransformation sein wird.[3] In den nächsten fünf Jahren müssen sich deshalb 44 %(!) der Qualifikationen maßgeblich verändern. Die Liste der To Do's ist also seeeehr lange. Alles hängt mit allem zusammen und betrifft nicht nur »die Großen«. Dazu kommt das eigentliche Tagesgeschäft, das ja irgendwie auch noch erledigt sein will, die ständige Forderung nach Profitabilität, irgendwelche Stakeholder-Interessen, noch mehr wachsen und innovativer sein. Wie soll man dabei noch diese ganzen Menschen führen, entwickeln oder motivieren, damit sie überhaupt etwas arbeiten, etwas richtig und das vor allem effizient machen, damit sie 150 % geben, top performen, lieber ins Büro kommen als zu Hause die Wäsche zu waschen, auf jeden Fall fünf statt vier Tage die Woche arbeiten und jetzt bloß nicht kündigen. Was für eine Anstrengung, die alle auch noch irgendwohin mitnehmen zu müssen – wenn sie denn überhaupt nur wöllten, was ja fraglich ist.

chef:innen

Wiederum laut Gallup sind DER Erfolgsfaktor für die Motivation und das Halten von Mitarbeiter:innen sowie für Veränderung: die Führungskräfte.[4] Chef:innen (eigentlich ja auch Menschen), also die, von denen wir immer gedacht haben, dass sie alles sicher in der Hand haben, alles entscheiden und wirklich verändern könnten, vor allem genau dafür bezahlt werden, das »Management«, hat es anscheinend auch nicht so gut. Der »Change Management Kompass 2020« von Porsche Consulting, sagt, dass 64 % der Führungskräfte glauben, dass sich ihr Unternehmen in den nächsten zwei Jahren tiefgreifend verändern wird, traurigerweise schätzen sie ein, dass aber nur 20 % der strategischen Transformationen das gewünschte Ergebnis erreichen werden.[5] Und laut einer Studie der »Bundesanstalt für Arbeitsschutz und Arbeitsmedizin« (BAuA) fühlen 41 % der Führungskräfte eine hohe emotionale Anforderung und sind damit um ein Vielfaches anfälliger für Burnout als die »normalen« Mitarbeitenden.[6] Eine »Harvard Business Review«-Studie beschreibt die Auswirkungen von Ängsten von Führungskräften auf ihr Handeln.[7] [8] Diese Ängste reichen von als inkompetent (man nennt es auch Betrüger- oder Impostersyndrom), als Nicht-/Under-Performer oder als zu verletzbar angesehen zu werden bis zur Angst, von Kollegen politisch attackiert zu werden und sich idiotisch anzustellen. Nicht wenige Untersuchungen zeigen übrigens auch, dass viele CEOs pathologisch narzisstische Störungen haben, die dazu führen, dass sie viel zu impulsiv, zu waghalsig, nicht berechenbar sind und vor allem an Selbstüberschätzung leiden.

Kein leichter Job also. Viele wollen deshalb auch gar keine Führungskraft mehr sein oder werden. Dieses Dilemma könnte damit zu tun haben, dass Führung in erster Linie durch diese komischen Karrierepfade in den Unternehmen entsteht – nicht aus wirklichem Interesse an der Aufgabe, aus Leidenschaft oder Talent. Und dass es meist an tatsächlicher Entscheidungs- und Gestaltungsbefugnis fehlt. Vielleicht hat es auch damit zu tun, dass Führungskräfte in der Regel nicht wirklich für ihren Job ausgebildet sind. Okay, manche waren schon mal auf einem Führungstraining oder haben BWL studiert, aber das habe ich auch und habe nicht das Gefühl, dass mir das bei meiner Arbeit jemals geholfen hätte. Die große Frage bei all dem ist: braucht man Chef:innen eigentlich überhaupt noch – und wenn ja, für was genau?

unterstützer:innen

Und dann gibt es noch eine Seite. Nennen wir sie die »Unterstützer:innen«. Das sind interne Rollen wie Human Resources, Personal- und Organisationsentwicklung oder auch der Betriebsrat. Gerade im »New Work«-Kontext erfahren sie aktuell die ein oder andere kritische Diskussion ob ihrer tatsächlichen Notwendigkeit und Wirksamkeit. Es ist ein diffiziles Thema, weil sich diese Menschen ja auch immer für die Miarbeitenden oder für eine gute Kultur einsetzen. Tatsächlich hätten sie gerade jetzt die große Chance, unsere Arbeitswelt von innen heraus zu erneuern, mit Blick auf Zukunftsfähigkeit neu zu gestalten. Um als Impuls- und Sparringspartner dafür aber ernst genommen zu werden, müssten sich viele von ihnen neu aufstellen, nutzerzentrierter denken und handeln, »neue« Konzepte und Methoden selbst ausprobieren und leben und letztlich eine stärker unternehmerische und strategische Perspektive einnehmen. Aus vielen Diskussionen weiß ich, dass das Management und Führungskräfte genau das vermissen und sich deshalb oft ihre eigenen Wege suchen.

Womit wir bei den Berater:innen wären. Ich weiß, das ist meine eigene Zunft… Sie leben ja entweder davon, dass Unternehmen intern zu wenige Stellen oder nicht die richtigen Menschen mit dem richtigen Knowhow haben und/oder von der Idee, dass jemand »von außen« die besseren Ideen hat. Laut einer Studie des Bundesverbandes Deutscher Unternehmensberater e. V. (BDU) haben sie 2022 dafür in Deutschland 43,7 Milliarden Euro verdient.[9] Tendenz steigend; im Übrigen auch bei den Tagessätzen. BDU-Präsident Ralf Strehlau sagt: *»Ohne Katalysatorfunktion und neutralen Blick von außen wird die notwendige Transformation bei vielen … nicht gelingen können«*. Das könnte gut sein, aber laut einer Studie von KPMG *»erzeugten 73 % der Transformationen (dabei) weder Wachstum noch verbesserte Profitabilität«*.[10] Was bitte läuft da also schief?

Ich glaube, dass das mit den »Unterstützer:innen« deshalb nicht so wirklich gut funktioniert, weil sie ein unglaublicher Bypass sind. Sie sollen für Erfolg oder Performance an Stellen sorgen, an die es nicht gehört. Diese Konstrukte lenken zu oft davon ab, die eigentlichen Themen anzugehen und für wirkliche Veränderung und Verantwortung zu sorgen. Die Kompetenzen und Erfahrungen von vor allem Organisationsentwicklung und Transformation gehören mitten rein die Organisation, zu allen Mitarbeitenden. Weil: ALLE im Unternehmen für gute Arbeit verantwortlich sind. Dazu gleich mehr.

wer jammert, hat noch reserven

die eigentliche einleitung zum buch

Ich weiß… Das klingt alles ein bisschen düster. Und schwarz-weiß. Und ich weiß, dass das natürlich nicht überall so ist und es nicht allen so geht. Und, dass es viele gute Leute gibt, die einen guten Job machen und sich vor allem auch für ein anderes Arbeiten einsetzen.

Aber anscheinend reicht es noch nicht aus – also für ein wirklich gutes Arbeiten, überall. Nicht nur die offiziellen Studien zeigen die eher miserable Lage von Zusammenarbeit und Veränderung, die meisten Menschen, mit denen man über ihren Job spricht, brechen nicht gerade in Jubel aus. Und wer das beim besten Willen nicht nachvollziehen kann, muss sich nur eine Folge der Vorabendserie *»Die Rosenheim Cops«* anschauen, deren Büroszenen ein wunderbares Abbild dieses Zustandes sind.[11]

Es sind aber auch meine eigenen Erlebnisse und Erfahrungen – als frühere Angestellte, als Mitarbeiterin, als Führungskraft und als Organisationsentwicklerin.

Ich erinnere mich zum Beispiel an meinen allerersten Chef, der uns alle schlimm terrorisiert, gegen dessen Verhalten sich aber niemand gewehrt hat. Alle im Team haben einfach mitgemacht. Und, der mir in der ersten Woche im Unternehmen am Eingang gesagt hat *»Frau King, wenn Sie irgendwann hinter mir in diese Drehtüre gehen und vor mir wieder rauskommen, dann haben Sie es geschafft*!«. Was soll man dazu sagen?… Ich erinnere mich auch an meine Schulzeit, in der man mir erklärt hat, ich sei nicht kreativ, weil ich nicht so toll zeichnen konnte wie andere. Es hat mich Jahre gekostet, festzustellen, dass sich Kreativität auch anders als beim Malen zeigen kann.

In meinem Beratungsjob habe ich so viele (zum Teil wirklich grauenhafte) Change- oder Transformationsprojekte erlebt, seit über 20 Jahren spreche ich dazu mit jeder Menge Menschen – in den unterschiedlichsten

Positionen, in den unterschiedlichsten Organisationen. Es sind die Erfahrungen vieler meiner Kund:innen und Kolleg:innen, mit denen ich zusammenarbeite und mit denen ich mich im Vorfeld zu diesem Buch ausgetauscht habe. (Und ja, wir Berater:innen haben definitiv unseren Anteil an all dem.)

Es ist ja auch nicht so, dass nicht von allen Seiten nach Veränderung, nach Transformation oder sogar Disruption oder Revolution verlangt würde. Chef:innen verlangen es von ihren Mitarbeitenden, die Mitarbeitenden von ihren Chef:innen, Organisationen von den Berater:innen, die wiederum von den Organisationen. Gleichzeitig hält sich hartnäckig die Überzeugung, dass sich Menschen ja gar nicht verändern können und vor allem gar nicht wollen. Und auch gleichzeitig wächst wie verrückt der Markt für Kurse, Coachings und Bücher zur Selbstentwicklung, geben Menschen privat viel Geld dafür aus, suchen nach Neuorientierung, fangen an, aus diesem System auszusteigen – nicht nur diese merkwürdige Generation Z. Es scheint, die Menschen könnten sich also durchaus verändern – zumindest scheinen sie es zu wollen.

Und auch gleichzeitig halten die meisten unser »System Arbeit« für normal, für gegeben. Arbeiten ist halt so. Trotz eines scheinbar großen Leidensdrucks machen wir im großen Ganzen unverändert weiter. Auf Social Media kann man (vornehmlich freitags) sehen, wie das alles nur noch mit Zynismus auszuhalten ist. Sprüche mit vielen Likes und Lachsmileys versehen wie *»Ich weiß gar nicht, was du beruflich machst. Ich auch nicht. Ich gehe da einfach nur hin.«* oder *»Was möchtest du in deinem Leben noch erreichen? Freitag!«* zeigen unser Verhältnis und unsere Nicht-Liebe zur Arbeit. Sie sind auch Ausdruck davon, wie sehr all das zur Selbstverständlichkeit geworden ist.

Keine:r tut so wirklich nachhaltig etwas dafür oder dagegen. Weder die Menschen, die das alles jeden Tag mitmachen, noch die Unternehmen, die so viel Geld und Energie verlieren. Wir verbringen einen so großen Teil unserer Lebenszeit »auf Arbeit«, Arbeiten trägt so sehr zu unserem Selbstverständnis und unserem Selbstwert bei, Lohnarbeit und Geldverdienen bestimmen unser Leben, unser Wohl und Wehe. Ist das Gewohnheit, Aussichtslosigkeit, Ratlosigkeit? Oder geht es uns einfach »trotzdem« noch oder zu gut? Und wer ist schuld daran, dass sich dieses, man möchte es fast schon Drama nennen, also dieses Arbeiten nicht (grundlegend) verändert? Wer sitzt am längeren Hebel? Wer fängt mit dem Verändern an? Und wie soll das bitte *wirklich wirklich* gehen?

Das ist doch alles verrückt.

Das Problem ist das System, sind die Systeme, die wir uns über die Jahre gebaut haben – mit all dem, was dazu gehört. Und da *»die Verhältnisse das Verhalten prägen«* – wie es Kai Matthiesen, Judith Muster und Peter Laudenbach in ihrem Buch »Die Humanisierung der Arbeit« schreiben, haben sich die Menschen, haben wir uns all dem einfach angepasst.[12] Oder wie William E. Deming, einer der Pioniere des Qualitätsmanagements, gesagt hat: *»A bad system will beat a good person every time«*.[13]

Was immer in den Organisationen verlangt, bezahlt, belohnt, gesehen, gewertschätzt wird, machen die Menschen irgendwie und bestmöglich eben mit. Aus Gehirn-Perspektive ist das sehr ökonomisch. Dabei geht es in unserem Wirtschaftssystem in erster Linie um immer mehr Wachstum, um Höher-Schneller-Weiter, um finanzielle Gewinne und Profitabilität, um Stakeholder-Befriedigung. Es geht für alle darum, ein:e Gewinner:in zu sein. Und da Wirtschaft eben auch »halt so« ist, uns letztlich einiges an Annehmlichkeiten beschert und damit den Arbeitsschmerz gefühlt ausgleicht, hinterfragt auch das keine:r so wirklich.

Das Allerverrückteste ist, dass wir unsere Zusammenarbeit selbst in wilden Zeiten wie diesen immer noch nach einer Idee managen, die vor mehr als 100 Jahren entstanden ist, bei der sich ein Herr Taylor (zu dem kommen wir gleich) überlegt hat, uns alle mechanistisch zu organisieren. Unsere Organisationen sind so gebaut, dass sie möglichst, wie geölte Maschinen funktionieren. Das folgt auf der einen Seite der Annahme, dass es unser Gehirn schlicht und sicher mag und auf der anderen Seite, dass es Menschen gibt, die glauben, dass sie besser als andere sind und/oder die gerne die Macht oder Kontrolle über andere haben.

Menschen funktionieren aber eben nicht einfach so. Sie haben Gefühle und Bedürfnisse und Sorgen, eine eigene Motivation oder Intention und sogar einen eigenen Willen, Ideen und Erfahrungen. Das scheint in vielen Organisationen aber keine:n so wirklich zu interessieren. Zu anstrengend! Manchmal auch zu psycho oder eso. Wahrscheinlich hoffen viele Chef:innen heimlich auf die Roboter.

Die Tatsache, dass sich unsere Welt in den letzten Jahren ein kleines bisschen verändert hat und es in den kommenden Jahren ziemlich wahrscheinlich noch viel mehr tun wird, scheint an den Organisationen spurlos vorübergegangen zu sein. Genauso wie dieser große Fundus von »New Work«, von Konzepten und Methoden für ein zeitgemäßeres Arbeiten. Vor allem scheint das wohl spurlos an so manchem:r Chef:in vorübergegangen zu sein, der oder die am tatsächlichen Hebel sitzt, die Veränderung in vielen Fällen aber leider erfolgreich verhindert. Und das bei all dem Schmerz, den das Arbeiten, auch für Führungskräfte ganz augenscheinlich erzeugt. Es ist nun mal so, dass Organisationen in der Regel von »ganz oben« gebaut, gesteuert, beherrscht und vor allem erhalten werden.

Die Welt ist in Aufruhr.
Die Arbeitswelt aber leider nicht.

Ich kann dieses Einfachweiterso nicht mehr hören und nur noch schwer aushalten. Und mit mir, Gott sei Dank, auch sehr viele andere Menschen nicht.

Das Gute ist: *»Wer jammert, hat noch Reserven«*. Die Autorin Karen Duve sagt das so schön.[14] Da geht doch noch was. Ich weiß ganz sicher, dass da noch was geht, dass es anders geht – das mit dem Arbeiten und das mit dem Verändern. Und nein, nicht in irgendwelchen Berliner Startups oder »New Work Bubbles«, sondern in Organisationen und Unternehmen aller Art, aller Größen, aller Branchen, mit und durch Menschen allen Alters, aller Herkunft und Hintergründe, Geschlechter, Ausbildungen und Jobtitel uswusf. Selbst mit Menschen, die zu dieser scheinbar unwilligen Generation Z gehören, oder mit den sogenannten »Widerwilligen« oder »Frustrierten«, die anscheinend keine Lust auf Veränderung oder Lernen haben, weil sie eh schon zu lange im Unternehmen oder kurz vor der Rente sind. Es stimmt einfach nicht.

Tatsächlich gibt es sehr viele Menschen, die große Lust haben (oder hätten), zu gestalten, mitzumachen, anzupacken. Ich weiß es deshalb, weil ich es jeden Tag in meiner Arbeit erlebe, weil ich es im Austausch mit Kund:innen und Kolleg:innen höre und, vor allem, weil ich es in meinem Berufsleben, für mich selbst erfahren habe.

Man nennt es Selbstwirksamkeit.

Diese Selbstwirksamkeit ist wie eine Quelle, die in uns wohnt, die uns nährt und stärkt. Wir können jederzeit ins Weltgeschehen eingreifen – in unserem Wirkkreis. Dessen Umfang und Ausmaß können wir selbst bestimmen. Auch jederzeit.

Wir ALLE sitzen nämlich an besagtem langem Hebel für ein gutes Arbeiten, für Veränderung. Wir können es – selbst. Weil wir alle zusammen das System Unternehmen, Organisation, Wirtschaft, Gesellschaft sind.

WIR sind die Arbeit.

Damit ist JEDE:R einzelne von uns die Arbeit. Jede:r kann beitragen. Und jede:r wird gebraucht. Wir alle, also jede:r von uns ist auch verdammt nochmal in der Pflicht, in der Verantwortung, einen Beitrag dafür zu leisten, dass unser Arbeiten ein gutes ist. Man kann nicht einfach teilnahmslos am Spielfeldrand stehen.

Dabei geht das mit dem Verändern IMMER und zu jeder Zeit. In jedem Augenblick, in jedem Moment können wir uns immer und immer wieder (neu) entscheiden, immer loslegen. In Zeiten wie diesen braucht es zwar auch den großen Wurf, aber eben auch die vielen kleinen Schritte. Von JEDEM:R von uns.

Und übrigens ist JETZT ein wirklich guter Moment dafür. Diese Zeit ist eine große Chance, neue »Betriebssysteme« zu entwickeln. Systeme, die den Anforderungen unserer Zeit und unserer Zukunft gerecht werden – für die Unternehmen, für die Menschen darin und letztlich für unsere Welt. *»Die Verhältnisse prägen das Verhalten«* – lasst uns also die Verhältnisse verändern. Johann Heinrich Pestalozzi hat gesagt *»Die Umstände machen den Menschen; aber ich sah eben so bald: Der Mensch macht die Umstände, er hat eine Kraft in sich selbst, selbige vielfältig nach seinem Willen zu lenken«.*[15]

Trauen Sie Ihrem Gefühl! Es stimmt! Arbeit muss und kann anders gehen. Aber das Wundern, das Empören und das sich Ärgern alleine taugen leider nichts. Es geht ums Machen. Ums Anfangen.

Wir müssen die alten Konzepte und Mythen über Arbeit und Erfolg hinterfragen, über Bord werfen und loslassen. Und uns dann auf den Weg hin zu zeitgemäßen und zukunftsfähigen Lösungen machen. Im Notfall auch gegen bestehende Konventionen. Frithjof Bergmann, der Begründer von New Work hat gesagt: *»Gehen ... muss man diesen Weg selbst, und zwar auf ureigene, selbst gefundene und nicht vorgeschriebene Art. Denn man erreicht die Freiheit nur dadurch, dass man nicht »folgsam« ist«.*[16]

In diesem Buch geht es um dieses »Nicht-Folgsam-Sein«.

Es geht um die Unsinnigkeit unseres überalterten Arbeitssystems samt seines kruden Menschenbildes und den Maßstäben von Wohlstand.

Ein Hebel für die Veränderung ist, sich zu fragen, wem hier was nutzt. Wem nutzt es, dass sich nichts verändert? Und wem müsste oder könnte es nutzen, dass sich etwas verändert?

Ein wichtiges Thema im Buch ist, wann Arbeit, wann ein Unternehmen, eine Organisation eine gute ist – für alle Beteiligten und Betroffenen. Und für diese Zeiten. Also gesund und nachhaltig und trotzdem unternehmerisch. Es geht auch um den »New Work«-Begriff, um Mythen und Missverständnisse und einen guten Blick darauf.

Überhaupt ist diese Idee von »New Work« der Rahmen für das Buch. Es ist wie eine Art Nordstern, der Kontext fürs Verändern, für die eigene Selbstwirksamkeit.

Das Buch ist eine Essenz aus über 20 Jahren Organisationsentwicklungsarbeit – aus dem Teil, der funktioniert hat. Es sind meine Erfahrungen, es ist meine Sicht und Perspektive auf Arbeit. Ich bin Anwenderin, Ausprobiererin, Adaptiererin. Das Buch ist also gnadenlos subjektiv.

Es ist ein Appell, das eigene Arbeitsleben, die eigene Arbeits- und damit Lebenszeit nicht (weiter) zu vergeuden, nicht einfach ewig weiter im alten Trott mitzumachen. Es ist ein Aufruf, das Alte zu boykottieren. Aber lieber nicht zu kündigen und zu fliehen, sondern in den Unternehmen, in den Organisationen zu bleiben und dort Einfluss zu nehmen. Wir brauchen Sie da! Sonst bleiben die Doofen übrig.

Das Buch soll in erster Linie eine Ermutigung sein, unser Arbeitssystem zu verändern. Weil es nämlich *wirklich wirklich* geht – das gute Arbeiten.

Es ist eine Anstiftung für (mehr) Selbstwirksamkeit.
Für jede:n von uns.

P.S. Für alle, die beschlossen haben, dass sie so weiterarbeiten und weitermachen wollen wie bisher: Buch einfach jetzt zuklappen und weglegen oder gleich wegwerfen, im schönsten Fall noch verschenken. Das wird sonst eh nix.

Eine wichtige Anmerkung zum Buch

Der Begriff der »Arbeit« ist ein ziemlich großer. Care-Arbeit, Ehrenamt, Vereins- oder politische Arbeit, aber auch Arbeitssuchende und Erwerbslose gehören zu unserem »System Arbeit«. So gesehen sind wir eben auch NICHT alle die Arbeit, weil es Menschen gibt, die von dem, was wir klassisch »Arbeit« nennen, ausgeschlossen sind – oder werden. Von daher ist wichtig zu sagen, dass der Fokus in diesem Buch die Erwerbsarbeit ist, also das, was wir tun, wenn wir in irgendwelche Büros, Fabriken, Geschäfte, Schulen, Praxen etc. gehen, um unser Geld zu verdienen. Gleichzeitig ist es wichtig, alle Menschen einzubeziehen, mitzudenken, weil wir ja ALLE irgendwie arbeitend tätig sind – auf die eine oder andere Weise. Von daher gilt sie dann doch, die Idee, dass wir alle die Arbeit sind.

Und übrigens ist der Begriff »New Work« im Buch in Anführungszeichen gesetzt – als Abgrenzung zum Original-Konzept von Frithjof Bergmann.

Reflexion

Ich finde Arbeit …

Bitte selbst ausfüllen.

Um was es in diesem Kapitel geht …

- Um zu verstehen, wieso unsere Arbeit so ist wie es ist, muss man einen kleinen Ausflug in ihre Entstehung machen. Das meiste unserer heutigen Arbeitskultur hat seinen Ursprung nämlich vor langer, langer Zeit und ist unter Umständen entstanden, die heute ganz andere sind.

- Tief verankert unterliegen unsere Arbeitssysteme immer noch dem Wunsch nach Kontrolle und Beherrschbarkeit, dem Streben nach Macht, Wachstum und Gewinn und der Sehnsucht nach Wichtigsein. Die Grundannahme ist, dass Menschen tendenziell unmündig, unmotiviert, arbeitsfaul und egoistisch sind. Und, dass unsere Ressourcen unendlich sind.

- Wenn wir Arbeit verändern wollen, hilft es, sich über diese Hintergründe, Zusammenhänge und Mechanismen im Klaren zu sein. Es geht um ein Bewusstsein darüber, was wir und warum wir Dinge für normal und vor allem wichtig halten und was uns das Arbeitsleben schwerer macht als es sein müsste. Dieses Verständnis ist ein wichtiger Hebel.

alte arbeit

kein richtiges leben im falschen

der zustand unserer welt

Wir befinden uns im Jahr 2024. Innerhalb sehr kurzer Zeit haben wir erlebt, dass ein (hoffentlich) kleines Tierchen auf einem Markt in China eine globale Menschenkatastrophe auslösen kann, dass heftige Regenschauer unmittelbar in unserer Nähe eine ganz Region ins Unglück stürzen und, dass nicht weit von uns entfernt, vermeintlich aus dem Nichts und in einer Zeit, in der wir nicht mehr damit gerechnet hätten, ein Krieg begonnen hat und so schnell wohl nicht wieder aufhören wird. Und während ich hier schreibe, türmen sich weitere Katastrophen in dieser Welt auf.

Wo uns früher der berühmte Sack Reis in China nicht interessierte, hat dessen Umfallen ganz plötzlich weitreichende Folgen – und zwar für jede:n von uns persönlich. Von einem Tag auf den anderen mussten wir von unserem Küchentisch aus, mit tobenden Kindern um uns herum arbeiten, kosten Lebensmittel, Tank- und Heizungsfüllungen aus dem Nichts exorbitant mehr, sollen wir deshalb weniger duschen und im Winter auch zuhause dicke Pullis anziehen, gab es nicht mehr genügend Baumaterialien oder wichtige Arzneimittel. Was haben uns früher irgendwelche Lieferketten oder Machtkämpfe in sonstwo interessiert? Jetzt betreffen sie uns. Schlagartig rücken diese Katastrophen ganz nah, an uns persönlich heran, werden uns Abhängigkeiten immer bewusster. Wir mussten lernen, welchen massiven Einfluss sie auf unser Wirtschafts- und Finanzsystem, unsere Arbeit und die Schulen, vor allem auf unser ganz privates Leben hatten und haben.

Wenn all diese Dinge wie Viren, Kriege, Energiekrisen und Umweltkatastrophen uswusf. aufeinandertreffen, nennt man das eine globale Systemkrise, eine Polykrise. Es war DAS große Schlagwort auf dem letzten Weltwirtschaftsgipfel in Davos.[1] Der Begriff ist nicht neu. Es ist ja auch nicht so, dass uns nicht schon früh wichtige Menschen auf all das aufmerksam gemacht hätten – die Zusammenhänge, die Verflechtungen, die zum Teil unberechenbaren und unvorhersehbaren Energien, die im Entstehen sind. Edgar Morin, ein französischer Philosoph, hat 1999 zusammen mit Anne Brigitte Kern in ihrem Buch *»Homeland Earth: A Manifesto for a New Millennium«* das Phänomen der Polykrise beschrieben, die mit ihren komplexen Verwebungen und Überlappungen zu einer generellen Gefahr für unseren Planeten wird.[2]

Die UN hat schon 1992 das Programm »Agenda 21« ins Leben gerufen, in dem es erste Leitlinien für eine nachhaltige Entwicklung sowohl für den wirtschaftlichen als auch den sozialen Sektor, für die Erhaltung unserer Ressourcen und vor allem Maßnahmen für die Umsetzung festlegte.[3] 2016 wurde mit den »Sustainable Development Goals«, den SDGs, ein umfassendes Programm für die »Agenda 2030«. Auch das ist schon Jahre her; 2030 aber vor allem nicht mehr lange hin. 2021 hat ein Verbund von Wissenschaftler:innen aus dem Cascade Institute Kanada, dem Potsdam-Institut für Klimafolgenforschung und dem Stockholm Resilience Centre dazu aufgerufen, dass sich Wissenschaftler:innen weltweit zusammentun sollen, um die Mechanismen dieser Polykrisen besser zu verstehen und zu diskutieren, wie man die Risiken reduzieren könnte.[4] Sie sagen, dass die große Komplexität und Unvorhersehbarkeit unserer Welt dazu führen, dass wir vor allem die Langzeitauswirkungen solcher Ereignisse unterschätzen. Sie sagen auch, dass in erster Linie wichtig ist, sich intensiv mit den Zusammenhängen und den Mechanismen DAHINTER zu beschäftigen; erst dann werden die richtigen Lösungen folgen können.

VUCA-Welt – wurde es bis vor Kurzem noch genannt. Auch ein Begriff, der nicht neu, sondern schon in den späten 1980ern entstanden ist. Und zwar im U.S. Army War College zur Beschreibung der Situation nach dem Kalten Krieg.[5] Dort wurde die Abkürzung unter anderem im Rahmen von Führungstheorien benutzt und landete damit in der allgemeinen Managementliteratur. Volatile (volatil), uncertain (unsicher), complex (komplex), ambiguous (mehrdeutig). Obwohl die meisten von uns dieses Akronym sicherlich schon einmal gehört haben (oder es auch schon nicht mehr hören können), es in jedem Vortrag über Digitalisierung oder Transformation garantiert vorkommt: geholfen hat es für eine wirkliche Veränderung der Arbeitswelt bis dato leider herzlich wenig.

Wir haben es gehört, wir haben es verstanden, wir haben natürlich gemerkt, dass die Herausforderungen eher mehr als weniger werden, aber so wirklich betroffen oder berührt hat es uns in unserem täglichen

Arbeiten und Leben anscheinend noch nicht genug. Es ist ein bisschen wie der Frosch, der im warmen Wasser vor sich hin köchelt. So langsam wird es dann aber doch heiß.

Was bis vor ein paar Jahren noch wie eine absurde Warnung klang, ist unsere Wirklichkeit, unser Alltag geworden, für uns privat, aber eben auch für die Unternehmen und Organisationen. Laut einer aktuellen Studie von Hays *»steht durchschnittlich jedes Unternehmen vor der Herausforderung(,) nicht eine, sondern drei unterschiedliche Krisen gleichzeitig zu bewältigen«*.[6] Das gaben 96 % der befragten Unternehmen an.

Da sich die Veränderungen und unsere gefühlte Ohnmacht seit den 1990ern zugespitzt haben, entstand 2020 ein neuer, eine Verschärfung des VUCA-Begriffs: BANI.[7] Dieses Akronym stammt von Jamais Cascio, einem amerikanischen Zukunftsforscher, Anthropologen, Historiker und Politikwissenschaftler, einem Fellow des renommierten »Institute for the Future« (IFTF), der zu den »Top Global Thinkers« zählt.

In seiner Forschung, seiner Arbeit mit Organisationen hatte er eine gravierende Veränderung beobachtet: *»... this wasn't just the standard »the future is an unknown« that we all live with, it was an increasingly desperate sense that things we thought we understood were spinning wildly out of control«*. Cascio befand, dass sich unsere Welt so dermaßen verändert hat, dass es dafür eine neue Sprache und vor allem ein neues Denken braucht. Die Methoden, die wir über die Jahre entwickelt haben, scheinen in Anbetracht dessen, dass unsere Welt auseinanderzufallen droht, zunehmend schmerzhaft inadäquat zu sein, schreibt er in *»Facing the Age of Chaos – A framework for understanding a turbulent world«*.[8]

Natürlich gab es schon immer Unsicherheit und Komplexität auf unserer Welt. Das sagen vor allem die gerne, die uns (oder vielleicht auch sich selbst) beruhigen wollen. Die Menschen haben immer schon versucht, Lösungen, »Systeme« zu entwickeln, um Unsicherheit beherrschbar zu machen oder den Menschen zumindest ein Gefühl von Sicherheit vorzugaukeln. Religionen oder auch die Gesetzgebung fallen in diese Kategorie. Sogar mit »New Work« wird das übrigens versucht. An manchen Stellen klingt es so, als wäre es DAS Heilsversprechen. Die ein oder andere Trendforschung hat »New Work« flux als Megatrend tituliert und verkauft nicht nur das White Paper, sondern gleich noch eine Liste mit möglichen Maßnahmen und Beratungspakete teuer dazu. Wenn es denn so einfach wäre...

Die Lösung liegt eben auf einer anderen Ebene.

Es gibt einen Unterschied zwischen dem, was wir tatsächlich wissen, wovon wir wissen, dass wir es nicht wissen und dem, wovon wir noch nicht einmal wissen, dass wir es nicht wissen. Das Ganze hat etwas mit unserer Wahrnehmung, unserem Bild von der Welt, damit, wie wir mit Informationen und Ereignissen umgehen, zu tun. Und es hat etwas mit unseren an der Stelle leider etwas beschränkten Fähigkeiten unseres Gehirns zu tun, mit unserem Nervensystem und unserem Bedürfnis nach Sicherheit.

In Zeiten wie diesen sind Sicherheit, vor allem aber Vorhersehbarkeit und Beherrschbarkeit leider zu einem reinen Wunschgedanken geworden. Jeroen Kraaijenbrink, ein holländischer Stratege und Autor, sagt, wir leben in einer Welt der Illusion.[9] Die Begriffe, die wir für unsere Situation benutzen, sagen mehr über uns selbst und unsere Wahrnehmungsmöglichkeiten als über die Realität aus. Es sei nicht die Welt, die brüchiger, besorgniserregender, nicht-linearer und unverständlicher geworden sei, sondern wir müssen endlich unsere Illusionen über uns und unsere Möglichkeiten aufgeben. Er sagt: *»Let's celebrate, accept and wonder«*. Es sei der beste Umgang damit.

B **brittle = die illusion von stärke**
spröde/brüchig

A **anxious = die illusion von kontrolle**
ängstlich/besorgt

N **nonlinear = die illusion der vorherseh/-sagbarkeit**
nicht-linear

I **incomprehensible = die illusion von wissen**
unverständlich/unbegreiflich

Die Antwort darauf, wozu wir überhaupt neu oder anders arbeiten sollten, ist schlicht: Die Welt ist jetzt eine andere oder, um Adorno zu missbrauchen: *»Es gibt kein richtiges Leben im falschen«*.[10] Wir brauchen keine Tischkicker oder Obstkörbe. Das wird nicht ausreichen. Wir brauchen in erster Linie ein grundlegend anderes Verständnis, ein anderes Bewusstsein und einen anderen Umgang mit Arbeit.

Wie man dahin gelangt? Dafür hilft ein kleiner Umweg über die Vergangenheit des Arbeitens. Einer der größten Hebel, jede Menge Antwort- und Lösungsmöglichkeiten finden wir im Ursprung unseres heutigen Arbeitssystems. Unser Verständnis von Arbeit, viele gängige und vorherrschende Annahmen, Grundgedanken, Vorgehensweisen, Tools und Methoden, in erster Linie viel unserer Haltung und unseres Menschenbildes, sind im Wesentlichen vor über 100 Jahren entstanden und dort leider vielfach stehen geblieben. Sie waren erdacht und gemacht für den Start des Industriezeitalters, für die erste industrielle Revolution, für den Einzug von Dampfmaschinen und Elektrizität in unsere Arbeitswelt. Die Organisations-, Management-, Führungstheorien und -methoden nach deren Gedankengut und Mechaniken wir großteils arbeiten (vor allem aber denken und Menschen behandeln), sind schlicht und ergreifend: oll. In Zeiten wie diesen ist das wirklich ein bisschen verrückt.

Das Hauptproblem unserer gefühlt wie gemessen viel zu anstrengenden, uneffektiven Arbeit und Zusammenarbeit liegt darin, dass zwei fast schon diametrale Welten aufeinandertreffen: die der ALTEN ARBEIT, wie Arbeit immer noch gedacht wird und geregelt ist – und die vom wirklichen Leben da draußen und was dafür nötig wäre, nämlich eine NEUE ARBEIT. Während wir noch versuchen, uns einen abzuarbeiten wie Charlie Chaplin in »Moderne Zeiten«, ist die Welt in der vierten industriellen Revolutionswelle angekommen und steht vor so noch nie dagewesenen Entwicklungen, Fragestellungen und Dynamiken. Derweil praktizieren wir weiter brav einmal pro Jahr unsinnige Feedbackgespräche, versuchen Menschen mit ausgeklügelten Bonussystemen zu motivieren oder mit besagten Obstkörben für die Arbeit zu begeistern.

Das kann nicht funktionieren.

die wurzeln unserer arbeit

die herren taylor, fayol und ford

Wir machen einen kleinen, aber sehr wichtigen Ausflug in die Historie von Erwerbsarbeit. Und zwar deshalb, weil er zeigt, auf was unser Verständnis von Arbeit gründet, woher viele der Vorstellungen, Ideale, unser Gedankengut, aber vor allem Methoden und Arbeitsinstrumente kommen, die zäh und fett (und unsinnigerweise) auch heutzutage in unseren Organisationen stecken.

(Sollten Sie ein Profi der Organisationsentwicklung und Transformation sein, überlesen Sie dieses Kapitel gerne einfach.)

Dafür müssen wir ins 19. Jahrhundert, zur sogenannten »Great Transformation« zurückgehen, die das Thema »Arbeit« grundlegend verändert hat. Es war der Beginn der industriellen Revolutionen; laut Wikipedia *»die tiefgreifende und dauerhafte Umgestaltung der wirtschaftlichen und sozialen Verhältnisse, der Arbeitsbedingungen und Lebensumstände«.*[11] Und damit – nach der Agrarrevolution – die nächste Stufe in der Geschichte der arbeitenden Bevölkerung. Mit Entdeckung der Wasser- und Dampfkraft, mit der Entwicklung der Dampfmaschine, gab es erstmals die Möglichkeit, Maschinen für die Herstellung von Gütern und das im großen Stil einzusetzen. Allen voran in der Textilindustrie mit dem ersten mechanischen Webstuhl. Das bedeutete, dass die Menschen plötzlich an einen anderen Ort, also »zur Arbeit« gingen und sich die Zeit dort mit anderen Menschen teilten, die sie gar nicht kannten. Es war die erste industrielle Revolution oder Industrie 1.0.

Mit Entdeckung der Elektrizität begann die zweite industrielle Revolution. Was im Handwerk im 17. Jahrhundert durch das Manufaktur-Prinzip in ersten Ansätzen entstanden war, die Arbeitsteilung, fand seine nächste und folgenreiche Entwicklung in Form des Fließbandes – in einem Schlachthof in Cincinnati. *»Damals brauchte ein normaler Schlach-*

ter mit seinen Gehilfen einen ganzen Tag, um eine getötete Kuh zu zerlegen, und bekommt für seine Arbeit drei Dollar. In den Schlachthöfen von Chicago dauert das Ende des 19. Jahrhunderts nur noch eine Viertelstunde – und kostet ganze 42 Cent. Der industrialisierte Tod ist brutal, effektiv und billig.« heißt es in einer Dokumentation über die Geschichte des Fließbandes.[12]

In all diesen Entwicklungen erschien 1911 ein wichtiges Buch mit dem Namen *»The Principles of Scientific Management«*, geschrieben von Frederick Winslow Taylor, einem amerikanischen Ingenieur und späteren Unternehmensberater.[13] Er gilt als Pionier der Organisationsentwicklung und Managementtheorien. Er arbeitete selbst in einer Fabrik und beobachtete dort das Verhalten der anderen Arbeiter:innen. Und sein Gefühl war: da geht doch noch mehr. Es entstand die Idee, dass man für dieses Mehr das Arbeiten messen, regulieren und damit wissenschaftlich betrachten könnte. Solche Gedanken hatte Taylor wohl schon sehr früh. Es wird über ihn gesagt, dass er als Kind *»aus Holz und Bändern eine auf seinem Bett befestigte »Alptraum-Vermeidungs-Maschine« konstruierte, beim Sport fiel er dadurch auf, dass er nicht intuitiv spielte, sondern bspw. genaue Berechnungen anstellte, wie sich z. B. Wind oder Auftrittswinkel auf das Spielgerät auswirken«*.[14] Leider stießen seine Pläne in der Fabrik nicht wirklich auf Resonanz, deshalb wurde er Berater. Ein Auftrag für ein Rationalisierungsprojekt verhalf seinen Konzepten und damit ihm zum Durchbruch. Es waren die Anfänge dieses auch heute noch so lukrativen Geschäfts der Unternehmensberatung.

Taylor nannte seine Idee »Scientific Management«, »wissenschaftliche Betriebsführung«, wobei seine sogenannte »Wissenschaft« weit entfernt von Empirie und wirklich wissenschaftlicher Arbeit war, was ihm später viel Kritik einbrachte. Zentraler Ausgangspunkt seiner »Lehre« waren Zeit- und Bewegungsstudien, um den »one best way« zu finden, Tätigkeiten und Arbeitsabläufe zu optimieren. Taylor unterteilte und präzisierte Abläufe bis in die kleinsten Einheiten, die auf viele Einzelschritte und damit auf viele Menschen aufgeteilt werden konnten. Dabei gab es *»starre Regeln für jede Bewegung eines jeden Arbeiters«*, eine Standardisierung, die einfach und von jedem:r erlernbar war – praktischerweise auch von günstigen Arbeitskräften wie Einwanderern, Frauen und: von Kindern.

Weil es ein Trugschluss wäre, dass alles von alleine laufen könnte, Arbeitsteilung in Taylors Augen viel Koordination brauchte, entstand die Trennung von Hand- und Kopfarbeit. Alles basierte auf Anleitungen durch ein Management, das die Arbeitenden kontrollierte, und vor allem versuchte, sie zu disziplinieren. *»All this, of course, necessitated a thick intermediate layer of supervisory and administrative staff«.*[15] Die Bezahlung war in Taylors Augen ein wichtiger Motivationsfaktor, deshalb gab es ein Anreizsystem für mehr und für schnellere Arbeit. Daraus entstanden sind Akkordarbeit und Prämiensysteme. Die Meister waren laut Taylor aber mit der Berechnung dieses Arbeitspensums und der Höhe von Prämie überfordert, deshalb wurde ein sogenanntes Arbeitsbüro eingerichtet. Dies war nicht nur die Erfindung des Managements und des Mittelmanagements, sondern auch der Arbeitsplanung und des Projektmanagements. Gleichzeitig sollten *»jedem Arbeiter genau die Aufgaben zugewiesen werden, für die er am geeignetsten ist«*. Deshalb wurden *die Fähigkeiten jedes Arbeiters hinsichtlich Reaktionszeit, physischer Fähigkeiten und geistiger Frische untersucht«* und die *»Grenzen der Arbeiter und Möglichkeiten ihrer Entwicklung und darauf abgestimmtes Training aufgespürt werden«.*[16] Tadaaaa: die Personalbeurteilung und Personalentwicklung. Taylor sagte den bedeutenden Satz *»In the past the man has been first; in the future the system must be first«.*[17] Dafür brauchte es den »great man« – Menschen mit überragenden Fähigkeiten. Der britische Historiker Thomas Carlyle entwickelte daraufhin die »Great-Man-Theorie«, die besagte, dass man diese Fähigkeiten nicht lernen, auch nicht situativ entwickeln kann, sondern, dass man damit geboren werden muss. Auch so ein heroischer Irrglaube, mit dem wir lange gelebt haben – oder immer noch leben.

Einer der Mitarbeiter in Taylors Unternehmensberatung war übrigens der Maschinenbauingenieur Henry Laurence Gantt, der Erfinder des berühmten Wasserfallprojektmanagements und der unsäglichen Gantt-Charts. Eine andere Kollegin war (immerhin eine der ersten weiblichen Ingenieurinnen) Lillian Moller Gilbreth, die zusammen mit ihrem Mann Bewegungsstudien durchführte. Sie war Mutter von 13 Kindern und brachte die Ideen des »Scientific Managements« in die moderne Küche. Die tayloristische Optimierungsidee wanderte in die Haushaltsarbeit, um auch dort für Effizienz zu sorgen. Das war möglich, weil Taylor's Grundsätze nicht nur als Fachbuch, sondern auch in der populären Illustrierten »The American Magazine« erschienen.

All diese Ideen und Ansätze wurden zu einem großen Programm zur Produktivitätssteigerung, Intensivierung und Beschleunigung der Arbeit. Es ging um Rationalisierung und Automatisierung, um Kontrolle und Planbarkeit. Und letztlich: um das Drucken von Geld. *»The transition* *from labour-intensive to the capital-intensive path now became possible«* schreibt Jan Lucassen in seinem Buch »The Story of Work«.[18]

Vom Schlachthof wanderte das Fließband in die Automobilproduktion und Herr Taylor's Ideen gleich mit – zu Henry Ford, zur »Detroit Automobile Company« und seinem T-Model. Ford, der übrigens im zarten Alter von 15 Jahren schon seine erste Dampfmaschine gebaut hatte und seine Karriere in der Fabrik von Thomas Edison begann, wollte die *»Welt auf Räder zu setzen«*, ein Auto bauen, das sich die Massen leisten konnten.[19] Also musste es entsprechend günstig in der Herstellung sein. Er setzte Taylors »wissenschaftliche« Betriebsführung zur industriellen Massenfertigung von Autos durch seine Montagebänder um. Man nennt es auch »Fordismus«.

Ford soll gesagt haben, dass seine Grundidee die *»Verminderung der Ansprüche an die Denktätigkeit des Arbeitenden und eine Reduzierung seiner Bewegungen auf das Mindestmaß«* sei. Das erhöhe die Produktivität und die Stückzahlen. Die Montagedauer für ein Modell T (konnte dadurch) von 12 Stunden auf eineinhalb Stunden reduziert werden.[20] Auch Ford folgte der Idee von Taylor, mehr Lohn für mehr Stückzahl und für größere Geschwindigkeit zu bezahlen. *»Je schneller der einzelne Arbeiter sie* (die Laufbänder) *bedient, desto mehr Lohn zahlt Ford ihm aus. Gleichzeitig kann er von 1908 bis 1914 den Preis für sein Auto halbieren«.*[21] Will sagen: noch mehr Menschen können sich ein Auto kaufen. Und glücklich sein! *»Es geht um Freude an der Arbeit. Es gibt kein größeres Glück als die Erkenntnis, dass wir etwas erreicht haben«.*[22] Bleibt die Frage nach der Definition von »etwas erreicht haben«... Das Modell T, die Tin Lizzie, die »Blechliesel« war eine absolute Erfolgsgeschichte. In Spitzenzeiten *»verließ an jedem Arbeitstag alle 10 Sekunden ein komplett fertiges Fahrzeug die Produktionslinie«.*[23] Bis zum VW Käfer war es das meistverkaufte Auto der Welt.

Taylor war nicht der Einzige in dieser Zeit, der sich Gedanken über Arbeitsprozesse machte. Der französische Bergbauingenieur Henry Fayol entwickelte mehr oder weniger parallel zu Taylor seine Theorie zum Thema »Management und Verwaltung«. 1916 erschien sein Buch »Administration Industrielle et Générale«.[24] Sein Fokus lag dabei vor allem auf der Rolle des Managements. Mit ihm wurde ein weiterer Grundstein unserer heute immer noch gelebten Managementlehre gelegt. Er schuf diese explizite Funktion in der Organisation, deren Hauptaufgaben die folgenden sein sollten: Vorschau und Planung, Organisation, Leitung, Koordination und Kontrolle. Fayol ist der Erfinder der Hierarchien und

Linien, der Auftragserteilung und Delegation, der Dienstwege, der Managementprinzipien, von denen er gleich 14 Stück entwickelte. Was sich bis heute noch davon hält, dazu kommen wir gleich.

Ebenfalls zu jener Zeit hat sich der Soziologe und Nationalökonom Max Weber mit dem Thema »Arbeit« im Allgemeinen und dem »Organisieren« im Speziellen beschäftigt. Eines seiner umfassenden Hauptwerke war *»Wirtschaft und Gesellschaft«*. Seine Arbeit hatte im Vergleich zu Taylor und Fayol aber eine ganz andere »Flughöhe«, die vor allem sehr viel politischer war und einen gesamtgesellschaftlichen Bezug hatte. Ihm wird zugeschrieben, der Begründer der Organisationssoziologie, des Bürokratie-Verständnisses und des »Rationalisierungs«-Begriffes zu sein. Er hat sich dabei nicht nur mit dem Beamtentum, sondern auch mit der Rolle und Aufgabe der Wissenschaft beschäftigt. Aus seinen Theorien ist viel der heute noch bestehenden Arbeitsweisen vor allem im Behörden- und Verwaltungskontext zu finden. Da geht es um Ordnung und Regeln, um Arbeitsteilung und klare Zuständigkeiten, um Hierarchien und Beaufsichtigung, um genau vorgezeichnete Laufbahnen, um »Schriftlichkeit und Aktenkundigkeit«, um Effizienz und die Minimierung von Reibungsverlusten. Vieles von dem also, das uns heutzutage im öffentlichen Sektor für Wandel, für Innovation, für Schnelligkeit, aber vor allem auch für eine gute Zusammenarbeit im Wege steht.

All dieses Gedankengut gelangte dann auch in die Schulen und Hochschulen und hat unsere ganze Art des Lehrens und Lernens maßgeblich beeinflusst. Es könnte sein, dass das der weitaus schlimmste Teil der Taylor'schen Bewegung war, weil wir damit unsere Kinder früh in das System des Funktionierens und der Einzelmeisterschaft zwingen. Der Ökonom Robert Frank sagte *»Wir werden zu dem, was wir lehren«*.[25] Wir werden vor allem auch zu dem, WIE wir lehren. Im Extra-Kapitel »Neue Schule« in einem Interview mit der großen Schulreformiererin Margret Rasfeld kann man Anregung finden, wie wir aus diesem Fiasko wieder herausfinden könnten.

Natürlich gab es damals auch Kritiker:innen des Systems. Der Schriftsteller Upton Sinclair, sozusagen der Günter Wallraff seiner Zeit, schrieb 1906 aus seinen Beobachtungen den Roman »Der Dschungel«. Es heißt darin, dass jede *»Fähigkeit, die nicht für die Maschine gebraucht (werde), zum Verkümmern verurteilt (sei)«*.[26] Abgesehen von der Entfremdung durch die arbeitsteiligen Prozesse, der Monotonie und der Zeittaktung, waren diese Jobs auch einfach gesundheitsgefährdend. Selbst, wenn durch die Automatisierung körperliche Schwerstarbeit reduziert werden konnte, traten verstärkt andere Krankheitsbilder, vor allem im Bereich der Herz-, Kreislauf- oder Magenerkrankungen, auf. Über Kinderarbeit wollen wir gar nicht erst sprechen. In Deutschland wurde die übrigens erst 1960 gänzlich verboten.

Man fragt sich, wieso die Menschen das alles so mitgemacht und mit sich haben machen lassen. Im historischen, im gesellschaftlichen und politischen Kontext betrachtet, scheint es »richtig« und »gut« oder passend gewesen zu sein. Der Arbeitssoziologe Klaus Dörre sagte in einer Sendung des »Deutschlandfunks« zum Thema »100 Jahre Fließbandarbeit«: *»Die Akzeptanz dieser Produktionsmethoden war deshalb herzustellen, weil die Löhne relativ hoch waren und als Äquivalent für diese monotone Arbeit ein Lebensstil winkte, der als Ausgleich in der Freizeit ein relativ hohes Konsumniveau versprach«.*[27] Diese Konzepte waren außerdem für eine, im Vergleich zu heute, vorhersehbarere und stabilere Zeit und in erster Linie für und im Kontext des produzierenden Gewerbes entwickelt. Sie waren von Ingenieur:innen und nicht von »Menschenwissenschafter:innen« erdacht. Abgesehen davon, dass weder Taylor noch Fayol wirkliche Wissenschafter:innen waren und entsprechende Theorien und Methoden verwandten, *»hat Taylor seine Hypothesen hinsichtlich seines negativen Menschenbildes (auch) nicht überprüft, sondern als gegeben gesehen«.*[28] Taylor glaubte fest daran, dass er Arbeit und Unternehmensführung mit seiner Herangehensweise so optimieren könne, um »Wohlstand für alle« zu erreichen und damit auch soziale Probleme zu lösen.

Und wo waren eigentlich die Frauen in dieser ganzen, von Männern geprägten Domäne der Managementlehre? Also, außer Lillian Moller Gilbreth. Die Frage ist vor allem, ob dem Ganzen ein paar mehr Frauen nicht gut getan hätten... Das weiß man natürlich nicht. Aber selbst in unserer Zeit gibt es in der Organisationsforschung leider immer noch nicht viele davon, vor allem wenige, die sichtbar und laut sind. Wenn man sich die Historie und die gesetzlichen Rahmenbedingungen für Frauen anschaut, ist das kaum verwunderlich. Bis 1958 konnte der Ehemann über das »Dienstverhältnis« seiner Frau entscheiden, das heißt, es auch jederzeit kündigen.[29] Er verwaltete auch das Geld, das sie verdiente. Erst ab da durften Frauen in Deutschland überhaupt ein eigenes Konto eröffnen. Und noch bis 1977 stand im Bürgerlichen Gesetzbuch: *»Die Frau führt den Haushalt in eigener Verantwortung. Sie ist berechtigt, erwerbstätig zu sein, soweit dies mit ihren Pflichten in Ehe und Familie vereinbar ist«.*[30]

Eine Frau würde ich an der Stelle gerne hervorheben: Mary Parker Follett. 1886 geboren, hatte die Amerikanerin Geschichte und Politik studiert. Sie war eine Forscherin und gleichzeitig eine absolute Macherin, die sich mit den großen Feldern der Philosophie und Psychologie, der Biologie und Mathematik, aber eben auch mit Wirtschaft, Organisation und Schule beschäftigte. Eines ihrer Schwerpunktthemen war das der Gemeinschaftsbildung, der Bürgerorganisation. Sie hat sich intensiv mit den Potentialen und Möglichkeiten der Menschen beschäftigt, mit den Themen Selbstorganisation und Selbstverantwortung, mit Partizipation und Teilhabe, mit dezentralen Entscheidungswegen und demokratischen Prozessen, mit der »lernenden Organisation«, damit, dass Organisationen soziale Systeme sind. Sie hatte (im Gegensatz zu Taylor) ein Menschenbild, das wertschätzend, optimistisch und aktivierend war. Leider taucht sie in so gut wie keinem Managementbuch auf; eines ihrer Bücher habe ich im Portal *»Forgotten Books«* entdeckt. Sie war ihrer Zeit eindeutig voraus und gilt heute als *»a visionary in the field of human relations, democratic organization, and management«*.[31] Gut, dass sie hie und da jetzt wieder auftaucht.

taylor meets IT

die dritte und vierte industrielle revolution

Im Großen und Ganzen haben die Unternehmen oder Organisationen all das die nächsten über 100 Jahre mehr oder weniger einfach weiterhin so praktiziert und die Menschen haben es mitgemacht. Dieses Arbeits- und Managementgerüst hat sich über die ganzen Jahre immer weiter etabliert und ist zu unserem Selbstverständnis geworden.

Und das, obwohl es um 1970 den nächsten großen Sprung der technologischen Entwicklung gab und nach der Dampfmaschine und der Elektrizität mit dem Mikrochip eine ganz neue Ära, die des Wissens- und Informationszeitalters begann. Der Computer zog immer mehr in unsere Büros und in unser aller zuhause ein. 1991 ging das Internet online. Als Boris Becker 1999 in der AOL-Werbung den berühmten Satz *»Ich bin drin!«* sagte, war es nicht mehr nur Teil der Wissenschaft und Arbeit, sondern auch unseres privaten Alltags. Ein ziemlich großer Meilenstein in unser aller Leben.

Die dritte industrielle Revolution ist die der IT und Elektronik, die vierte die der cyber-physischen Systeme, der Verbindung von Informationen und Daten mit mechanischen oder elektronischen Komponenten. Zusammengefasst: die Digitalisierung.

Durch immer schneller werdende Prozessoren und größere Speicherkapazitäten gab und gibt es mehr und andere Möglichkeiten für die Sammlung und die Verarbeitung von Daten, für deren Vernetzung und Verknüpfung, für die Analyse und Verarbeitung von Information, für die Automatisierung von Arbeitsprozessen. Big Data, Cloud-Lösungen, Virtual und Augmented Identity und Reality, das Internet of Things, 3D-Druck, Künstliche Intelligenz oder Machine Learning, Blockchain, Metaverse, Quantum Computing, Robotik, Smart Factory, Smart Cities und Smart Homes, eMobility, Digital Health und und und – alles Begriffe, die von einem auf den anderen Tag Teil unseres Arbeitens und Lebens waren und sind. Das war und ist keine langsame, lineare Entwicklung, sondern ein exponentielles Wachstum – also immer mehr Kapazität und Geschwindigkeit in kürzerer Zeit, das große, manchmal scheinbar überraschende Sprünge verursacht.

Abgesehen von gravierenden Veränderungen für die Produktion, bedeutete das, dass es in den Unternehmen an allen Ecken und Enden ganz plötzlich Technologie-Knowhow und Digitalstrategien brauchte. Und damit ganz neue Jobs wie die des oder der Digitalstrateg:in, CIOs, CTOs und CDOs, von Informationsarchitekt:innen, Usability Manager:innen, Webdesigner:innen, eCommerce Manager:innen, Social Media-Expert:innen, Datenanalyst:innen und vor allem natürlich Programmierer:innen. Nicht zu vergessen die Innovationsexpert:innen und damit verbunden ganz dringend so etwas wie Innovationhubs (am besten in Berlin). Der World Economic Forum-Bericht »Jobs of Tomorrow« sagt, dass man 60 % der Jobs, die es in 2018 gab, im Jahr 1940 noch nicht einmal erahnte.[32] Das wiederum braucht(e) neue Kompetenzen – nicht nur fachlicher oder technischer Art, die sogenannten »Future Skills«, auf die wir später noch schauen wollen. Und mit all dem veränderte und verändern sich auch immer mehr die Beschäftigungsformen, die Arten und Weisen, wie Menschen arbeiten und zusammenarbeiten müssen – und wollen. Neue Konzepte wie zum Beispiel die der »Gig Economy« sind entstanden. Flexiblere Arbeitszeiten, Teilzeit oder Jobsharing werden immer mehr diskutiert. Dazu hat Corona natürlich einen wesentlichen Beitrag geleistet. Die Heinrich-Böll-Stiftung schreibt 2022 in ihrem »Sozialatlas«: *»2021 war schon jede beziehungsweise jeder fünfte Erwerbstätige »atypisch« beschäftigt: Fast zehn Millionen Menschen arbeiteten in Teilzeit, davon gut vier Millionen in ausschließlich geringfügiger Beschäftigung. 4,6 Millionen Menschen haben befristete Arbeitsverträge und 780.000 sind bei Zeitarbeitsfirmen«.*[33] Auch dafür braucht es einen neuen Umgang in den Organisationen.

Und zwischenzeitlich sind Technologie, Wissen und Information selbst zu einer neuen Währung geworden. All das ist: ein Business. Die Treiber dieser ganzen technologischen Entwicklungen sind vor allem die, die damit ihr Geld verdienen. Und zwar im ganz großen Ausmaß. Google, Amazon und wie sie alle heißen haben still und heimlich das Feld der Big Business Player übernommen. Es ist eine neue Wirtschaftsordnung, die des fast »unsichtbaren« Plattformkapitalismus entstanden.[34] Neue Märkte, neue Zielgruppen, neue Geschäftsmodelle und Umsätze haben sich innerhalb kürzester Zeit etabliert. Es geht um viel und globale Macht, die Interessen multinationaler oder supranationaler Unternehmen. Wie der spanische Soziologe Manuel Castells sagt, sind *»(mit) dem Vormarsch der elektronischen Technologien Wissen und Informationen zu »Produktivkräften« geworden. Information wird zum entscheidenden Rohstoff, aus dem alle gesellschaftlichen Prozesse und sozialen Organisationen gebildet sind«.*[35] Er nennt es ein *»neues technologisches Paradigma«*, den *»informationellen Kapitalismus«.*[36]

Die Globalisierung der Märkte, der Finanzen, unseres Wirtschaftens hat zu einer Veränderung der kompletten Weltordnung geführt. Dazu gehören nicht nur neue Business Modelle, verlagerte Produktionsstätten oder weltweite Lieferketten. Technologische Entwicklungen treffen gleichzeitig auf demografische und soziologische Veränderungen – oder haben wechselseitig Einfluss.

Ganz abgesehen davon braucht dieses ganze Digitale ohne Ende Strom, Energie und Rohstoffe wie Nickel, Mangan, Lithium, Kobalt, die nicht um die Ecke zu finden sind, sondern im Kongo oder auf den Philippinen und dort zum Teil unter den schlimmsten Bedingungen gehoben werden; von der Entsorgung ganz abgesehen. So langsam wird das nicht nur zu einem ökologischen Problem, an vielen Orten dieser Welt ist es ein gewaltig menschliches. Von daher steht das große Feld der »Nachhaltigkeit« plötzlich auch ganz oben auf der To Do-Liste der Unternehmen. Immer stärker werdende Regularien, Gesetze und Vorschriften zwingen die Unternehmen diese Themen anzupacken. Horden von Nachhaltigkeitsbeauftragten werden dafür ausgebildet, Nachhaltigkeitsmanager:innen eingestellt. Es ist ein riesiger Weiterbildungsmarkt und gleichzeitig ein super Thema für Employer Branding, für Imagewerbung und eben auch ein neues Business. Eine Werbeanzeige der Unternehmensberatung pwc sagt: *»Nachhaltig ist das neue Profitabel«*. Laut einer Statista-Studie belief sich die Größe des globalen Marktes für grüne Technologien und Nachhaltigkeit 2022 bereits auf rund 13,76 Milliarden Dollar.[37] Bis 2030 könnte er einen Wert von fast 62 Milliarden Dollar erreichen und mit einer durchschnittlichen jährlichen Wachstumsrate von 20,8 % weiter ansteigen.

All diese Entwicklungen sind fragile Konstrukte, die mit ihren Abhängigkeiten und Verflechtungen zu immer größer werdenden Ungleichgewichten zwischen Ländern und Kontinenten, zwischen Politiker:innen, zwischen Kulturen und Gesellschaften werden. Niemand weiß, wie sich die Situation im Mittleren Osten oder das Verhältnis zwischen China und den USA weiter entwickeln werden. Die Risiken wachsen eher, als dass sie kleiner werden. Plötzlich gibt es ganz neue Bedrohungen wie Hackerangriffe und Cyberkriege, braucht es Ideen und Regeln, wie wir das große Ganze besser steuern können, braucht es eine »globale Governance«.

Dieser kleine Mikrochip hat nicht nur unsere Art des Produzierens, des Wirtschaftens, des Handelns und des Arbeitens verändert, sondern auch Bereiche wie die der Wissenschaft oder der Kunst und Kultur. Damit hat er massiv in unsere Gesellschaft, unser Zusammenleben, unser ganz privates Leben eingegriffen. In einem Ausmaß, dass dafür extra die besagten Begriffe wie VUCA, BANI und Polykrise »erfunden« wurden. Die ganzen einzelnen Themen könnten wir vielleicht noch lösen. Vielleicht. Die große Schwierigkeit ist, dass sie alle und immer mehr miteinander verwoben sind, weil wir eben in dieser globalen Welt leben und zudem anscheinend auch vergessen, dass es nicht nur um uns Menschen, sondern um ein ganzes System, nämlich die Erde geht.

In dem Moment, an dem wir Menschen im großen Stil angefangen haben, in dieses System einzugreifen, Ressourcen auszubeuten, sie für unseren Konsum und Wohlstand zu nutzen, hat sich alles gewaltig gewandelt. Dafür steht der Begriff des Anthropozäns, die *»Benennung einer neuen geochronologischen Epoche: nämlich des Zeitalters, in dem der Mensch zu einem der wichtigsten Einflussfaktoren auf die biologischen, geologischen und atmosphärischen Prozesse auf der Erde geworden ist«.*[38] Wir haben zwar irgendwie die Herrschaft über diese Welt übernommen, aber eben nur vermeintlich. Die Erde ist eine verwundbare geworden. Aber wir eben auch mit.

Es bleibt die Frage, auf wessen Kosten das alles passiert. Und: brauchen wir das alles eigentlich? Und wollen wir das alles eigentlich? Und wäre nicht JETZT der richtige Zeitpunkt, um, zumindest mal für einen kurzen Moment anzuhalten, eine langfristigere, eine ganzheitlichere, vielleicht eine mehr ethisch-moralische Perspektive einzunehmen, über den Tellerrand des nächsten, geldbringenden Geschäftsmodells zu schauen und den potenziellen Gefahren, die auf uns zukommen könnten, ernsthaft ins Auge zu sehen?

Die Europäische Union hat 2021 aufgrund dieser Debatte in einem Whitepaper die nächste Stufe des Industrie 4.0-Gedankens und den Begriff der »Industrie 5.0« ins Spiel gebracht.[39] Es geht um eine erweiterte Perspektive auf das Thema Digitalisierung, um eine mensch-zentrierte, nachhaltige und resiliente Wirtschaft. Natürlich geht es auch weiterhin um eine starke und wachsende europäische Wirtschaft und Industrie, um

Wettbewerbsfähigkeit, Arbeitsmarktattraktivität und um Profitabilität, aber mehr als bisher geht es in diesem Positionspapier um die Integration sozialer Trends, unsere planetaren Grenzen und um einen verantwortungsvollen Umgang mit Technologie. Und damit vor allem um eine Neudefinition, zumindest ein Nachdenken über den Begriff von Wohlstand.

Frédéric Laloux hat in seinem Buch *»Reinventing Organizations«* darüber gesprochen, dass wir, die Menschen, gegebenenfalls schon auf dem Weg zu einer nächsten Entwicklungs- oder Evolutionsstufe sind, weg von der Leistungsgesellschaft hin zu mehr Gemeinschaft und Verbundenheit.[40] Ich glaube auch, dass sich der Blick auf das Thema »Arbeit« mittlerweile verändert. Vielleicht haben wir ja langsam genug von diesem unendlichen Konsum, von diesem unendlichen Funktionieren(-Müssen). Vielleicht sehen wir immer weniger den Zusammenhang zwischen dem, was wir jeden Tag tun und dem Sinn dahinter, dem großen Ganzen. Vielleicht wollen wir unser Leben doch selbstbestimmter, freier gestalten. Vielleicht wollen wir unser Potential, unsere Kreativität entdecken. Vielleicht brauchen wir auch wieder einen kleineren Radius, einen klareren »Circle of Influence«. Vielleicht wollen wir nicht mehr einfach nur das »Human Capital« oder die »Humane Ressource« sein. Vielleicht leben uns die Generationen XYZ und Alpha doch etwas vor, das sinnvoller und erstrebenswerter als unser bisheriges Verständnis von Arbeit und damit Leben ist. Danke dafür!

hat sich denn nichts verändert?

wie das mit der arbeit weiterging

Natürlich gab es zwischen Anfang 1900 und heute neue Entwicklungen in den Arbeits- und in den Fertigungsmethoden, in den Organisations-, Management- und Führungstheorien. Das Verständnis von Zusammenarbeit, vor allem von Motivation und von sozialen Beziehungen veränderte sich im Lauf der Zeit. Ganz abgesehen davon, dass sich der Arbeits- und Gesundheitsschutz und Institutionen wie Gewerkschaften und Betriebsräte immer mehr etablierten.

Wichtige Meilensteine der Organisationsentwicklungsgeschichte waren der »Human Relations Ansatz« und die »Social-Man-Bewegung« in den 1930ern. Das »Human-Relation-Modell« rückte die zwischenmenschlichen und informellen Beziehungen in den Vordergrund. Organisationen wurden immer mehr als soziale Systeme verstanden. Entgegen der Taylor'schen Hypothesen wurde dabei davon ausgegangen, dass Beziehungen die Zufriedenheit und Motivation der Menschen beeinflussen. Die mittlere Ebene der Führungskräfte wurde dadurch vom »Aufseher« und »Planer« zum »Vermittler zwischen Beschäftigten und dem höheren Management«. Das Elend des sogenannten »mittleren Managements«, diese meist unbefriedigende Rolle in der »Sandwich-Position«, hat sich dadurch etabliert.

Motivationstheoretische Ansätze und Methoden wurden immer beliebter. Im Zuge dessen rückte die Idee in den Vordergrund, dass man die Menschen besser analysieren müsste und sie clustern könnte, um sie gut einzusetzen und somit für ein reibungsloses und produktives Miteinander zu sorgen. Diverse Persönlichkeitsmodelle und -tests wie »DiSG« oder das »Job Characteristics Modell« nach Hackman/Oldham entstanden. Dabei werden die Menschen (immer noch) in Kategorien wie dominant, initiativ, stetig und gewissenhaft eingeordnet. Aufgabenmerkmale wie Anforderungsvielfalt, Ganzheitlichkeit, Bedeutsamkeit, Autonomie und Rückmeldung zum Erreichen von psychologischen Erlebniszuständen wurden definiert, wodurch Arbeit intrinsisch motiviert und zufrieden mache. Gerne genommen ist auch das »Fünf-Faktoren-Modell«, bekannt als »Big Five«, das einen direkten Zusammenhang zwischen Persönlichkeitseigenschaften und Arbeitszufriedenheit herstellt. Es geht um Offenheit, Gewissenhaftigkeit, Extraversion, Verträglichkeit und Neurotizismus. Ich will nicht sagen, dass das keine Hilfe und Orientierung ist, aber es hat eben auch Grenzen und Nachteile. Man versucht die Mitarbeitenden in kleine Kästchen einzuordnen, sie damit untereinander vergleichbarer und bewertbarer zu machen. Ganze Berater:innen-, Trainer:innen und Coach-Dynastien leben gut davon.

Ab den 1980ern gab es immer mehr systemische Organisationsentwickler:innen in Beratungen und in den Unternehmen, was dazu beigetragen hat, das sich ein Verständnis für komplexe Zusammenhänge entwickelte und sich der Blick auf Menschen hin zu mehr Zutrauen, Akzeptanz, Wertschätzung, Gleichwertigkeit, Ressourcenorientierung, aber auch zu Individualität und Diversität verändert hat.

Ab Anfang der 1990er haben agile, kreative und innovative Arbeitsweisen und -methoden einen wesentlichen Beitrag dafür geleistet, dass sich Perspektiven auf Kooperation, auf Arbeitsprozesse und Arbeitskultur verändert haben. Mit ihrem nutzer:innen- und mitarbeiter:innenzentrierten Ansatz, mit einem flexiblen und iterativen Vorgehen, mit Fokus auf Selbstorganisation und Selbstverantwortung haben und bringen sie immer noch Bewegung in die Organisationen. Selbst wenn »agil« nicht DIE EINE Antwort auf alle Fragen heutiger Zusammenarbeit ist und wirklich nicht jedes Unternehmen eine Horde agiler Coaches braucht, ist durch sie auf jeden Fall an vielen Stellen ein anderes Bewusstsein für Zusammenarbeit entstanden.

Es gibt einen wunderbaren Fundus an Konzepten und Methoden aus ganz unterschiedlichen Zeiten der letzten gut 100 Jahre Organisationsentwicklung und Management, der zwar unterschiedliche Ursprünge hat und zum Teil unterschiedliche Fragestellungen oder Aspekte bedienen, sich aber in der Mitte, rund um ein zeitgemäßes Verständnis von Arbeit, vor allem rund um ein gutes und humanistisches Menschenbild treffen. Es gibt das Systemische, das Nutzerzentrierte, das Agile, das Integrale, die Theory U, die Soziokratie und die Holacracy®, OpenSpace Beta und das Zellstruktur-Design, das kollegial geführte Unternehmen, Stichworte wie die Connected oder die Living Company und und und. Alles Konzepte, Vorgehensweisen, Modelle, Methoden und Tools, die für eine komplexe Welt wie diese tauglich sind. Es gab und gibt viele große Organisations- und Transformationsforscher und -denker (das männlich hier ist Absicht), aber leider keinen, der für eine wirklich umfassende Transformation für diese digitale Welt gesorgt hätte.

Die spannende Frage bleibt, wieso sich nichts in der Breite und Tiefe in den Organisationen durchsetzen, wieso sich das alte Arbeiten immer noch so viel Raum nehmen kann. Mögliche Gründe für dieses »Nicht-Verändern« finden sich im Kapitel über das Machen.

was sich immer noch hält und für uns normal ist ...

Trotz dieser spannenden Methoden und Tools hält sich bis heute ein bestimmtes Grundverständnis von Arbeit, von Zusammenarbeit und von Menschen in den Organisationen und in unserer Gesellschaft. Im Wesentlichen beruhen unsere Management- und Führungspraktiken auf dem Wunsch nach Kontrolle und Beherrschbarkeit, dem Streben nach Macht, Wachstum und Gewinn, auf der Idee von Höher-Schneller-Weiter und der der unendlichen Verfügbarkeit von Ressourcen. Und bei all dem auf einem Menschenbild des rationalen, egoistischen, eher faulen und unmündigen Individuums. Das kling hart, ist in den meisten Unternehmen aber einfach immer noch so zu beobachten. Dazu müssen wir uns nur die betrieblichen Gepflogenheiten oder unsere Tools für die Planung und Steuerung der Menschen anschauen.

Hier kommt eine kleine Zusammenfassung zur »alten Arbeit«:

organisationen sind...

... wie leblose Maschinen, die mechanistisch funktionieren, dabei berechen- und vorhersehbar und nach Ursache-Wirkung zu bedienen sind. Sie sind geschlossene System, die sich in erster Linie mit sich selbst und aus sich heraus beschäftigen; Input von außen braucht es nicht. Die Kultur einer Organisation lässt sich aktiv steuern und entwickeln – und zwar durch von oben verordnete Maßnahmen und schöne Broschüren.

arbeit ist ...

... eine Abfolge von einzelnen Schritten, die mit den richtigen Maßnahmen kontrollierbar und steuerbar und damit erfolgreich wird. Leider stört der Mensch dabei. Leistung, Effizienz und die Minimierung von Reibungsverlusten müssen im Vordergrund stehen. Es gibt einen direkten

Zusammenhang zwischen Zeit und Output. Zur Produktivitätssteigerung, zur Vereinfachung und besseren Kontrolle wird Arbeit aufgeteilt, in Silos, in Abteilungen, in Spezialisierungen, zwischen oben und unten, zwischen Junior:innen und Senior:innen, das Denken wird vom Handeln getrennt, das Berufliche vom Privaten. Das funktioniert, weil es klare Zuständigkeiten, Dienstwege, Beaufsichtigung, Vorschriften und Regeln gibt. Die Planung und Steuerung von Projekten sowie das Qualitätsmanagement sind institutionalisiert und können nur von bestimmten Positionen ausgeführt werden. Das gilt auch für Finanzen oder Einkauf. HR/Personal oder auch Betriebsrät:innen kümmern sich um die Menschen und beschützen sie. Diese treffen sich in möglichst vielen Meetings, die man ohne Vorbereitung, möglichst lange...

menschen sind...

... nicht wirklich gerne bei der Arbeit. Da Erwerbs- oder Lohnarbeit aber zentraler Bestandteil ihres Lebens und die einzige Möglichkeit, die eigene Existenz zu sichern sind, müssen sie zwangsläufig arbeiten gehen. Dafür braucht es eine ordentliche Ausbildung mit Zertifikat. Da sie nicht gerne selbst Entscheidungen treffen und das auch nicht gut können, ungerne selbstverantwortlich denken und handeln, brauchen sie Anweisungen, genaue Regeln und Vorgaben. Es ist gut, dass sie nur ihren kleinen Teil der Arbeit überblicken, das große Ganze würden sie sowieso nicht verstehen. Schriftliches und Absicherung sind immer gut. Klare Arbeitszeiten und Arbeitsorte auch. Zu viel Freiheit und Selbstbestimmung endet auf jeden Fall im Chaos. Es braucht deshalb ein Management, das Entscheidungen trifft, für alle denkt, alles steuert und unter Kontrolle hält.

Menschen funktionieren sehr gut über Belohnung und Bestrafung. Überhaupt sollen sie einfach nur funktionieren. Ängste und Gefühle sollen sie bitte zu Hause lassen oder an der Firmenpforte abgeben. Damit sie ordentlich arbeiten, muss man Anreize schaffen. Dafür und überhaupt müssen sie regelmäßig beurteilt und eingeordnet werden, brauchen sie Feedback, genau messbare Zielvorgaben und natürlich Stellenbeschreibungen. Motiviert werden sie außerdem durch Wettbewerb; das Gegeneinander stachelt sie zu höherer Leistung an. Einzelne Menschen arbeiten besser als Menschen in Teams, weil die Leistung der Gruppe durch ihr schlechtestes Mitglied bestimmt wird und weil zu viele Menschen auf einem Haufen schlechter kontrollierbar sind. Einmal pro Jahr werden sie anonym und schriftlich dazu befragt, was ihnen im Unternehmen nicht gefällt. Das ärgert die Chef:innen, verändert aber nichts.

Karriere machen wollen die Menschen, weil sie dann mehr Geld verdienen, mit dem Firmenwagen vor der Tür parken, im großen, verglasten Eckbüro sitzen oder über andere bestimmen dürfen. Macht motiviert sie nämlich auch. Zur Sicherung dieser Macht helfen Abschottung und Intransparenz, manchmal auch kleine Intrigen. Leider ist mit dieser Karriere in der Regel auch das Führen und Entwickeln von Menschen verbunden; das braucht viel Extra-Zeit und ist anstrengend, weil man viel mit denen sprechen muss und es um Gefühle geht.

führung ist …

… eine der wichtigsten Funktionen in einer Organisation, weil normale Mitarbeitende alleine nicht in der Lage wären, ihren Job zu machen. Man muss delegieren, kaskadieren, anweisen, motivieren, beurteilen und viel kontrollieren – sonst arbeiten die Menschen nicht gut und nicht effizient oder überhaupt nicht. Führung weiß und kann alles. Sie gibt deshalb die Ziele vor, Urlaube und Gehaltserhöhungen frei. Sie ist eher patriarchalisch und sowieso heroisch. Es gibt Menschen, die dafür geboren und gemacht sind. Man kann und muss es nicht lernen. Wenn man eine Führungskraft ist, hat man es geschafft und zu etwas gebracht. Man hat ein schöneres Büro, einen Dienstwagen und im besten Fall eine Assistentin. Das Schöne an Führung ist, dass man all das, was man von den anderen verlangt, selbst nicht machen oder einhalten muss. Manchmal ist dieses Führen auch anstrengend, weil man Strategien und Visionen haben muss, alle auf einen schauen und warten. Wenn man Pech hat, gibt es auch noch andere Führungskräfte, die mehr dürfen oder andere Interessen haben; dann muss man kämpfen und sich durchsetzen.

veränderung ist …

… etwas, das die Menschen nicht mögen. Die Mitarbeitenden müssen dafür irgendwo abgeholt, mitgenommen oder hingeschleppt werden. Zuständig dafür ist das Management, die Führungskräfte. Oder die interne Change-Abteilung. Sie haben die Macht, zu verändern. Man nennt es Change oder Transformation. Es geht nur in großen, sehr aufwendigen und anstrengenden Projekten. Dafür braucht es ein fertiges Vorgehensmodell mit genau definierten Phasen und Vorgehensschritten und ein bisschen Best Practice, die man 1:1 aus einem Buch kopieren kann. Dabei ist es ratsam, die eigentlichen Themen nicht anzugehen und bloß keine Elefanten im Raum zu benennen. Am besten, man holt sich Berater:innen von außen, die mit viel Geld dafür bezahlt werden, die Probleme zu lösen und schuld sein können, wenn es nicht funktioniert. Viele bunte Post its, Powerpoint-Präsentationen und bunte Broschüren helfen (auch).

Reflexion

Was von all dem kommt Ihnen bekannt vor? Welche Tools, Arbeitsprozesse oder Methoden gibt es in Ihrer Organisation, in Ihrem Arbeitsalltag? Und wie ist das mit der Haltung?

Um was es in diesem Kapitel geht …

- **Weil das »alte Arbeiten« augenscheinlich nichts mehr taugt, braucht es also ein neues. Ein »New Work«. Darum soll es in diesem Kapitel gehen. Um Mythen und Missverständnisse, um Cargo-Kulte, Herrn Bergmann und um eine Bewegung. Aber vor allem um ein Betriebssystem, das in diese Zeit passt und tauglich ist.**

- **Dieses neue Betriebssystem reicht von der Strategie, über die Struktur, Kompetenzen, Zusammenarbeit und Führung bis zur Kultur. Ganz zentral geht's um Haltung, Motivation und Absichten. Alles also ein großer Fundus an Möglichkeiten, die eigene Organisation, das eigene Team, die eigene Arbeit neu zu gestalten.**

- **Da neu aber einfach »nur« neu ist, braucht das Ganze eine Qualität. Eine, die für Zeitgemäßheit und Zukunftsfähigkeit sorgt. Die Idee ist die der verantwortlichen Organisation mitsamt vier Prinzipien, die für das »neue Arbeiten« und für eine Veränderung dahin dienlich sein sollen.**

neue arbeit

ein ganzes dorf

wie es zu »new work« kam

Unsere Arbeit ist also alt. Wenig hat sich seit über 120 Jahren getan. Vielleicht fehlt uns für die ganz große Veränderung, für einen wirklichen Ruck einfach ein neuer Herr Taylor. Oder eine Frau Taylor. Eine Person oder eine Institution, die all das, was an guten Konzepten und Ideen schon da ist, zusammenbringt, die große Veränderung in die Hand nimmt. Der oder die aus dem Fundus schöpft, Verbindungen herstellt und Wege und Möglichkeiten für Transformation herstellt. In Zeiten wie diesen braucht es dafür aber wohl eher ein »ganzes Dorf«.

So eine Art »Dorf« ist vor circa zehn Jahren entstanden, eine Art Bewegung, die begann das System »Arbeit« kritisch und grundlegend zu hinterfragen und sich Gedanken zu machen, wie man es zeitgemäß und zukunftsfähig gestaltet werden könnte. Es ging um ein neues Arbeiten.

Innerhalb kürzester Zeit und an den unterschiedlichsten Ecken starteten Initiativen und Projekte, entstanden neue Beratungen und vor allem auch Communities in den Unternehmen. Es ging darum, wie ein wirklich neues Arbeiten aussehen und wie man flächendeckend für Veränderung sorgen könnte. Es ging darum, was es braucht, um mit den Herausforderungen unserer Zeit wie Komplexität, Globalisierung, Klima, Technologie, mit gesellschaftlichen Veränderungen uswusf. in den Organisationen und Unternehmen gut umzugehen. Menschen fingen an, sich zu treffen und sich zu diesen Themen auszutauschen – über die ganzen Notwendigkeiten, über ihre Schmerzen, aber vor allem über ihre Sehnsucht und die Lust, zu gestalten, für einen echten Wandel zu sorgen. Es ging vor allem viel um Machbarkeit und konkrete Ideen für die Umsetzung. In dieser Zeit sind viele Communities wie zum Beispiel »The Dive«, »intrinsify«, die »New Work Women« und auch unser »Les Enfants Terribles« entstanden, weil klar war, dass es dafür Gleichgesinnte und Verbündete braucht, die sich gegenseitig unterstützen.[1 2 3 4] Die Idee von »New Work« verbreitete sich durch immer mehr werdende Podcasts, durch Filmprojekte wie die »Augenhöhe«-Reihe oder »Die Stille Revolution«, durch Events, Barcamps und Konferenzen, im großen Stil von XING mit der »NWX – New Work Experience« und dem »New Work Award«, aber vor allem auch in kleinen, feinen Formaten wie der »Freiräume (Un) Conference« in Graz.[5] [6] [7] [8]

All das geschah und geschieht immer noch unter dem Oberbegriff: »New Work«. Wie immer sich dieser Begriff dafür gefunden hat, wer immer ihn wann zuerst benutzt hat, es ist nicht klar.

Ein wichtiger Meilenstein dieser Bewegung war auf jeden Fall das Buch *»Reinventing Organizations«*, ein *»Leitfaden für sinnstiftende Formen der Zusammenarbeit«* von Frédéric Laloux, das 2014 erschien.[9] Laloux, ein ex-McKinsey-Mann, der mittlerweile zu den »Top Thinkern« dieser Welt zählt, spricht darin von einem »neuen Managementparadigma«. Sein Buch ist eine Analyse unterschiedlicher Beispiele »anderer« Formen von Zusammenarbeit. Dabei geht es ihm um Selbstorganisation, um Ganzheit und um einen evolutionären Sinn. Die Unternehmensbeispiele zeigen, dass und vor allem wie Arbeit anders gehen kann. Mit dem integralen Entwicklungsmodell gibt Laloux außerdem ein Konzept an die Hand, das für ein besseres Verständnis und die Verortung der eigenen Organisation hilft. Er selbst nennt das im Buch nicht »New Work«, wurde damit aber zu einem Aushängeschild dieser Bewegung. Seine Gedanken und Ideen haben eine ziemliche Welle ausgelöst, das Buch war und ist immer noch ein inspirierender Einstieg, um sich mit dem Thema »Neues Arbeiten« zu beschäftigen. Es trifft irgendwie einen Nerv, macht die Menschen nachdenklich und weckt bei vielen die Sehnsucht nach einem anderen Miteinander, nach mehr Menschlichkeit und Gemeinschaft in den Organisationen. Laloux sagt in seinem Buch, dass er glaubt, dass etwas Altes stirbt, während gerade etwas Neues geboren wird.[10]

Diese kritische Auseinandersetzung mit Arbeit, mit Ideen und Möglichkeiten einer neuen Arbeit sind mittlerweile in so viele Ecken der Arbeitswelt vorgedrungen und haben so vieles in Bewegung gesetzt – in Konzernen, im Mittelstand, in ganz kleinen Unternehmen, in Handwerksbetrieben, in NGOs, in Sozialunternehmen. Überall. »New Work« setzt vor allem auch an Stellen etwas in Bewegung, von denen wir immer geglaubt haben, dass sie sich nie verändern werden – wie im Gesundheitswesen oder in der öffentlichen Verwaltung, sogar im politischen Betrieb.

Das alles konnte passieren, obwohl es für DIESES »New Work« kein offizielles, wikipediareifes Modell, keine EINE Definition oder DIE EINE

»Best Practice« gibt. Nach wie vor versammelt es alle Ideen, Konzepte und Methoden, aus denen man für die Gestaltung von zeitgemäßer und zukunftsfähiger Arbeit und Zusammenarbeit schöpfen kann. ChatGPT sagt: *»Die genaue Definition von »New Work« kann je nach Kontext und Interpretation variieren«*. An der ein oder anderen Stelle sorgt diese »Freiheit« leider auch für Verwirrung.

»New Work« ist zu einem Begriff zwischen Kapitalismuskritik, flexiblen Arbeitsmodellen, menschlichen Sehnsüchten und Employer Branding geworden. Die Energie der Anfänge der ursprünglichen Bewegung ist eher abgeflacht, die Initiativen und Events sind weniger geworden oder haben sich verändert. Während auf der einen Seite schon der große Abgesang darauf stattfindet, haben aber am ganz anderen Ende viele Unternehmer:innen, Führungskräfte, zum Teil nicht einmal Personaler:innen und schon gar nicht die Masse der Angestellten je davon gehört, geschweige denn sich wirklich und in der Tiefe damit auseinandergesetzt.

So verändern sich auch laufend die Zuschreibungen. Eine Zeit lang waren es eher Coworking und coole Arbeitsräume, dann Feelgood-Management und Achtsamkeit, die berühmten Tischkicker und Obstkörbe, Diversity und Inklusion tauchen in diesem Kontext auf, dann war oder ist es das agile Arbeiten und seit Corona ist »New Work« Remote-Arbeit, Homeoffice, Workation, flexible Arbeitsmodelle, neuerdings die 4-Tage-Woche. Selbst die gute, alte *»Apotheken Umschau«* hatte »New Work« im November 2022 auf ihrem Titel; es ging um Gesundheit und um Resilienz. Manchmal werden als »New Work« die merkwürdigen Ansichten und Forderungen dieser neuen Generationen XYZ und jetzt Alpha bezeichnet. Manchmal soll es auch einfach nur die Sorgen wegmachen. Am besten nach dem beliebten Waschmichmachmichabernichtnass-Prinzip. Alle mögen sich bitte verändern, ICH lieber nicht. Es ist ein *»Kann sich bitte eine:r kümmern!«*; sprich: *»Liebe:r Berater:in, sorge dafür, dass mein Team funktioniert!«*.

Auf der einen Seite gibt es Abwehr gegen »New Work« – im Sinne von: hatten wir eh alles schon oder taugt nur für bestimmte Organisationen, in bestimmten Konstellationen, sprich Startups in Berlin. Auf der anderen Seite sorgt es für hektischen Aktionismus. Für viel Geld werden Räume neu und schick ausgestattet, ganze Heerscharen von Mitarbeiter:innen in »Agilität« ausgebildet oder »New Work«-Taskforces ins Leben gerufen. Es ist definitiv zu einem gefundenen Fressen für Berater:innen, Coaches und Trainingsfirmen geworden.

Am allerschlimmsten ist, wenn »New Work« zur Motivation der Mitarbeitenden oder für das Lösen des Personalnotstandes herhalten muss und damit zum Köder in Jobanzeigen wird. Der Organisationssoziologe Stefan Kühl nennt das »Aufhübschen«, die »Schauseite« des Unternehmens, die »Fassade« der Organisation. Man versucht nach- oder mitzumachen, was man auf einer Konferenz, besser noch bei einem Barcamp gehört hat. Dieses Nachahmen hat einen sogar einen Fachbegriff: »Cargo Kult«. Benannt nach einer soziologischen Beobachtung nach dem zweiten Weltkrieg auf den pazifischen Inselgruppen Melanesien. Die amerikanischen Soldat:innen hatten den Einwohner:innen während des Krieges Geschenke mitgebracht. Nach Abzug der Truppen haben die Bewohner:innen die Handlungen der Militärs rund um die Cargo-Flugzeuge nachgeahmt. In ihrer Vorstellung hatten die Soldat:innen die Götter positiv gestimmt und damit für die Geschenke gesorgt. Ob sich der Organisationsgott wohl davon beeindrucken lässt, dass man bunte Sofas aufstellt oder *»Wir arbeiten jetzt alle selbstorganisiert!«* ins Großraumbüro ruft? Man weiß es nicht so genau.

»New Work« scheint für manche Unternehmen DAS Heilsversprechen für eine bessere Performance zu sein. Der *»Harvard Business manager«* sagt, dass man mithilfe von Homeoffice, mobilem Arbeiten und flexiblen Arbeitszeiten (und nennt DAS schon *»die Revolution der Arbeitswelt«*) von einer Produktivitätssteigerung der Beschäftigten um 35 Prozent ausgehen kann.[11] Von daher könnte dieses »New Work« natürlich zu einer Gefahr für die Mitarbeitenden werden, wenn die Unternehmen damit noch mehr aus ihnen »herausholen« wollen.

Dieses »New Work« scheint eine Projektionsfläche für alle möglichen Themen unserer mäßig funktionierenden Arbeitswelt zu sein. Es ist irgendwie etwas Neues und Modernes. Oder ist es nicht doch etwas, das es schon immer gab und das jetzt nur einen neuen Namen hat? Spätestens wenn »New Work« Buzzword oder Hype genannt wird, muss man sich fragen, wie das bitte alles passieren konnte.

»new work«-mythen und -missverständnisse

meine lieblingsliste*

Wir machen das eh schon...

- Bei uns gibt's Homeoffice, Remote- oder hybrides Arbeiten
- Wir haben ein paar Agile Coaches ausgebildet
- Wir nutzen Design Thinking
- Wir haben Arbeitsprozesse digitalisiert
- Wir haben extra jemanden für Feelgood-Management eingestellt
- Das ist unser Super-Argument in Stellenanzeigen

Man weiß es nicht so genau...

- Das ist so ein Ding von jungen Leuten, ein Thema für die Generation Z, weil die (zu) hohe Ansprüche an den Job haben und nicht so wirklich gerne arbeiten wollen
- Das ist was für Menschen, die zu faul zum Arbeiten sind
- Das ist auf Teufel komm raus querdenken
- Da trägt man weiße Turnschuhe zum Anzug
- Das ist irgendwie was mit »Purpose«

Nix für uns!

- Das geht nur in Startups
- Das geht nur in Berlin
- Das gab es alles schon
- Haben wir ausprobiert, hat nicht funktioniert
- Das ist eine perfide Strategie, um noch mehr aus den Leuten rauszuholen und sie zur Selbstausbeutung anzutreiben
- Das wollen unsere Mitarbeiter:innen nicht
- Wenn ich meinen Leuten Selbstorganisation zutraue, machen die alle Töpferkurse in der Toskana
- Wenn alles ohne Führung ist, entscheiden alle alles. Und, wenn wir DAS machen, gibt es den totalen Kontrollverlust und unser Laden bricht zusammen
- Für »New Work« werde ich nicht bezahlt
- Ich brauche keine bunten Wände
- Eh nur ein Buzzword oder Bullshitbingo
- Das geht wieder weg

*Dies ist eine Sammlung aus einer Linkedin-Umfrage in meinem Netzwerk. Danke, an die »New Work«-Community für diesen wunderbaren Input!

Was ist denn Ihr Verständnis von »New Work«?

Reflexion

danke frithjof bergmann!

über die quelle von »new work«

Dabei gibt es für »New Work« eigentlich eine Definition, einen Ursprung. Wenn man EIN Buch gelesen haben muss, um bei diesem Thema mitzudiskutieren, dann ist es *»Neue Arbeit. Neue Kultur«* von Frithjof Bergmann.[12] Spätestens an der Stelle muss es einem klar werden, dass es nicht der Tischkicker ist, über den wir hier sprechen, und dass »New Work« kein »Luxusthema« ist.

Das eigentliche »New Work« ist ein Begriff, ein Konzept, das dieser Frithjof Bergmann in den 1980ern entwickelt hat. Er ist ein in Deutschland geborener, in Österreich aufgewachsener Philosoph und Kulturanthropologe, der an der Universität von Michigan lehrte. Zu dieser Zeit gab es bei General Motors aufgrund steigender Automatisierung eine hohe Zahl an arbeitslosen Arbeiter:innen. Bergmann fragte sich, was man tun könne, um die Arbeitslosigkeit zu reduzieren, beziehungsweise wie die Arbeitenden trotz Automatisierung ihre Jobs behalten könnten. Gleichzeitig wollte er von den Menschen wissen, was sie *»wirklich wirklich«* von ihrem Leben und ihrem Arbeiten wollen. Für diesen Austausch und seine Arbeit eröffnete er einen speziellen Ort, den er das »Center for New Work« nannte.

Bergmann hat das Thema »Arbeit« aus einer philosophischen, einer vor allem gesellschaftlich-politischen Perspektive betrachtet. Sein »New Work«-Konzept ist aus einem kritischen Diskurs über die Lohn- und Erwerbsarbeit entstanden. Für ihn hieß das, dass wir den Arbeitsbegriff grundsätzlich in Frage stellen, ein neues Verständnis von Arbeit entwickeln müssen. Dabei ging es ihm vor allem um die »Machtlosen und Bedürftigen«. Für sie hat er sich stark gemacht.

Zeit seines Lebens beschäftigte er sich damit, wie eine Welt sein könnte, in der wir gerne leben und gerne arbeiten wollen. Arbeit sei ein wichtiger Bestandteil unseres Lebens, sie könne Kraft und Energie verleihen, sogar ein Genuss sein. Sie könne erfüllend und sinnstiftend sein, wenn die Menschen sich damit identifizieren, einen Bezug dazu finden, ihre Begabungen einbringen können, angespornt und gefordert werden. Es ging ihm um Selbstentwicklung und persönliche Entfaltung. Freiheit war für Bergmann, der zu Hegel promoviert hat, ein wichtiges Thema. 1972 erschien dazu sein erstes Buch *»Die Freiheit leben«*. In *»Neue Arbeit. Neue Kultur«* sagt Bergmann *»Wir sollen nicht der Arbeit dienen, sondern die Arbeit soll uns dienen«*.[13]

Es ging ihm um eine andere Gewichtung der Arbeit in unserem Leben. Bergmann plädierte dafür, ein Drittel unserer Zeit für bezahlte Erwerbstätigkeit, ein Drittel für die persönliche Entfaltung und ein Drittel für Selbstversorgung zu verwenden. Die Selbstversorgung sollte dabei nach ökologischen Kriterien erfolgen, Güter sollten gemeinschaftlich regional oder lokal produziert und Technologie intelligent im Sinne und für die Menschen genutzt werden. Alles also Dinge, die gut in unsere Zeit und für unsere aktuellen Herausforderungen passen.

Leider hat Bergmanns Konzept nie die Bedeutung gewonnen und schon gar nicht für die großen strukturellen Veränderungen gesorgt, die er sich gewünscht hatte. Er glaubte auch nicht daran, dass sich »sein« »New Work« in den bestehenden Systemen und Organisationen, im Rahmen der klassischen Erwerbsarbeit umsetzen lässt. 2018 sagte er in einem Interview, dass er sich über diese neue »New Work«-Bewegung ärgere, weil seine Idee durch den Kapitalismus verwässert würde. Er nannte es *»Lohnarbeit im Minirock«*. Unter anderem in einem Interview mit dem *»Personalmagazin«* sagte er: *»Für viele ist New Work etwas, was die Arbeit ein bisschen reizvoller macht. Und das ist absolut nicht genug ... Da hilft auch kein Tischtennis oder Obstkorb, um die Lohnarbeit erträglicher zu machen. Die Neue Arbeit versucht eine andere Art zu leben an die Menschen heranzutragen«*.[14]

Dass sich die Bergmann'sche Idee (im Gegensatz zu der von Taylor) nicht durchsetzte, könnte daran liegen, dass sie nicht wirklich im Sinn kapitalistischer Interessen ist und für zu viel Aufruhr im System gesorgt hätte. Sein »New Work« ist im Innersten eben eine Kapitalismuskritik. Vielleicht war er seiner Zeit auch einfach voraus. Gut 40 oder 50 Jahre später finden sich viele seiner Grundüberzeugungen und Ideen in der ganzen Sinn-Debatte, in Diskussionen wie die der Vier-Tage-Woche oder in Konzepten rund um »Neues Wirtschaften« wieder.

von neu zu gut zu ...
ein perspektivwechsel

»New Work« hält sich also seit etwa zehn Jahren als eine Art Oberbegriff oder Klammer für alle zeitgemäßen Formen, Methoden und Tools von Arbeit und Zusammenarbeit.

Mittlerweile hadere ich mit diesem Begriff, weil er so uneindeutig ist. Es steckt wenig Orientierung und Konkretes in ihm, was für diese unterschiedlichen Interpretationen und Zuschreibungen sorgt und ihn letztlich an Kraft verlieren lässt. Das »new« beschreibt keine Richtung, kein Ziel, keine Handlung, keine Haltung. Gleichzeitig hat sich »New Work« über die Jahre so etabliert, dass ich es auch weiterhin benutze – eben mit meiner Definition von »Neuer Arbeit«. Ich hadere nämlich NICHT mit den Ideen und Möglichkeiten, die in ihm stecken, mit der Fülle an Konzepten und Praktiken, die es gibt und, die sich über die letzten Jahre in den Organisationen bewährt haben.

Und da es eh nicht DIE EINE Lösung für ein »neues Arbeiten« und sowieso nicht für alle Organisationen und Unternehmen gleichermaßen gibt, muss sich eh jede:r auf den eigenen Weg machen und sich SEINE oder IHRE »neue Arbeit« selbst bauen. Das ist einfach so. Die Antworten, was dieses »Neue« ist oder sein soll, liegen auf der Metaebene, in einem anderen Verständnis, anderen Rahmenbedingungen, Prinzipien, Grundsätzen und vor allem in einer anderen Haltung gegenüber Arbeit. Deshalb müssen wir diesem »New Work« UNSERE Bedeutung geben.

Weil: WIR die Arbeit sind. WIR ALLE zusammen.

Die einzig relevante Frage dabei ist:
Was braucht die Welt?

Die braucht auf jeden Fall überhaupt erstmal ein zeitgemäßes Arbeiten. Wie gestalten wir Organisationen, wie das Zusammenarbeiten, damit sie für unsere aktuelle, für diese schnelllebige, komplexe Zeit tauglich sind.

Gleichzeitig brauchen wir den Blick in die Zukunft, wir brauchen ein zukunftsfähiges Arbeiten. Wie bereiten wir uns auf morgen, auf das

Arbeiten in fünf, in zehn oder 20 Jahren vor, auf die Dinge, die noch auf uns zukommen, vor allem auf die, von denen wir noch gar nicht wissen, dass sie auf uns zukommen werden.

Die Welt braucht aber nicht irgendein neues Arbeiten, sondern ein gutes Arbeiten.

Und da selbst »gut« für unterschiedliche Menschen Unterschiedliches bedeutet, braucht auch das eine Konkretisierung.

Bei all dem, was gerade passiert und was noch kommen wird, bedeutet »Es gut machen« für mich ein verantwortungsvolles oder verantwortungsbewusstes Handeln. Neues Arbeiten, gutes Arbeiten muss ein verantwortliches Arbeiten sein. Verantwortung für unsere Wirtschaft, für unser Wirtschaften, für unsere Welt, für die Menschen, für unser Miteinander, für die Zukunft. Es bedeutet vor allem unsere GEMEINSAME Verantwortung für die Organisationen, in denen wir arbeiten, weil wir eben ALLE die Arbeit sind.

Die Perspektive der »Verantwortung« führt uns zu einer anderen Diskussion über Arbeit und Zusammenarbeit. Und zu einem anderen Handeln.

Dieser Perspektivwechsel könnte uns dazu führen, mit all dem hektischen Aktivismus, den Kurzfristlösungen für Recruitingprobleme, der Für- oder Wider-Debatte um »New Work«, um Agilität, um Selbstorganisation und irgendwelche Circles oder mit dem unsäglichen Kampf um Homeoffice-Regelungen aufzuhören. Für einen Moment.

Und für diesen einen Moment all das zuzulassen, was sich da draußen tut, was um uns herum passiert, was sich verändert, was möglicherweise noch auf uns zukommen wird. Es geht darum auch all das, was mit uns selbst passiert, was es mit uns macht, zuzulassen. *»Annehmen, was ist; was ist, muss sein dürfen«* hat mein guter, alter, systemischer Lehrer immer gesagt.

Lasst uns zugeben, dass es irgendwie nicht so rund läuft, wie wir es gerne hätten. Lasst uns eingestehen, dass es groß, dass es schwierig, vielleicht frustrierend, vielleicht beängstigend ist. Dass wir unsicher, voller Fragen sind, keine wirklich befriedigenden Antworten und Lösungen haben. Dass all die Hypothesen, warum Veränderung nicht stattfindet, gleichermaßen wahr sind und ihre Berechtigung haben. Dabei geht es nicht um einen dystopischen Blick auf diese Welt, sondern einfach um ein Anerkennen der Realität. Und wenn wir uns fürchten, fürchten wir uns eben.

Wir müssen begreifen, dass all das keine Probleme sind, die gerade erst entstanden sind und die schon gar keine Schnellschnell- und Kleinklein-Lösungen erlauben. Wir müssen raus aus dem Brände löschen. Sonst werden wir nichts anderes mehr tun.

Dafür sollten wir anfangen, die Themen aus einer Helikopter-Perspektive zu betrachten, uns ihnen in ihrer Gesamtheit zu stellen, Zusammenhänge und Variablen zu akzeptieren, das vermeintlich Unlösbare zu respektieren, vielleicht ein bisschen ehrfürchtiger und demütiger zu sein.

Die Lösungen werden erst kommen, wenn wir ehrlich zu uns selbst sind, wenn wir unsere Gewohnheiten und Glaubenssätze kritisch hinterfragen, wenn wir Altes, vermeintlich Bewährtes und diese unsägliche Hoffnung auf »Best Practices« oder »Blaupausen« gehen lassen.

Erstmal.

Lasst uns dann unseren ganzen Ideenreichtum, unsere Fantasie nutzen und unserer Intuition trauen. Den Horizont ein bisschen mehr weiten. In Lösungsräumen, in Optionen, in Chancen denken. Und das lieber in Gemeinschaft als alleine.

Jamais Cascio, der Anthropologe, sagt: *»Get smarter«*! Wir sollen es einfach so machen, wie wir es als Menschen schon immer gemacht haben: uns weiterentwickeln.[15] Wir sollen alles, was uns zur Verfügung steht, dafür nutzen. Er beschreibt es als »Fluide Intelligenz«, *»die Fähigkeit, unabhängig von erworbenem Wissen einen Sinn in Verwirrung zu finden und neue Probleme zu lösen, losgelöst von unserem bestehenden Wissen«*. Wir sollen unsere ganze Kreativität und Innovationskraft, die vielen Erfahrungen, die Diversität an Knowhow, die es in unserer Zivilisation eh schon gibt, dafür nutzen. Wir sollen uns aber keine Zukunft bauen, in der wir einfach nur überleben, sondern eine, in der wir GERNE sein wollen. Die Philosophin Natalie Knapp nennt es, unsere *»eigene Denkfähigkeit wieder wachrütteln«*.[16]

Raus aus dem Reaktiven, rein ins Aktive. Damit wir nicht mehr allem hinterherlaufen müssen, was irgendwie nach Lösung aussieht, sondern in eine echte Gestalter:innenrolle kommen.

Und stärken müssen wir uns, resilienter, widerstandsfähiger werden. Nicht nur, weil die Welt eine anstrengende ist, sondern weil wir in einer Pionierzeit leben und Veränderung Kraft braucht. Vielleicht müssen wir an der ein oder anderen Stelle auch ein bisschen was lernen oder dazulernen – über gute Arbeit, über gute Zusammenarbeit, über ein gutes Miteinander, über Veränderung. So wirklich hat uns das Arbeiten ja leider keine:r beigebracht.

In dem ganzen Vielen gibt es nämlich auch einfach jede Menge Chancen. Corona hätte (bei allem Elend) ein richtig gutes Potential für eine tiefgreifende Veränderung gehabt. Leider haben wir das alles schon wieder verdrängt. Es hat nicht zu einem Systemwandel geführt. Wir hätten uns die Schulsysteme grundlegend anschauen können. Wir hätten uns auch grundsätzlich überlegen können, wie wir (gut) arbeiten könnten. Stattdessen schlagen wir uns jetzt mit Betriebsvereinbarungen zu Remote-Arbeit herum, versuchen, den Mitarbeitenden das Büro schön zu reden und Anreize zu schaffen, damit alle wieder brav an ihren Arbeitsplatz zurückkehren. Weil Führungskräfte Angst haben, die Kontrolle zu verlieren, dass die Motivation sinken könnte, die Kultur auseinanderfliegt und überhaupt sowieso keine:r mehr mit und bei ihnen arbeiten will – in Zeiten des Fachkräftemangels.

Dann machen wir es eben JETZT. Das mit dem Verändern.

Und da wir alle ein Teil des Problems sind, könnten wir doch auch alle ein Teil der Lösung sein, DIE Lösung sein.

Wie schon gesagt, die spannende Frage ist:
Wem nutzt es?

UNS ALLEN könnte es nutzen, dieses Arbeiten. Den Unternehmen oder Organisationen, den Menschen darin, der Welt.

Es MUSS uns allen nutzen, sonst macht es doch gar keinen Sinn.

was die welt braucht

verantwortliche organisationen

Das neue Arbeiten muss also ein gutes, ein verantwortliches Arbeiten sein. Unsere Unternehmen, unsere Organisationen müssen verantwortlich sein, in die Verantwortung gehen.

Aber wie genau muss man sich eine gute, eine verantwortliche Organisation vorstellen? Wie geht das konkret in der Umsetzung? Welche Konsequenzen hat es für die Zusammenarbeit, für das tägliche Arbeiten? Für mich ganz persönlich? Und vor allem: bedeutet das, dass wir bisher nicht verantwortlich arbeiten?

Doch! Natürlich arbeiten wir verantwortlich. Wir machen doch prima mit in den Firmen. Wir sind so verantwortlich, dass es den Unternehmen, dass es unserer Wirtschaft (immer noch) verdammt gut geht. Das Ding ist nur, dass wir uns von DENEN vorgeben lassen, was gut und was verantwortlich bedeutet, was die Ziele und ein gutes Ergebnis, aber auch was die »richtigen« Herangehensweisen sind. Pflichtbewusst wie wir sind, arbeiten wir genau so verantwortlich, wie es verlangt oder vorgelebt oder belohnt wird. Sie bezahlen uns ja schließlich auch dafür – sei es als Angestellte oder als Lieferant:innen. Wie gesagt *»Die Verhältnisse prägen das Verhalten«*. Wir sind schlaue Meister der Anpassung.

Gleichzeitig gibt es Menschen, die das Thema Verantwortung anders begreifen, die bezweifeln, dass es gut ist, einfach blind dem zu folgen, was andere, was Chef:innen als gut und verantwortlich bezeichnen. Die, die sich über ihren eigentlichen Job hinaus, für wirklich gute Arbeit und Zusammenarbeit in der Organisation verantwortlich fühlen, sich einsetzen, Ideen und Verbesserungsvorschläge einbringen, Initiativen und Projekte für ein »neues Arbeiten« starten. Und damit meine ich nicht die, die das aus Berufsgründen eh machen (müssen), wie HR/Personal, der Betriebsrat oder Berater:innen. Sondern ganz »normale« Mitarbeiter:innen. Davon gibt es sehr viele.

Wie es scheint, sind wir also sehr gut in der Lage, Verantwortung für unser Arbeiten zu übernehmen – auf die ein oder andere Weise. Es geht und wir tun es. Alle. Ständig.

Aber was ist das »richtige« Verantwortlich? Wann ist es ein »gutes« Verantwortlich?

Unzählige Philosoph:innen, Dichter:innen, Politiker:innen haben sich damit auseinandergesetzt, haben Deutungen und Handlungsanleitungen formuliert. In den meisten Definitionen zu Verantwortung geht es darum, dass durch unser Handeln letztlich kein Schaden entstehen darf und wir die Folgen gut tragen können müssen. Es beantwortet fast intuitiv die Entscheidung zwischen Höher-schneller-weiter versus Nachhaltig-und-resilient. »Zukunftsethik« nennt Hans Jonas das in seinem Buch *»Das Prinzip Verantwortung«*: eine *»ethische Verpflichtung zu Handlungen und Handlungsfolgen, die integer, gerecht, altruistisch, fürsorglich etc. sein sollen«*.[17]

Der Begriff »Verantwortung« stammt ursprünglich aus dem Lateinischen »respondere«, das übersetzt »antworten« heisst. Er kommt aus der römischen Rechtssprache und besagt, dass man sich als Angeklagte:r rechtfertigen, verteidigen, eine Antwort geben muss.

In Verantwortung steckt also: ANTWORT.

Unternehmen können diese Antworten geben. Mit ihrer Definition von Verantwortung geben sie uns einen Rahmen, eine Orientierung und Halt, damit auch Fokus, Kraft und Stärke.

Um seine EIGENE Antwort zu finden, muss man sich auf den Weg machen und sich seine eigene Meinung bilden. Man muss dafür alles von unterschiedlichen Seiten beleuchten, erforschen und ergründen. Misstrauisch sein auf eine gesunde Art. Optionen und Möglichkeiten müssen abgewogen, mögliches Handeln reflektiert werden. Es geht darum, dass man in Konsequenzen denkt. Man muss verstehen oder einschätzen, welche Auswirkungen das Handeln hat. Unser Handeln betrifft in der Regel eben auch andere oder wir brauchen andere dafür. Es ist zu klären, wer die Betroffenen und mögliche Beteiligte sind. Auf wen oder was hat es Auswirkungen oder Einfluss. Es braucht Bereitschaft, die Verantwortung auch für die Konsequenzen einer Entscheidung, für die Entwicklungen daraus zu übernehmen, für Folgen einzustehen. Hans Jonas fragt in seinem Buch, was als Kompass dienen kann und sagt: *»Die vorausgedachte Gefahr selbst!«*.[18]

Dieses Reflektieren, das kritische Denken und Vorausdenken sind wichtige Kompetenzen – nicht nur für die Zukunft, sondern vor allem fürs Jetzt. Otto Scharmer nennt das *»von der entstehenden Zukunft her führen«*. Es bedeutet, die eigene Intuition, die innere Stimme, die Selbstwahrnehmung und -reflexion zu trainieren, gleichzeitig komplexe Zusammenhänge und Wirkmechanismen verstehen zu lernen. Man nennt es Verantwortungskompetenz.

In Verantwortung steckt mit dem vorangestellten »VER-« auch ein Tun, eine Handlung.

Es braucht einen Handlungserfolg, sonst macht das Entscheiden ja keinen Sinn. Sonst wird daraus einfach nur ein Hoffen. Verantwortung endet ja nicht mit dem Treffen einer Entscheidung. Versprechen müssen eingehalten werden. Das scheinen die Menschen vor allem in Unternehmen gerne mal zu vergessen. Ein interessanter Gedanke ist, dass Nichtstun, Passivität auch eine Form der Verantwortungsübernahme ist. Der Philosoph Karl Jaspers bezeichnete das als »schuldvolle Passivität«.[19] Ich denke, auch das kennen wir in den Organisationen.

Verantwortung braucht natürlich eine Legitimation, eine Erlaubnis. Das heißt aber nicht, dass man Chef:in sein muss, um zu verändern und zu gestalten. Eine Erlaubnis kann man sich jederzeit selbst holen. Man muss nur den »Auftrag« sauber klären. Unseren Handlungs- und Entscheidungsspielraum können wir uns erobern. Man nennt es den Wirkkreis, unseren »Circle of Influence«. Das Gute ist: diesen Kreis können wir vergrößern, wenn wir das wollen. Im Kapitel über die »Selbstwirksamkeit« wird es darum gehen. Wir müssen es auch nicht alleine machen. Es geht nämlich nichts über Komplizen. Antje von Dewitz, die Geschäftsführerin von *»Vaude«*, dem verantwortungsorientierten Hersteller von Outdoor-Ausrüstung, hat in einem Artikel im *»Manager Magazin«* ihre Chef-Kolleg:innen, die *»lieben CEOs«*, neulich dazu aufgerufen, ihrer Verantwortung gerecht zu werden, anzupacken, als Verbündete Lösungen und Zukunft zu schaffen.[20]

In erster Linie ist die Übernahme von Verantwortung eine Entscheidung. Es ist ein bewusstes »Ja!«-Sagen – mit allen dazugehörenden Konsequenzen. Diese Entscheidung kann ein Unternehmen, eine Organisation, eine Abteilung, ein Team, können wir, kann jede:r von uns treffen. Und zwar jederzeit und immer und immer wieder auch neu.

Letztlich bedeutet es, dass jede:r die Verantwortung für sein Arbeiten, für sein oder ihr Leben übernimmt. Es geht um Selbstbestimmung, um Eigenverantwortung. Einfluss nehmen auf Gestaltungsmöglichkeiten. Selbstwirksamkeit bewusstwerden und sie nutzen.

Einer der größten Hebel ist, sich darüber bewusst zu werden, was unser Handeln, unsere Verantwortung bisher gelenkt hat. Welche Interessen, welche Einflüsse, welche Vorgaben, vielleicht sogar Zwänge, vor allem welche Vorstellung, was Arbeit, aber auch was Erfolg oder »Belohnung« für uns bedeutet, sind wir gelenkt? Was ist unser Bezugsrahmen, was unsere Richtschnur für Verantwortung? Sind es eher die Stakeholder des Unternehmens, sind es die Menschen und das Miteinander in der Organisation, im Team oder sind es (zu sehr) die eigenen Interessen derer, die am Steuer sind? Es geht um die Absicht. Wem nutzt hier was? Die zentrale Frage scheint zu sein, wem oder was man sich verpflichtet fühlt. Taylor, zum Beispiel, hatte mit seinen Konzepten und Methoden für die Organisation von Arbeit ziemlich klare und kraftvolle Absichten – relevant für seine Zeit, für seine Herausforderungen, wahrscheinlich auch für seine persönlichen Perspektiven und Interessen. Und mit ihm alle, die danach kamen und sich diesem Denken und Handeln angeschlossen haben. Bis heute.

Diese Klarheit, dieser Wille ist die Macht. Das sieht man zum Beispiel an den Unternehmensführer:innen wie sie Frédéric Laloux in *»Reinventing Organizations«* beschreibt. Man sieht es auch an Menschen wie Yvon Chouinard, dem Gründer der Marke *»Patagonia«*, der für sein Unternehmen schon immer und gegen jede Menge Widerstände sehr bewusste Entscheidungen in Richtung »Verantwortung« getroffen hat und trifft – und damit mehr als erfolgreich ist (nicht nur finanziell). Es geht. Wer mehr darüber lesen will, kann das in *»The Future of the Responsible Company«* tun, einem sehr inspirierenden Buch, das eben zum 50. Firmenjubiläum von *»Patagonia«* veröffentlicht wurde.[21]

Immer mehr Unternehmen beschäftigen sich (und zwar nicht nur, weil ihnen das irgendwelche gesetzlichen Vorschriften sagen) mit verantwortlichen Formen von Organisationsführung. Natürlich geht es bei all dem um Gewinne, um Rentabilität, auch um Wachstum. Es geht aber um Angemessenheit. Ideen, wie das gehen könnte, finden sich in Konzepten wie der Gemeinwohlökonomie, zu denen wir gleich noch kommen. ChatGPT sagt, dass eine verantwortliche Organisation *»bestrebt (ist), ethische Prinzipien und Standards einzuhalten und sich um soziale, ökologische und wirtschaftliche Auswirkungen ihres Handelns zu kümmern. Diese Konzepte haben ihre Wurzeln in verschiedenen Bereichen wie Ethik, Philosophie, Sozialwissenschaften und Wirtschaft«*.

Neue Arbeit

Denkt man das alles zu Ende, merkt man, dass es um unsere gesellschaftliche Perspektive auf Arbeit, um neue politische und gesetzliche Rahmenbedingungen und letztlich um unser komplettes »System Wirtschaft« gehen muss – um ein »neues Wirtschaften« also. Es ist eine grundlegende und nachhaltige Veränderung unserer Arbeitswelt. Ein echtes Umdenken, ein Systemwandel. Damit sind wir dann auch ganz schön nah an Frithjof Bergmanns »New Work«.

Im Innersten ist das alles eine Bewusstseins- und Haltungsfrage. Wie stehen wir zu dieser Welt, wie stehen wir zum Thema »Wirtschaften«, wie stehen wir zum Thema »Arbeit«, wie stehen wir zu Menschen und welches Menschenbild habe wir vor allem? Diese Fragen muss sich jede:r einzelne beantworten. Im Kern geht es darum, sich zu fragen, was die Definition von Erfolg und von Wohlstand ist und vorauszudenken, was diese, MEINE Vorstellung dann für Konsequenzen und Auswirkungen hat.

Für einen echten Systemwandel müssten sich viel mehr Menschen (vor allem IN den Organisationen) kritisch mit dem Arbeiten auseinandersetzen, sich vor allem trauen, die Elefanten im Raum an- und auszusprechen, ein Enfant Terrible zu sein. Ronja von Rönne hat eben ein Buch zum Thema »Trotz« veröffentlicht. Darin schreibt sie *»im Trotz (zeigt sich) … auch positiver Widerstand. Darin liegen Widersetzlichkeit, Unerschrockenheit und sogar Mut«*.[22] Ich weiß nicht, ob wir den Trotz in den Unternehmen unterstützen sollten, es gibt eher genug davon, aber wir sollten definitiv nicht mehr alles hinnehmen, viel mehr unsere Meinung äußern und vor allem hinterfragen, einfach fragen. Da startet die Verantwortung.

Ich finde, dass gutes Arbeiten, verantwortliches Arbeiten »New Work« eine Qualität geben, eine Orientierung, ein Art Nordstern. Mit dieser Ergänzung und Konkretisierung können wir es auch dann einfach weiterhin »New Work« nennen. Jetzt, wo es doch schon in der Welt ist.

Reflexion

Was ist Ihre Definition, Ihr Verständnis von Verantwortung? Und Ihr Bild einer verantwortlichen Organisation?

Es gibt jede Menge Modelle oder Konzepte, die als Inspiration oder zur konkreten Orientierung für das Thema »Verantwortung« dienen können.

Sie kommen zwar aus unterschiedlichen Zeiten und Kontexten, haben unterschiedliche Schwerpunkte oder Ausprägungen, im Kern verbinden sie aber Themen wie Angemessenheit und Nachhaltigkeit, sie haben eine andere Perspektive auf Erfolg und Wohlstand, beinhalten Aspekte wie Partizipation, Gleichwürdigkeit und Solidarität und vor allem geht es immer darum, unsere planetaren Grenzen zu respektieren. Sie haben einen viel weiteren Blick auf das Thema »Stakeholder«, damit geht der Fokus weg von den bisherigen Geld-, Macht- und Einflussinteressen. Es beinhaltet auch immer eine kritische Betrachtung der Rolle von Finanzsystemen. Bei allen geht es um das ganzheitliche Verständnis, dass unser Arbeiten, unser Produzieren, unser Verhalten Abhängigkeiten, Auswirkungen und Konsequenzen haben.

Hier kommt eine Auswahl:

People-Planet-Profit/Prosperity[23]

Das sogenannte Triple-Bottom-Line-Konzept (TBL) oder die »3Ps« wurde 1994 von John Elkington, einem britischen Autor und Berater für Nachhaltigkeit entwickelt. Das Konzept hat seinen Ursprung in den 1980er-Jahren in Ideen von Freer Spreckley, einem Berater im Bereich der Sozialunternehmen. Der Grundgedanke ist, dass es den Organisationen gleichermaßen um den ökonomischen und finanziellen Erfolg (Profit), um die ökologische Verantwortung (Planet) und um die Menschen (People), die in diesem System oder davon betroffen sind, gehen muss. Der Begriff des »Profits« wurde von Elkington später in »Prosperity« geändert, weil er einen größeren Radius als nur den des finanziellen spannen wollte. Natürlich muss ein Unternehmen, eine Organisation auf soliden wirtschaftlichen Beinen stehen, um sichere Arbeitsplätze zu bieten, verlässlicher Partner gegenüber Lieferant:innen zu sein, um Rücklagen für schwierige Zeiten zu haben, um investieren zu können, Elkingtons Frage ist, was dabei »angemessen« ist und wer und wieso davon wie profitiert.

Vorrangmodell der Nachhaltigkeit[24]

Das »Vorrangmodell der Nachhaltigkeit« ist ebenfalls in den 1990ern entstanden. Der Vorläufer dieses Modell ist das »Drei-Säulen-Modell der Nachhaltigkeit«. Es geht darum, das Thema Wirtschaft zusammen mit dem Sozialen und der Ökologie zu denken. Im ersten Modellansatz waren alle drei Bereiche gleichwertig; im weiterentwickelten Vorrangmodell steht die Ökologie an oberster Stelle, schließt das Soziale und die Wirtschaft ein, wobei das Soziale wiederum Vorrang vor der Wirtschaft hat. Es geht also um die Angemessenheit des Wirtschaftens, eingebunden in unsere Gesellschaft und in unsere Welt.

Sustainable Development Goals (SDGs)[25]

Die Vereinten Nationen haben 2015 17 Ziele für eine nachhaltige, globale Entwicklung auf ökologischer, ökonomischer und sozialer Ebene definiert, die Sustainable Development Goals (SDGs). Diese Ziele soll die Staatengemeinschaft bis 2023 erreichen. Die Bundesrepublik Deutschland hat diese Ziele in ihre Nachhaltigkeitsstrategie übernommen. Diese Ziele beinhalten – neben Klimaschutz und Nachhaltigkeit – Themen wie Bildung, Armut, Ernährung, Gesundheit oder Gleichstellung. Viele Unternehmen, die vor allem global agieren, orientieren sich an diesen Zielen und nutzen sie als Handlungsmaxime und Leitplanken.

Donut-Ökonomie[26]

Die »Donut-Ökonomie« ist eine volks- und wirtschaftswissenschaftliche Theorie, die 2012 von Kate Raworth, einer britischen Wirtschaftswissenschaftlerin, entwickelt und 2017 in einem gleichnamigen Buch veröffentlich wurde. Es geht darum, dass wir unsere planetaren wie sozialen Grenzen anerkennen und unser Handeln im Rahmen dieser Begrenztheit angemessen ausrichten. Raworth benutzt für die Darstellung des Konzeptes das Bild eines Donuts und orientiert sich unter anderem an den oben genannten Sustainable Development Goals (SDGs). Das Donut-Modell beschreibt einen »sicheren und gerechten Raum für die Menschheit«, in dem gewährleistet ist, dass alle Menschen über die Ressourcen und Möglichkeiten verfügen, die für ein gutes Leben erforderlich sind (»soziales Fundament«), und gleichzeitig die ökologischen Grenzen unseres Planeten nicht überschritten werden (»ökologische Decke«). Raworth sagt, dass nur innerhalb dieser Leitplanken Wohlstand im Gleichgewicht lokal und global erreicht werden kann. Für die Umsetzung des Modells hat sie die Plattform DEAL (Doughnut Economics Action Lab) gegründet, die Ideen und Initativen auf der ganzen Welt verbindet. Amsterdam oder Barcelona richten zum Beispiel ihre Stadtentwicklungsprojekte bereits nach diesem Modell aus.

Gemeinwohl-Ökonomie[27]

Das Konzept der »Gemeinwohl-Ökonomie« (GWÖ) ist eine sehr konkrete Anleitung für die Umsetzung einer verantwortlichen Organisation. Sie ist ein alternatives Wirtschaftsmodell, das vor allem von Christian Felber, einem österreichischen Politikaktivisten und Autor, um 2010 als Reformbewegung gestartet wurde. Es soll eine ethische Wirtschaftskultur entstehen, die auf den Werten Menschenwürde, ökologische Verantwortung, Solidarität, soziale Gerechtigkeit, demokratische Mitbestimmung und Transparenz aufbaut. Dieses Konzept ist sehr konkret für die Anwendung in Organisationen gestaltet und es gibt viel Unterstützung für die Umsetzung. Unter anderem kann man anhand einer Gemeinwohl-Bilanz die Ist-Situation der Organisation ermitteln und anhand von Handlungsfeldern der Gemeinwohl-Matrix konkrete Maßnahmen ableiten. Die GWÖ ist mittlerweile zu einer weltweiten Bewegung geworden. Auf der Webseite finden sich jede Menge Unternehmen, Organisation oder Projekte, die sich dem Gedanken angeschlossen haben.

B Corporations[28]

Auch im Rahmen der Initiative der »B Corporations« gibt es einen Assessment-Prozess, findet man konkrete Handlungsanleitungen und kann man sich vor allem zertifizieren lassen. Die B Corp-Bewegung wurde 2006 gegründet und hat mittlerweile in mehr als 70 Ländern über 5.000 zertifizierte Mitglieder. Zu ihnen zählen Patagonia, Ecosia, die Triodos Bank oder die Soulbottles. Diese internationale Bewegung verbindet Unternehmen auf ihrem Weg in eine verantwortungsbewusste Zukunft der Wirtschaft. Die Vision von B Corp ist *»ein integratives, gerechtes und regeneratives Wirtschaftssystem für alle Menschen und den Planeten«*. Es geht darum, dass Unternehmen durch ihre Produkte, aber auch durch ihre Gewinne keinen Schaden anrichten und allen nützen sollen. Sie sollen Verantwortung für künftige Generationen tragen.

Neben diesen konkreten Modellen gibt es weitere Konzepte oder Begriffe wie die des Regenerativen Wirtschaftens, der Kreislaufwirtschaft, der »Desirable Futures«, also der wünschenswerten Zukünfte oder den der »Enkeltauglichkeit«. Zudem gibt es auch Gesellschaftsformen, die diesen ganzen Gedanken der Teilhabe und Nachhaltigkeit Rechnung tragen und Organisationen einen anderen Handlungsrahmen geben, wie zum Beispiel die des Verantwortungseigentums oder der Purpose AG und natürlich die gute alte Genossenschaft.

es geht um alles

ein passendes betriebssystem

»New Work« ist nicht »nur« neu, sondern hat eine Qualität. Es ist ein gutes, ein verantwortliches, es bedeutet ein zeitgemäßes und zukunftsfähiges Arbeiten. Das ist weit mehr als »nur« Homeoffice und Remote-Arbeiten, mehr als die Vier-Tage-Woche, mehr als agiles Arbeiten und sowieso mehr als Feelgoodmanagement und Employer Branding. Im Prinzip ist es ein grundlegender Wandel von Arbeit und Zusammenarbeit in der Organisation. Wie grundlegend das jeweils sein muss, dazu kommen wir später im Kapitel »Machen«, wenn es um Veränderung geht.

Unternehmen brauchen dafür ein passendes Betriebssystem, ein »New Work«-Betriebssystem. Das heißt, ein Konstrukt, in dem dieses gute und verantwortliche, das zeitgemäße und zukunftsfähige Arbeiten auch tatsächlich stattfinden kann.

Es geht darum, wie bei »New Work« ein Organigramm aussieht, wie Arbeit organisiert, Projekte geplant und durchgeführt und Aufgaben erledigt werden – anders als bisher. Es geht um Methoden, Tools und Technologien, die man dafür am besten nutzt. Es geht um Arbeitsbedingungen, um Vergütungssysteme und Arbeitszeitregelungen, um Räume und Ausstattung. Und natürlich geht es um die Menschen in der Organisation, um das Knowhow und die Erfahrungen, die man für das »neue Arbeiten« braucht, um Entwicklungsmöglichkeiten, um die Zusammenarbeit, um Teams und um Führung. Aber vor allem geht es um die Haltung, um Werte und Kultur, die das Arbeiten ausmachen.

Alles in diesem Betriebssystem hängt mit allem zusammen, muss ineinandergreifen und im Einklang sein. Wenn man an einer Stelle etwas verändert, verändern sich auch die anderen Elemente. Es muss so gebaut sein, dass es für die VUCA- oder BANI-Welt tauglich ist, für die Herausforderungen und Bedingungen, die Arbeit heutzutage ausmachen. Es braucht gute Leitplanken, Prinzipien oder Qualitäten, die der »neuen Arbeit« gerecht werden.

Die »New Work«-Organisation muss Antworten auf die Fragen unserer Zeit geben wie ...

... die Vielzahl und Komplexität der Herausforderungen
... die sich verändernden Perspektiven auf Arbeit
... die immer zentraler werdenden Aspekte von Ökologie
... die weiter wachsende Digitalisierung.

Das reicht vom Großen, der Unternehmensstrategie, bis ins Kleinste und den Arbeitsalltag jedes:r einzelnen Mitarbeiter:in. Welche Bestandteile und Aspekte so ein Betriebssystem hat und wie das mit dem »New Work« im Unternehmen, in der Organisation im Detail gehen kann, dazu kommen wir jetzt im Detail. Und wie man dazu ins Tun kommt, kommt im nächsten Kapitel.

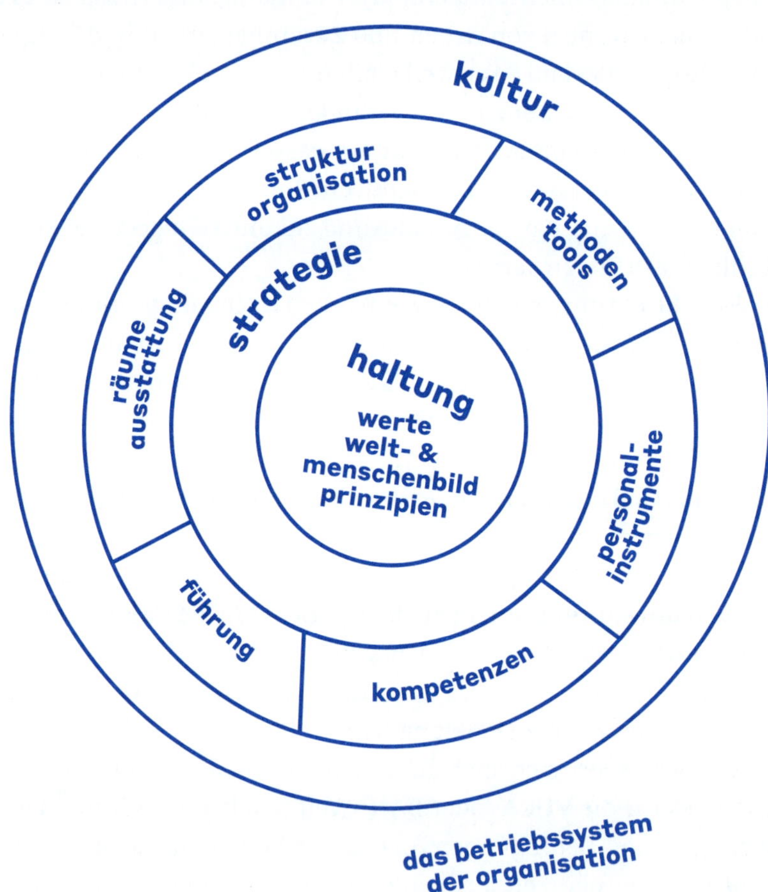

das betriebssystem
der organisation

haltung haltung haltung

Man kann viel und lange über »neues Arbeiten« sprechen, es sich wünschen, es in der Organisation ausrufen, Workshops ohne Ende veranstalten, neue Methoden und Tools einführen: wenn es nicht von Herzen kommt, wird es nicht leben.

»New Work« hat von daher in allererster Linie mit Werten und der Haltung der Menschen, die es gestalten, zu tun. Es hat mit ihrem Bild und Verständnis von Menschen und von dieser Welt zu tun. Und es hat mit ihren tatsächlichen Absichten, mit ihrer eigentlichen Motivation und ihrem Antrieb zu tun.

Wenn man nicht wirklich daran glaubt, dass Menschen selbständig denken und handeln, ganz alleine gute Entscheidungen treffen können, von sich aus und gerne arbeiten wollen, dass mehr und mehr unterschiedliche Menschen besser im Entscheiden und Machen sind, dass die Welt ernsthaft ein anderes, ein verantwortliches Arbeiten und Wirtschaften braucht, muss man gar nicht erst anfangen. Es ist eines der wichtigsten Prinzipien des agilen Arbeitens: *»Regardless of what we discover, we understand and truly believe that everyone did the best job they could, given what they knew at the time, their skills and abilities, the resources available, and the situation at hand.«*[29]

Das Alles steht an oberster Stelle beziehungsweise im Kern des Betriebssystems.

Um diese Haltung auszudrücken, wenn man sich auf den Weg machen will, die Organisation als »New Work«-Organisation zu gestalten oder umzugestalten, helfen ein paar gute Grundprinzipien. Für die Entwicklung der Strategie, als Anspruch an den Aufbau der Organisation, für die Auswahl von passenden Methoden und Tools und die Gestaltung der Zusammenarbeit. Und natürlich als Orientierung, als eine Art Fixstern für die Menschen in der Organisation, vor allem auch für deren Handeln im Alltag. Und dann helfen diese Prinzipien natürlich auch als Leitplanken für den Veränderungsprozess der Organisation hin zu »New Work«.

Diese Prinzipien müssen den Anforderungen unserer Zeit gerecht werden und definitiv einen Unterschied zum bisherigen Arbeiten machen.

Wenn man sich dazu zeitgemäße Konzepte und Methoden sowie Studien zur »Zukunft von Arbeit« oder zum Thema »Digitalisierung«

anschaut, kann man Gemeinsamkeiten und Schnittmengen finden. Das habe ich an dieser Stelle gemacht, um relevante Prinzipien für eine »New Work«-Organisation zu entwickeln. Dabei geht es nicht darum, NOCH ein Modell in die Welt zu bringen, und das für allgemeingültig zu erklären. Getreu dem Motto *»Alle Modelle sind falsch, aber einige sind nützlich«* sollen diese Prinzipien als Orientierung dienen und helfen, den Prozess zu leiten.

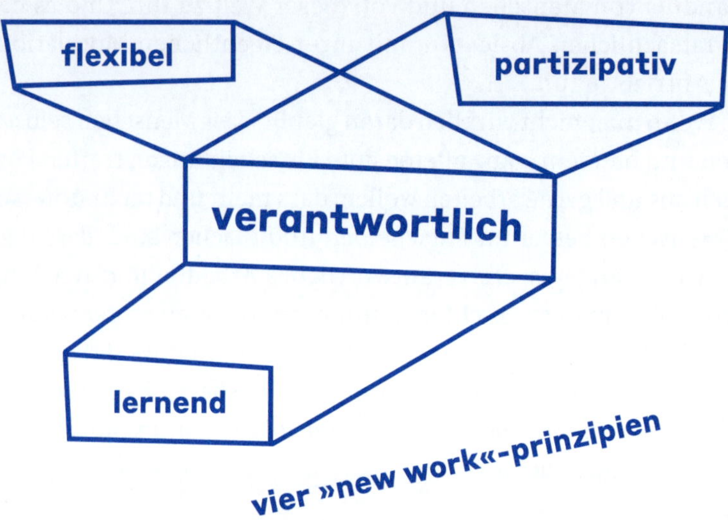

Aus meiner Recherche sind vier Prinzipien entstanden, die eine »New Work«-Organisation ausmachen. Wichtig ist, dass alle miteinander zusammenhängen, sich überschneiden, ergänzen und gegenseitig verstärken.

»New Work« ist ...

... verantwortlich

Im Kern der »New Work«-Prinzipien steht die Verantwortlichkeit, die schon im letzten Kapitel zentrales Thema war. Sie steht als zentrales und verbindendes Element in der Mitte. Sie ist der Nordstern im Planetensystem »New Work«. Der Gedanke der Verantwortlichkeit leitet alles strategische wie operative, alles gemeinschaftliche wie individuelles Denken, Planen und Handeln.

Natürlich bedeutet Verantwortung für die Sicherung der Existenz des Unternehmens zu sorgen. In einer »New Work«-Organisation geht es darüberhinaus aber sehr stark um eine soziale, eine ethische und eine ökologische Perspektive. Stichworte sind Sinnhaftigkeit, Nachhaltigkeit und Angemessenheit. Verantwortliches Arbeiten hat mit Qualitäten wie Anstand, Fairness, mit Achtsamkeit, Demut und Respekt zu tun. Das gilt für die Geschäftsmodelle, aber auch für die Organisation von Arbeit, für den Umgang mit Mitarbeitenden und mit allen anderen Beteiligten. Und es gilt für die Gestaltung von Transformationsprozessen.

Dieses Bewusstsein braucht es nicht nur im Management, sondern bei ALLEN Menschen in der Organisation – für Zusammenhänge, für Entscheidungen, für Handlungen und deren Auswirkungen. Es geht um ein Systembewusstsein und Systemverständnis. Deshalb müssen auch alle in der Organisation Hintergründe, Entwicklungen, Ziele und vor allem den Sinn hinter Strategien und Anweisungen verstehen – sonst können sie ja nicht gut (mit)machen. Es braucht viel Transparenz und wirklich gute Kommunikation. Wichtig ist dabei auch, was im Unternehmen erlaubt, (gerne) gesehen, unterstützt, gefördert und belohnt wird. Will sagen: Es geht nicht um Ansagen und Versprechungen, sondern, um das, was tatsächlich stattfindet, was vorgelebt und am Ende gutgeheißen wird.

JEDE:R hat die Verantwortung, für gute Arbeit und Zusammenarbeit zu tragen – in seinem oder ihrem Wirkkreis. Das ist ein wichtiger Pfeiler der verantwortlichen Organisation. Verantwortung gilt nicht nur im großen, strategischen Sinn, sondern vor allem im täglichen Handeln. Jede:r Mitarbeiter:in übernimmt die Verantwortung für das Ergebnis und die Auswirkungen seines oder ihres Tuns. Wenn man ein Meeting einberuft, dann trägt man die Verantwortung, dass es ein gutes und effektives wird. Wenn man eine Email abschickt, dann soll sie so sein, dass sie für alle Empfänger:innen sinnvoll ist. Klingt logisch, ist in vielen Fällen aber eben nicht so.

Je mehr dieses gemeinsame Bewusstsein geschaffen wird, desto weniger braucht es Anweisungen, die wiederum kontrolliert werden müssen. Es geht darum, die Eigenverantwortung der Menschen zu (be)stärken, indem man ihnen Handlungsfreiheit gibt. Es braucht weder Reisekostenrichtlinien noch Urlaubsfreigaben noch ein Qualitätsmanagement. Menschen sind nämlich per se verantwortlich und durchaus in der Lage, gute Entscheidungen zu treffen. Man muss ihnen nur einen guten Rahmen dafür geben. Und dann muss man sie machen lassen. Privat bauen sie ja auch ganz alleine erfolgreich Häuser und ziehen ihre Kinder groß.

Für all das helfen gute Leitplanken, die man am besten gemeinsam mit allen in der Organisation entwickelt. Als Orientierung können die hier beschriebenen vier Prinzipien helfen. Es braucht außerdem gute Rituale, um über Erwartungen und Definitionen zu sprechen, sich ab- und anzugleichen, das gemeinsame wie individuelle Verständnis immer wieder zu schärfen und gegebenenfalls auch zu verändern. Was uns zum nächsten Prinzip bringt: der Flexibilität.

… flexibel

Ein weiterer, wichtiger Aspekt einer zeitgemäßen und zukunftsfähigen Organisation ist die Flexibilität und Anpassungsfähigkeit. Sie muss jederzeit in der Lage sein, sich den Veränderungen, den wechselnden Entwicklungen und Herausforderungen und dem Thema Komplexität stellen zu können. Unsere meist starr gebauten, von oben nach unten gedachten Organisationen, die in Silos und nach dem Prinzip des Gegeneinanders funktionieren, sind für Zeiten wie diese einfach nicht mehr tauglich. Da Unsicherheit auch in einer »New Work«-Organisation nicht weggeht, ist es wichtig, einen guten, einen kreativen Umgang mit ihr zu finden.

Eine »New Work«-Organisation zeichnet sich durch kleine, dezentrale und agile Einheiten aus, die nutzer:innenzentriert und auf den Bedarf des Marktes ausgerichtet sind. Sie sind eigenverantwortlich und selbstorganisiert und über kluge Netzwerke mit flachen und tauglichen Hierarchien miteinander verbunden. Mehr dazu findet sich im Kapitel »Struktur«.

Die Flexibilität zeigt sich nicht nur im Aufbau des Unternehmens oder in der Organisation von Arbeit, sondern vor allem in der Haltung und im täglichen Umgang miteinander. Wenn nötig, richtet sich eine »New Work«-Organisation sowohl strategisch wie im Arbeitsalltag immer wieder neu aus. Alles muss und darf immer wieder hinterfragt, überprüft und an sich verändernde Rahmenbedingungen angepasst werden – angemessen und gut reflektiert natürlich.

Das braucht entsprechende Rituale und Instrumente. Es braucht vor allem viel Offenheit und Transparenz, Wachheit und Aufmerksamkeit, Reflexionsfähigkeit, Kreativität und Mut, in erster Linie eine »Permanent Beta«-Haltung. Neues entsteht durch Ausprobieren, experimentieren und immer wieder reflektieren und lernen. Das Unternehmen braucht dynamische Fähigkeiten, die im Abschnitt »Kompetenzen« näher beschrieben sind.

Die größte Herausforderung bei aller Flexibilität, Freiheit, Schnelligkeit und Kreativität ist, gleichzeitig für Klarheit und Konsequenz, für Sicherheit, Ruhe und Achtsamkeit zu sorgen. Dabei geht es nicht um Balance als einen festen Zustand, sondern eher ums Balancieren können.

Flexibel heißt übrigens nicht chaotisch – ganz im Gegenteil: in einer »New Work«-Organisation, in der Selbstorganisation gibt es sehr viel von dieser Klarheit, sehr viel Struktur, viel Bewusstsein und vor allem Knowhow, um Arbeit effektiv zu gestalten. Das ist sicherlich auch eine Aufgabe von Führung – wer immer sie innehat. Was uns zum Thema »Partizipation« führt.

… partizipativ

Das dritte Prinzip ist das der Partizipation, der Teilhabe und echten Kollaboration, der kollektiven Selbstwirksamkeit. In einer unübersichtlichen Welt wie dieser kann unmöglich eine:r alleine alles wissen und entscheiden. Wir brauchen das Knowhow, die Erfahrungen, die Informationen, die Sichtweisen und Ideen von so vielen Menschen wie möglich innerhalb der Organisation und an ihren Rändern. Es braucht viel mehr als jetzt ein Miteinander, gegenseitige Unterstützung und Fürsorge, Zusammenhalt, eben echte Zusammenarbeit. »Neues Arbeiten« braucht Gemeinsinn oder Gemeinschaftssinn, kein Gegeneinander, keine Silos, keine Abgrenzung, keinen (künstlich erzeugten) Wettbewerb. ALLE sind beteiligt – und zwar sinnvoll und angemessen: die Mitarbeitenden, die Lieferant:innen und Partner:innen, die Kund:innen und der Markt, das Umfeld des Unternehmens und die Gesellschaft und: unser Planet.

Der amerikanische Psychologe und Autor des Buches M. Scott Peck nennt das in seinem Buch über Gemeinschaftsbildung einen *»ausbalancierten Individualismus«.*[30] Es geht darum, Unterschiede und Unterschiedlichkeiten anzuerkennen, sich bewusst für das Miteinander zu entscheiden und für Verbindlichkeit zu sorgen, die dadurch entsteht, dass man eine gemeinsame Aufgabe hat. Der Grundgedanke ist der eines »Lagerfeuers«, um das wir uns alle treffen.

Mehr und mehr unterschiedliche Menschen wissen mehr, können mehr, bewirken mehr. Es geht um Multiperspektivität, um Crossfunktionalität, um Diversität, um Integration und Inklusion. Für all das braucht es eine netzwerkartige Struktur, in der es sinnvolle Verbindungen gibt. Partizipation beruht auf der Idee, dass Wissen und Information fließen können, offen zugänglich sind und geteilt werden. Menschen müssen Hintergründe und Zusammenhänge verstehen – auch die Finanzen, auch kritische Entscheidungen, auch anstehende Herausforderungen und Schwierigkeiten.

Bei »New Work« geht es um Demokratie, also alle Macht den Menschen. Das heißt nicht, dass alle alles und ständig gemeinsam besprechen und entscheiden. Es heißt aber, dass nicht nur »die da oben« dafür zuständig sind, dass es gut läuft, sondern alle Beteiligten. Es geht um eine flächendeckende Teilhabe an der Gestaltung von Arbeit. Und wenn es gut ist, für bestimmte Entscheidungen alle dabei zu haben, müssen es eben alle sein. Für diese Prozesse gibt es jede Menge kluge Methoden und Tools. Es geht weg von Einzelmeistertum, hin zu mehr »Belohnung« von Teamleistung und Gemeinsinn. Wer mehr dazu wissen möchte, wie das gut gehen kann, findet viel Anregung im Konzept von »New Pay«, bei dem es um zeitgemäße Vergütungs- und »Belohnungs«systeme geht.[31]

Wenn die Menschen tatsächlich entscheiden dürfen und tatsächlich (gemeinsam) Verantwortung tragen dürfen, braucht das (neben guten Tools) auf jeden Fall viel Vertrauen und Zutrauen. Die kann man vor allem durch gemeinsame Erlebnisse und Erfahrungen, durch ständige Reflexion und Weiterentwicklung stärken. Damit sind wir beim letzten der vier Prinzipien, dem Lernen.

... lernend

Permanentes Lernen und sich (Weiter)Entwickeln ist ein weiterer relevanter Aspekt der »New Work«-Organisation. Wir müssen weg von der Vorstellung, dass Veränderung ein temporäres (anstrengendes und nerviges) Projekt ist, hin zu einem Verständnis, dass sie einfach immer da und eine Selbstverständlichkeit ist. Eine »New Work«-Organisation ist in einem Permanent Beta-Modus. Sie sichert sich damit ihre Wandlungsfähigkeit und ihre Innovationskraft.

Eine lernende Organisation ist in der Lage, alles immer wieder neu zu betrachten, neu zu bewerten, neu zu gestalten, immer wieder neues oder anderes Verhalten zu erzeugen. Dafür muss man manchmal auch etwas verlernen, Altes los- und hinter sich lassen.

Lernen entsteht in erster Linie durch neue Erfahrungen, das heißt durch Loslegen, Ausprobieren, Reflektieren, Erkennen und Anpassen. Auch immer wieder. Das wiederum braucht gute Reflexions- und Feedback-

Loops und entsprechende Tools. Deshalb sind Methoden wie das Design Thinking oder Tools aus der Agilität auch so hilfreich fürs »neue Arbeiten«.

Veränderung, Lernen und Entwicklung findet immer und überall in der Organisation statt. Und zwar bewusst – von und mit allen. Die »New Work«-Organisation versteht sich als einen großen Pool an Ressourcen, nutzt die Diversität der Mitarbeitenden und die kollektive Intelligenz. Wissen, Erfahrungen und Informationen werden klug und einfach zur Verfügung gestellt. Information darf nicht als Machtinstrument dienen. Es geht um Transparenz und Großzügigkeit, nicht um Herrschaftswissen.

Eine gesamte Organisation kann natürlich nur gut lernen, wenn sie ein offenes und vertrauensvolles Klima hat. Kritik und Fehlertoleranz sind deshalb ein wichtiger Bestandteil. Ein Stück weit braucht das natürlich auch Mut. Und auch den kann man lernen. Er zählt zu den sogenannten »Future Skills«, Kompetenzen, die wir für Zeiten wie diese brauchen. Lernen ist eben nicht nur Fachwissen, sondern vor allem persönliche Entwicklung und Knowhow für gute Zusammenarbeit. Es geht um Ganzheitlichkeit, um Kopf, Hand und Herz.

Dafür kann man nicht einfach ein bisschen mehr oder andere Personalentwicklung machen, Weiterbildungsbudgets erhöhen oder ein paar Angebote mit dem Schwerpunkt auf »Future Skills« auf die Trainingsliste setzen, die Organisation braucht ein grundsätzlich anderes Verständnis von »Entwicklung«. Es muss weg von der Idee, dass man jemanden »auf Seminar« schickt, weil er oder sie es verdient hat, weil es eine wunderbare Mitarbeiterbindungs- oder -beruhigungsmaßnahme ist. Feedback ist kein Kontroll- oder Machtsystem mehr, sondern einfach nur dafür da, dass die Menschen ihre Arbeit gut machen und sich entwickeln können.

Es geht um Sinnhaftigkeit, um die Effektivität und Produktivität, um die Nachhaltigkeit des Lernens. Es geht um Nutzen- und Nutzer:innenorientierung.

Deshalb muss dieser ständige Lern- und Iterationsprozess auch auf der strategischen Ebene stattfinden. Lernen, Veränderung, Organisationsentwicklung müssen viel mehr als bisher ein wesentlicher Aspekt der Unternehmensstrategie, der Unternehmensführung und vor allem der Kultur sein. Sie sind kein Exklusivthema der Organisations- oder Personalentwicklungsabteilung. Es geht um die gemeinsame Arbeit aller AN der Arbeit, AN der Organisation. Das Knowhow von Organisationsentwicklung und von Transformation muss dringend in die Managementebene – und zwar nicht als Stabsstelle.

Reflexion

Wie geht es Ihnen mit diesen vier Prinzipien? Was würden sie für Ihr Unternehmen, für Ihre Arbeit bedeuten?

die strategie

Die Unternehmensstrategie ist der Raum, der alles hält, und steht damit an oberster und entscheidender Stelle des Dreiecks. Laut BWL-Buch zählen dazu der Unternehmenszweck (also der »Purpose«), die Vision, die Mission, die Werte, die Prinzipien, die Geschäftsstrategie, die Ziele und die finanziellen Rahmenbedingungen.

Die Strategie soll allen Mitarbeitenden Orientierung geben, um Maßnahmen abzuleiten, Projekte und Ressourcen sinnvoll zu planen, Finanzen zu steuern, Entscheidungsfindung zu erleichtern und die Qualität zu sichern. Sie soll helfen, sich immer wieder zu verorten, sich abgleichen und anpassen zu können. Im besten Fall stellt sie deshalb nicht nur Daten oder Fakten zur Verfügung, sondern ist eine echte Handlungsanleitung für alle Beteiligten in ihrem täglichen Job.

So weit so naja.

Die Realität ist in den meisten Fällen eine andere.

Abgesehen davon, dass das Thema »Strategie« in den Unternehmen entweder völlig hochgejubelt oder aber sträflich vernachlässigt wird, hält sie vielleicht gerade noch den Raum für das obere Management, in den wenigsten Fällen ist sie gut und dienlich für den Arbeitsalltag der Menschen. In der Regel hören Mitarbeitende einmal im Jahr auf großen Versammlungen und Verkündungen davon, gegebenenfalls in Teilen noch in ihren Jahresgesprächen und Zielvereinbarungen, aber was genau das eigentlich für sie bedeutet, was es konkret und im Täglichen für ihre Entscheidungen und ihr Verhalten heißt, ist den wenigsten Mitarbeitenden wirklich klar. Strategiepapiere oder -präsentationen sind meist so geschrieben, dass sie hochtrabend und beeindruckend klingen, von »normalen« Menschen eher nicht verstanden werden. Geschweige denn, dass die »normalen« Mitarbeitenden einen aktiven Anteil an ihrer Entwicklung haben und einen Beitrag an der Ausgestaltung leisten können.

Bei »New Work« ist das um 180° anders.

Es fängt damit an, dass der »New Work«-Gedanke, die Idee der verantwortlichen Organisation elementarer Teil der Unternehmensstrategie sein muss. Wenn dieser Überbau schon nicht eindeutig (anders) ist, muss man gar nicht erst über zeitgemäße Prozesse, Tools, Methoden, über Zukunftskompetenzen nachdenken, Konzepte wie die Agilität einführen, neue Kästchen bauen oder alte verschieben. *»Der Anfang setzt die Struktur«* – die Strategie ist der Anfang.

Es braucht Maßstäbe, Leitgedanken, was die Organisation gut und erstrebenswert findet, was Verantwortung bedeuten soll, wie sie gelebt, wie damit umgegangen werden soll. Was die Spielregeln sind. Was hilft, ist eine Art »Grundsatzerklärung«, ein Manifest dafür zu schreiben. Und zwar von Herzen. Als Anleitung oder Inspiration können die vorhin beschriebenen vier Prinzipien von »New Work« dienen.

Das Alles macht am besten nicht eine:r alleine und nicht nur der oder die Chef:in. Es geht darum, alle Akteure in diese Prozesse mit einzuschließen. Es gibt so viel Know-how, so viele tolle Ideen in den Organisationen, es ist eine Verschwendung, das alles nicht zu nutzen. Ganz abgesehen davon, dass es ein wesentlicher Motivationsfaktor ist, ernsthaft, auf Augenhöhe gesehen, gehört und einbezogen zu werden. Es geht um Verabredungen, die wir miteinander in der Organisation treffen. Wie wollen wir arbeiten? Was sind Bedingungen für unser Arbeiten? Nichts gegen das gute, alte betriebliche Vorschlagswesen und den »Ideenkasten« vor der Kantine, aber für solche Prozesse gibt es modernere Methoden und Verfahren, sie lassen sich ganz wunderbar und effektiv in Großgruppenformaten wie Barcamps oder World Cafés moderieren.

Natürlich braucht ein Unternehmen eine Vision, ein Zielbild, die Strategie ist aber kein fixer Fünf- oder Zehn-Jahresplan, der eisern abgearbeitet werden kann. Auf dem Weg nach 2030 oder 2050 passiert einfach zu viel – Unplanbares und Unvorhersehbares. Sie muss deshalb anpassungsfähig sein und bleiben. Es geht darum, auch sie immer wieder zu hinterfragen, zu lernen, zu iterieren und anzupassen.

An der Stelle noch ein Wort zum Thema »Purpose«, über den im Zusammenhang mit »New Work« viel diskutiert wird. Ich tue mich mit diesem Wort, mit Sinn und »Why« ein bisschen schwer. Ich verstehe die Suche danach, die Idee (oder Sehnsucht?), dass, wenn man DAS für sich oder vor allem für die Organisation gefunden hat, alles einfacher und klarer wird, dass dann alle wissen, um welches Lagerfeuer wir uns zusammenfinden. Absolut! Nur leider ist dieses Lagerfeuer ziemlich oft ein Scheinlagerfeuer, das im Alltag anders aussieht als in der Powerpoint.

Zudem hat dieses Purpose-Thema oft etwas sehr Hehres und Heiliges. Man muss sich nichts vormachen; die wenigsten Unternehmen wurden für Weltrettung gegründet, sondern meist rund um eine pragmatische oder geldbringende Produkt- oder Serviceidee. Und nur am Rande: selbst in NGOs oder anderen sinnorientierten Organisationen bedeutet das mit dem Purpose noch lange nicht, dass alle toll miteinander umgehen und zusammenarbeiten.

Es kann auch nicht darum gehen, dass alle ihren ganz persönlichen, privaten Purpose mitbringen und man aus der Summe all der persönlichen Purposes den Unternehmenspurpose entwickelt. Wirklich nicht. Ja, Organisationen sind Kollektive von Menschen, aber wir treffen uns in den Unternehmen, um dort zu arbeiten. Punkt. Wir sind dort in unserer Rolle als »arbeitende Menschen«. Man kann das sehr schön im Buch *»Die Humanisierung der Organisation«* nachlesen.[32] Und vielleicht sollte Arbeit auch nicht der einzige Sinn in unserem Leben sein; vielleicht sollte sie einfach nur sinnhaft für uns sein. Cathy Narriman und Juliane Berghauser Pont von *»Flipped Job Market«* nennen es das »Gerne-Prinzip«. Mehr dazu findet sich im Extrakapitel »Neuer Job«.

Also. Natürlich sollen wir nach dem Sinn des Unternehmens suchen. Er gibt Halt und Orientierung. Es hilft, sich damit gemeinsam in der Organisation auseinanderzusetzen. Dafür kann manchmal auch helfen, sich die Ursprünge, die Gründungsgeschichte der Organisation anzuschauen und sich der Absicht und Energie von »damals« bewusst zu werden. Es geht aber um einen angemessenen Umgang mit dem Sinn-Thema.

Und noch einen Aspekt möchte ich an der Stelle hervorheben: die Rolle von Technologie, die »Digitalität«. Auch das muss Teil der Strategie sein. Aber nicht nur auf der Ebene von Geschäftsmodellen, Produkten oder Services oder auf der Ebene von Prozessen und Tools in der Arbeitsorganisation oder Fertigung, sondern es braucht eine Reflexion dessen, was Technologie für die Zusammenarbeit, die Menschen, die Gesellschaft, die Umwelt bedeutet, welche Auswirkungen sie hat und vor allem in Zukunft haben wird. Wie sehr ist Technologie nicht nur ein Geldbringer oder Effizienzoptimierer, sondern ein Unterstützer und Ermöglicher. Wie nutzen wir Technologie in einem guten Maß, sind damit vorausschauend und verantwortungsvoll. Es braucht eine verantwortliche und nachhaltige Perspektive. Und auch diese Haltung gehört in die Strategie.

Was bei »New Work« definitiv auch einen Unterschied macht: Organisationsentwicklung (OE) ist ein wesentlicher Teil der Unternehmensstrategie. Und das bedeutet, dass das (oberste) Management Ahnung davon haben muss. Leider ist das in den vielen Unternehmen nicht der Fall.

Vielleicht gibt es diese Kompetenz und Erfahrung gerade noch im Rahmen einer OE- oder Change-Abteilung, aber das ist einer der berühmten Bypässe. Das bedeutet, Verantwortung liegt an einer Stelle, an der sich gar nicht vollumfänglich übernommen werden KANN. Diese Abteilungen oder Stabsstellen können Unterstützer oder Moderator sein, aber niemals alleine dafür verantwortlich gemacht werden. Auch die HR-/Personalabteilung im Übrigen nicht.

Reflexion

Wie erleben Sie das Thema »Strategie« in Ihrer Organisation? Wie zeitgemäß und wie verantwortlich empfinden Sie sie? Und wie gut den Umgang mit ihrer Umsetzung? Was würden Sie anders machen?

struktur und organisation

Die größte Herausforderung in dieser immer komplexer und schneller erscheinenden Zeit ist, Arbeit und Zusammenarbeit, Informationen, Wissen und Entscheidungen gut und effektiv zu organisieren – die Welt der Organigramme, der Prozesscharts und der Stellenbeschreibungen. Um die soll es an dieser Stelle gehen.

Verständlicherweise hätten wir das mit dieser Zusammenarbeit gerne einfach. Aber leider lässt sich Komplexität weder kontrollieren noch reduzieren. Lebendige Systeme (und das sind unsere Organisationen oder Unternehmen nun mal) haben ihre eigenen Gesetzmäßigkeiten, die nicht mit linearem und mit Schwarz-Weiß-Denken zu bewältigen sind. Es gibt Dynamik, Unübersichtlichkeit und Unsicherheit, die man aushalten (können) muss. Wie Boris Gloger und Dieter Rösner in ihrem Buch *»Selbstorganisation braucht Führung«* sagen: *»Schließen Sie Frieden mit der Komplexität«.*[33] Das ist in erster Linie eine Frage der Haltung. Aber eben auch eine Frage der Organisation von Arbeit. Ein Unternehmen muss, um sich in ständig verändernden Kontexten zurechtzufinden, schnell und anpassungsfähig reagieren können. Es braucht deshalb auch ein »Gefäß«, das es mit dieser BANI-Welt, mit ständig wechselnden und neuen Herausforderungen, den vielen Themen und Krisen gut umgehen lässt, eine Organisationsstruktur, die für zeitgemäßes und zukunftsorientiertes Arbeiten sorgt.

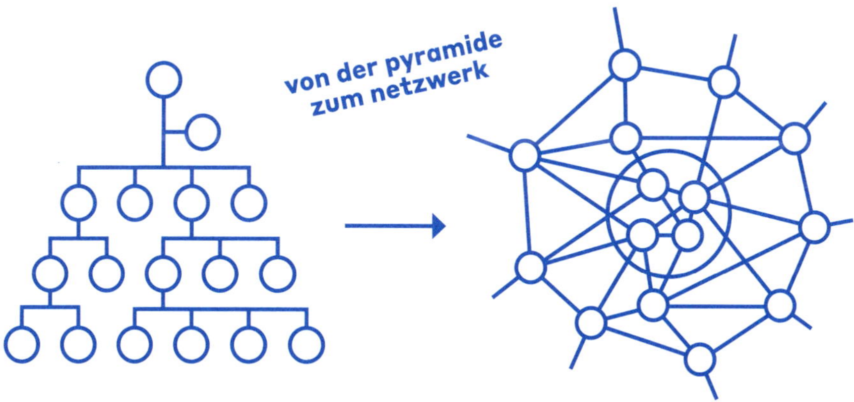

Es gibt verschiedene Ansätze, die für den Aufbau einer solchen Art der Organisation hilfreich sind und/oder als Orientierung dienen können.

Der eine ist der der Soziokratie, der Soziokratie3.0 und der Holacracy®, die als Konzepte aus dem Bereich der Gemeinschaftsbildung stammen. Dann gibt es zum Beispiel das »unFix-Modell« von Jurgen Appelo, das sich an sogenannten »Value Streams« orientiert.[34] Oder es gibt das »Zellstruktur-Design«, ein Konzept von Niels Pfläging und Silke Hermann.[35]

Mir hilft als Gedankenkonstrukt, für ein grundsätzliches Verständnis und zur Orientierung einfach die Idee des Netzwerkes. Also weg von dieser unsäglichen, starren und eindimensionalen, von oben nach unten gedachten Pyramide und dem Taylor'schen Maschinen-Gedanken, die das Arbeiten in den meisten unserer Unternehmen bestimmen, hin zu einem dezentralen, nutzer:innenzentrierten, beweglichen, kollaborativen und wertschöpfenden Netzwerk. Auch hier finden die vier »New Work«-Prinzipien (verantwortlich, flexibel, partizipativ, lernend) ihre Anwendung.

Abgeleitet daraus, kann man sich bei der Gestaltung einer »New Work«-Organisation, beim Aufbau der Struktur an den folgenden Aspekten orientieren. Sie sind fast schon wie eine »Bauanleitung«:

Dezentralisierung

Der wichtigste Aspekt einer »New Work«-Struktur ist der der Dezentralisierung und der verteilten Verantwortung. Weg von großen, starren Bereichen, die in sich wiederum lauter kleine »Pyramiden« beinhalten, hin zu kleinen, schlagkräftigen und überschaubaren Einheiten, die eigenverantwortlich, selbstorganisiert agieren (können und dürfen).

Die Größe dieser Einheiten sollte bei nicht mehr als fünf bis maximal 12 Mitgliedern liegen; das ist gut handelbar. Ob man das Ganze dann Squads oder Kohorten oder Circle nennt, ist völlig egal. Aber Kreise sind natürlich freundlicher als Kästchen. Ich weiß nicht mehr, wer das gesagt hat, aber es leuchtet ein, weil wir doch alle schon so Organigramm-verseucht sind. Neue Begriffe, neue Bilder im Kopf und vielleicht auch Fantasienamen tun manchmal ganz gut.

Nutzer:innen- und Wertschöpfungsorientierung

Beim Aufbau dieser Netzwerk-Organisation orientiert man sich an den Bedürfnissen der »Kund:innen«. Die Energie geht dahin, woher der »Auftrag« oder die »Berechtigung« des Unternehmens kommen. Man nennt es das Outside-In-Prinzip, das ebenfalls von Pfläging/Hermann stammt.

Bereiche, Abteilungen oder Teams entstehen durch Sinnhaftigkeit, nicht aus Gewohnheit und weil es sie üblicherweise gibt. Man gründet ein Unternehmen ja nicht, weil man unbedingt eine Einkaufsabteilung haben, sondern, weil man eine Leistung, ein Produkt oder einen Service verkaufen oder eine andere Form von Gegenleistung erhalten will. Das ist der Zweck des Unternehmens. Das heißt, alles was man tut, muss für diesen Zweck dienlich sein. Man nennt es: Wertschöpfung. Denkt man nach diesem Prinzip, merkt man schnell, dass zum Beispiel die strikte Trennung von Marketing und Vertrieb totaler Unsinn ist. Es macht viel mehr Sinn, sich interdisziplinär um eine bestimmte Kund:innengruppe zu organisieren; gegebenenfalls auch rund um Projekte oder Themen.

Selbstorganisation

Die Teams tragen die Verantwortung für ihre Arbeit und für die Organisation ihrer Arbeit – alleine. Entscheidungen müssen dort (schnell) eigenständig getroffen werden können, wo sie gebraucht werden, von den Menschen, die damit arbeiten und umgehen, die Konsequenzen tragen müssen. Sie brauchen alle dafür relevanten Informationen, will sagen Transparenz. Und sie brauchen Ressourcen und Budgets, über die sie selbstbestimmt entscheiden können.

Selbstorganisation ist kein Selbstzweck. Und Selbstorganisation heißt auch NICHT, dass alle einfach machen, was sie wollen; sie sind ja Teil EINES Unternehmens. Ihre Arbeit muss jederzeit auf die Unternehmensziele und die Strategie einzahlen. Von daher haben alle einen ökonomischen, einen unternehmerischen Blick, für den sie entsprechend auch ausgebildet sind. Mitarbeitende sind in der Lage, eigenständig für Produktivität, Wertströme, Effektivität, für gelingende Projekte und vor allem sinnvolle Zusammenarbeit zu sorgen.

Es heißt auch nicht, dass alle alles entscheiden. Es gibt genaue, klug definierte Verantwortlichkeiten. Es gibt Klarheit in der Verteilung der Aufgaben und in dem, was es dafür benötigt. Dafür helfen gute Entscheidungsverfahren wie das der integrativen Entscheidungsfindung oder des KonsenT. Viele dieser Methoden haben ihren Ursprung in Konzepten der Organisation von Gemeinschaften, z. B. in der Soziokratie.

Verbindung

Alles ist letztlich mit allem verbunden und dient dem großen Ganzen. Pfläging/Hermann sagen, es geht darum, »soziale Dichte« zu schaffen. Die Einheiten sind keine Silos, keine abgeschotteten Abteilungen. Informationen können von einem Knotenpunkt zum anderen fließen. Wissen ist kein Machtinstrument, die »Währung Information« keine mehr. Bei »New Work« ist es einfach nicht mehr nötig, so wie bisher zu agieren, die alten Spiele zu spielen. Es geht weg von Herrschaftswissen hin zu großzügigem Teilen von Knowhow, Information und Erfahrungen. Es geht darum, die kollektive Intelligenz der Organisation zu nutzen. Im Sinne des Netzwerkes gibt es deshalb zwischen den Einheiten gute Verbindungs- und Austauschwege – zur Seite, aber auch nach oben in Richtung Management und nach draußen in die »Umwelt«. Und es gibt Rollen in der Organisation, die helfen, diese Verbindungen, den Austausch von Information, aber auch Veränderungen zu moderieren und zu begleiten.

Tauglichkeit

Es ist eine flache, eine vor allem taugliche Hierarchie, die ressourcen- und kompetenzbasiert ist. Sie orientiert sich an Bedarfen und an Könnertum – nicht an Macht und Wichtigsein. Es braucht die richtigen Menschen mit dem richtigen Knowhow und den richtigen Erfahrungen am richtigen Ort. Da sich alles ständig verändert und verändert werden muss, gibt es keine starren Positionen. Das Ganze basiert auf dem Prinzip von Rollen, von denen Personen mehrere innehaben können. Sie können je nach Situation und Anforderung wechseln. Jobtitel sind nicht dafür da, um die Hierarchie erkennen zu lassen, sondern zur Orientierung, weil sie das Tun und die Verantwortung beschreiben.

Supportfunktionen wie HR/Personal, Einkauf oder Finanzen sind wirkliche Unterstützer:innen, die ebenfalls nach Wertschöpfungsprinzipien sehr unternehmerisch arbeiten, dienlich für die Einheiten, die sozusagen das Geld bringen, für den Zweck der Organisation. Auch hier ist das Thema »Nutzer:innenzentriertheit« relevant. Die Frage im »New Work«-Kontext ist, ob es sie überhaupt noch als Abteilung braucht, oder ob ihre Aufgaben nicht besser in den eigentlichen Teams aufgehoben sind. Das gilt zum Beispiel für Personalentwicklung. Oder auch für Controlling.

Apropos: Ja, »das Management« gibt es dabei noch. In einem »New Work«-Konstrukt aber vielleicht eher als Rolle. Die Idee ist, dass auch das

Management sich als interdisziplinäres Team begreift, in dem es nicht um Gegeneinander und Bessersein geht, sondern einzig um das Wohl und den Erfolg der Organisation. Es geht darum, »den Raum« für alle und alles zu halten – wie Laloux das in seinem Buch beschreibt. Zur Rolle von Führung in »New Work« kommen wir gleich.

Adaptivität

Dieses Konstrukt wird nicht EIN MAL geplant und ist für immer fertig. Es ist beweglich, anpassungsfähig und dynamisch genug, um schnell und unkompliziert auf Veränderungen reagieren zu können. Es ist wie ein lebendiger Organismus, der mit seiner Umwelt gut in Verbindung und Austausch treten kann, also kein geschlossenes System und vor allem keine triviale Maschine.

Die Zusammenarbeit ist in sinnvollen, schlanken Prozessen organisiert, die ebenfalls flexibel und partizipativ gebaut sind. Projekte werden nach agilen Prinzipien selbstorganisiert und durch die Personen gesteuert und durchgeführt, die tatsächlich Verantwortung dafür tragen. Auch Meetings finden bei Bedarf statt – und nicht, weil sie im Kalender stehen.

All das ist dem iterativen Gedanken unterworfen. Ausprobieren und Experimentieren sind essenziell. Man geht gemeinsam die ersten wichtigen Schritte, reflektiert, verändert gegebenenfalls und geht dann den nächsten Schritt. Dabei helfen Methoden wie die des »Spannungsbasierten Arbeitens« oder Formate wie das der »Retrospektive«. Es geht immer wieder ums Machen, ums Loslegen, ums Reflektieren, Anpassen und letztlich ums Lernen, vor allem Offenheit, Neugierde, und ein Permanent-Beta-Denken.

Auch Arbeitsorte, Arbeitszeiten, Formen der Zusammenarbeit, Methoden und Tools müssen flexibel und passend für ein Projekt, für ein Team, für eine Situation sein. Die Frage ist, wie viel man wirklich »von oben« vorgeben muss und ob Teams nicht einfach selbst entscheiden können, ob sie agil oder wie auch immer zusammenarbeiten wollen. Es gibt mittlerweile einige Organisationen, in denen von IT-Seite ein Set an Tools und Lösungen zur Verfügung steht und die Mitarbeitenden je nach Anforderung einfach selbst entscheiden, was sie nutzen wollen.

Reflexion

Was würden die genannten Aspekte für die Struktur Ihrer Organisation oder für Ihr Team bedeuten?

methoden und tools

Natürlich braucht so eine »New Work«-Organisation entsprechende Tools und Methoden für die Zusammenarbeit, also zeitgemäße. Da es leider nicht nur eine oder sogar DIE EINE Methode gibt, nicht jede Methode zu jeder Organisation, zu jedem Moment, zu jeder Herausforderung, zu jeder Zielsetzung passt, braucht es einen ganzen Werkzeugkasten. Die gute Nachricht ist: Es gibt einen großen Fundus und sehr viel Taugliches. Die schlechte Nachricht ist: Es gibt einen großen Fundus und sehr viel Taugliches.

Hier kommt eine Übersicht an Konzepten und Methoden, mit denen ich und viele meiner »New Work«-Kolleg:innen arbeiten und die wir zum Beispiel auch den Teilnehmenden der »New Work«-Ausbildung von »Les Enfants Terribles« mit an die Hand geben. Ich verwende und kombiniere aus all den Konzepten unterschiedliche Werkzeuge und Aspekte – je nach Situation und Thema. Dafür habe ich sehr viel ausprobiert und verfeinere mein Repertoire auch immer weiter.

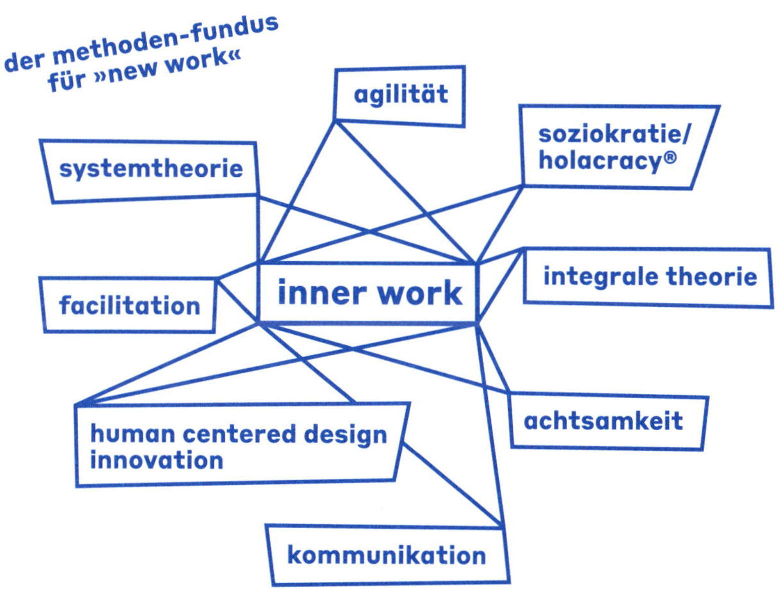

Muss man das alles in den Unternehmen können? Eigentlich schon. Ich finde, dass all das Knowhow, das vor allem viele Berater:innen haben, mitten in die Organisation, zu allen Mitarbeiter:innen müsste. Sonst sind und bleiben wir Berater:innen einfach ein Bypass. Das heißt ja nicht, dass jede:r im Unternehmen alles können muss, aber es braucht dieses Know-how verteilt in der Organisation und zwar nicht nur in Abteilungen wie dem internen Change Management. Jede:r und alle können es gebrauchen.

Es heißt übrigens auch nicht, dass Berater:innen überflüssig sind. Sie sind gut, um neue Methoden, Tools und Arbeitsweisen in die Organisation zu bringen, um zu trainieren, zu moderieren und zu begleiten. Sie sind gut für eine Außenperspektive, für Sparring und Reflexion. Sie sind aber nicht dafür verantwortlich, dass das »gute Arbeiten«, dass Transformation stattfindet. Das müssen schon die Menschen in den Unternehmen machen.

Es muss übrigens auch nicht DAS EINE Tool oder DIE EINE Methode für die ganze Organisation geben. Menschen oder Teams sind durchaus in der Lage, für sich selbst herauszufinden und zu entscheiden, was passt. Wichtig ist dabei natürlich, dass man sich abstimmt, dass man sich nicht abgrenzt, dass man offen und großzügig ist. Und es muss an bestimmten Stellen Einheitlichkeit geben. Logisch.

Wie immer gibt es natürlich Vor- und Nachteile dieser Methoden, es gibt von jeder dieser Methoden Abformate und Weiterentwicklungen. Das Wichtige ist, dass man sie für sich ausprobieren und sein Ding finden muss. Ich denke, das ist das, was alle »New Work«-Menschen tun.

All diese Methoden oder Konzepte zahlen alle auf die »New Work«-Prinzipien von Verantwortlichkeit, Flexibilität, Partizipation und Lernen ein. Sie orientieren sich an den Kompetenzen, die wir für uns persönlich, aber auch in der Zusammenarbeit mit anderen brauchen. Sie helfen sowohl für die Gestaltung von Zusammenarbeit im Arbeitsalltag als auch für Gestaltung von Veränderung. Und obwohl sie aus ganz unterschiedlichen Kontexten kommen, verbindet sie etwas:

- Sie helfen für einen guten Umgang mit Komplexität, hoher Dynamik und Unsicherheit.
- Sie ermöglichen und unterstützen Selbstorganisation und Eigenverantwortung.
- Sie sind nutzer:innenzentriert, verbinden Menschen, sorgen für Teilhabe, Nähe und Kollaboration, gleichzeitig für Diversität.
- Sie sorgen für Transparenz, Sichtbarkeit von Wissen, Information und für gute Kommunikation.

- Sie fördern die Effektivität, Effizienz und Wertschöpfung sowie den Fortschritt und gleichzeitig einen verantwortlichen Umgang mit Ressourcen.
- Sie mobilisieren die Menschen und geben Energie, sorgen für Kreativität und Innovation.
- Sie sorgen für Reflexion, kontinuierliche Weiterentwicklung, Lernen und Verbesserung und unterstützen auch die persönliche Entwicklung von Menschen.
- Sie gehören mit den Kompetenzen, die es für ihre Umsetzung und Anwendung braucht, zu den »Future Skills«.
- Sie haben ein humanistisches, positives, wertschätzendes und unterstützendes Menschenbild.

Im Kapitel über Transformation, über das Machen findet sich aus diesem oben genannten Repertoire noch eine Liste von einfachen Tools und Workhacks, die sich bewährt haben, um gut in Richtung »New Work« zu starten.

Reflexion

Welche Methoden und Tools gibt es in Ihrer Organisation? Und welche der oben genannten Konzepte kannten sie schon beziehungsweise wenden Sie schon an?

personalinstrumente

Zum Betriebssystem einer Organisation zählen auch die Personalinstrumente, die das Arbeiten Einzelner, die Zusammenarbeit der Menschen miteinander und der Organisation im Gesamten regeln und unterstützen. In der Regel werden sie im HR-/Personalbereich konzipiert und von dort aus gesteuert. Es geht um Feedbacksysteme, Zielvereinbarungen oder Mitarbeitendenbefragungen.

Die Idee hinter diesen ganzen zentral gesteuerten Instrumenten ist eigentlich ja eine gute: Sie sorgen für Rahmenbedingungen, damit jede:r seinen oder ihren Job gut machen kann. Nur leider stimmt an diesem Instrumentenkoffer ganz häufig etwas nicht. Ich höre selten aus Unternehmen – weder von Führungskräften noch von Mitarbeitenden, dass diese Tools wirklich tauglich und hilfreich sind. Gerade Feedbacks oder Befragungen werden zwar meist brav ausgefüllt, aber das, was sie eigentlich tun müssten oder könnten, nämlich Menschen stärken, Potentiale entdecken und entwickeln, sie miteinander in Verbindung bringen, für ein gemeinsames Verständnis und für Sicherheit sorgen, unternehmerisches Verständnis fördern, Meinungen und Ideen erfahren, geschieht nicht wirklich. Das kann auch nicht EIN Mal pro Jahr gehen. Es geht nicht mit mechanistischen und unpersönlichen Tools und es geht vor allem nicht mit einem Blick auf die Menschen und ihre Fähigkeiten, der sie eher klein macht.

Auch hier ist also wieder die Frage, was die eigentliche Intention oder Motivation dahinter ist und, wem es dient – oder besser gesagt: wem es eigentlich dienen sollte und könnte. Viele dieser Tools und Instrumente, aber vor allem der Umgang damit sind Relikte der »alten Arbeit«. Sie sind entstanden, um Mitarbeitende, um Zusammenarbeit unter Kontrolle zu halten, es geht um Optimierung, um die Sicherung von Effizienz und das Ermöglichen von Wachstum. Soweit so ja nicht völlig verkehrt. Aber: das Ganze findet mit der komischen Vorstellung statt, dass Menschen all das anscheinend nicht alleine, von sich aus und alleine miteinander (regeln) können. Und vor allem, dass auch Führungskräfte das nicht alleine und von sich aus können. Meist liegt die Verantwortung dafür in den Händen der HR-/Personalabteilung. Muss das so sein? Ich würde sagen, nein. Weil es ein Bypass ist.

Diese ganzen Werkzeuge sind – gut! gemacht – ein Förderer selbstverantwortlichen und partizipativen Arbeitens. Sie können ganz zentral Bedingungen schaffen, um Haltung, um Verhalten und damit die Kultur zu beeinflussen – im Positiven. Ganz abgesehen, dass sie – gut gemacht – natürlich konkret die Unternehmenssteuerung unterstützen. Wenn man sie denn im Sinne von »New Work« gestaltet – nach den Prinzipien der Flexibilität, der Partizipation, der lernenden Organisation und der Verantwortlichkeit. Gute Tools sorgen dafür, dass Mitarbeitende letztlich auch ein besseres unternehmerisches Verständnis erlangen, Zusammenhänge und damit Auswirkungen für ihr Handelns erkennen können. Ganz alleine und selbst.

Was Beurteilungen, Ziele und Feedbacks zum Beispiel angeht, haben die meisten von uns auf die ein oder andere Art schlechte oder komische Erfahrungen – egal, ob als Mitarbeitende:r oder als Führungskraft. Einmal pro Jahr gibt es diese unsäglichen Veranstaltungen, bei denen sich Chef:innen mühsam ihren Kalender freischaufeln, um irgendwelche langatmigen Fragebogen auszufüllen und die dann im Stundentakt bestmöglich an den Mann oder die Frau zu bringen. Die Mitarbeitenden machen sich wochenlang Sorgen, weil sie nicht wissen, was auf sie zukommen wird, welche alte Geschichte plötzlich auf den Tisch kommt und wie sie das mit dem Wunsch nach mehr Gehalt am besten unterbringen sollen. Man muss ja verhandeln (können). Für beide Seiten sind diese Gespräche samt Vorbereitung eine Anstrengung und eine Zumutung, die man einfach nur hinter sich bringen möchte. Verständlicherweise. Es ist meist ein klassisches Von-oben-nach-unten, verbunden mit Angst. Alleine der Begriff »Mitarbeitendenbeurteilung« ist schon gruselig.

Es geht aber nicht darum, das alles abzuschaffen, sondern darum, das Thema neu zu betrachten: für was, für wen und wie wären diese Tools denn wirklich hilfreich und dienlich? Eigentlich sollen sie ja nur für eins sorgen: wichtige Informationen weitergeben, sich über die Zusammenarbeit austauschen und voneinander lernen. Mehr ist es nicht.

Braucht es dafür Chef:innen? Ich würde sagen, nur bedingt. Dieses Kaskadieren von Zielen hat doch noch nie wirklich gut funktioniert. Wenn die Organisation als ein Netzwerk gedacht ist, in dem Menschen gemeinschaftlich nutzer:innenzentriert und wertschöpfend agieren, dann sind alle gefragt, sich gegenseitig und miteinander Orientierung und Unterstützung zu geben. Sicherlich gibt es Menschen, die sich eher mit unternehmerischen Zielen und strategischen Themen auseinandersetzen – qua ihrer Rolle. Es ist eben ihre Aufgabe. Ihre Aufgabe ist es aber auch, etwas Sinnvolles mit diesem Wissen und diesen Informationen zu machen – und das ist nicht, es zu horten. Ihre Aufgabe ist es, allen in der Organisation zu helfen, Unternehmenszusammenhänge zu verstehen, sie zu unterstützen, Ableitungen für den eigenen Job zu treffen.

Braucht es dafür Zielvereinbarungen? Naja. Klar helfen Ziele und Kennzahlen zur Steuerung einer Organisation und zur Orientierung. Arbeit und Zusammenarbeit brauchen einen Rahmen, in dem sie sich bewegen (können). Aber Planbarkeit ist eben nur für die nächsten Wochen und Monate so wirklich möglich. Alles andere sind »moving targets«. Man muss mit dem mitgehen, was passiert. Wichtig ist deshalb, dass man in einer ständigen Diskussion dazu ist. Ich bin nicht wirklich Fan von OKRs (Objectives and Key Results), weil es eben auch nur eine starre Methode ist, sich viele Organisationen auch damit tot verwalten und schon wieder davon abkommen. Aber das Prinzip dahinter ist gut und man kann es sich fürs Arbeiten klauen: wie formuliert man gut Erwartungen und mögliche Ergebnisse, wie und wie oft tauscht man sich dazu aus. Viel spannender ist das Beyond Budgeting-Konzept, bei dem es mehr um Prinzipien als um Tools geht, um Vereinbarungen, die man miteinander aushandelt.[36] Diese Prozesse sorgen für ein gegenseitiges Verständnis und nicht nur für Umsatz- oder Produktivitätszahlen. Mit Blick auf Dynamik gibt es keine absoluten, sondern flexible, dynamische und relative Ziele, die nach Abhängigkeiten schauen. Und: Ziele werden von Leistungsbewertungen und Boni abgekoppelt. Man sucht nicht nach Schuldigen, sondern alle wollen aus der Auseinandersetzung damit lernen und sich weiterentwickeln.

Und Feedbackgespräche? Ja klar, die sind doch toll! Das meine ich ernst. Menschen sollen sich austauschen, sich gegenseitig unterstützen, um Stärken und Potentiale zu erkennen, um sich (wenn sie das wollen) entwickeln zu können oder um Konflikte aus dem Weg räumen. Und zwar ständig. Tipps dazu gibt es am Ende des Kapitels übers Machen.

Bei all dem hat eben auch die gute alte Karriere ausgedient, mit allem, was bis dato dazu gehört hat. Es braucht keine starren Karrierepfade mehr, keine fixen Positionen und Titel, die sich an starren Gehältern entlang hangeln.

Es braucht ein rollen- und kompetenzbasiertes Arbeiten, bei dem sich Menschen im Laufe der Zeit und ihrer gesammelten Erfahrung weiterentwickeln und mehr Verantwortung übernehmen können – wenn sie das denn wollen. Sie können das auch als Führungskraft machen, aber auch nur, wenn sie wollen. Und dafür ausgebildet werden. Und, wenn sie es nicht wollen, können sie eine Fachkarriere machen. Und, wenn sie das auch nicht wollen, ist das auch nicht schlimm. Es geht doch darum, dass jede:r seinen oder ihren guten Platz in der Organisation finden kann – gleichermaßen für den oder die Mitarbeiter:in und das Unternehmen. Für beide Seiten sozusagen wertschöpfend. Wenn dann auch noch die Belohnung guter Arbeit nicht nur in Form von Karriere möglich ist, sondern von tatsächlicher Leistung, macht es das Ganze gerechter und sinnvoller.

Auch die gute, alte Personalentwicklung muss nicht mehr sein. Es muss doch nicht an zentraler Stelle verwaltet und gesteuert werden, wer wohin versetzt oder was lernen soll. Es kann ganz einfach ein gemischtes Gremium an Menschen geben, das sich damit auseinandersetzt, was die Organisation heute und morgen braucht, was relevante Kompetenzen sind – und zwar aus ihrer täglichen Jobperspektive. HR/Personal ist leider oft so weit von der Arbeitsrealität entfernt, kennt Trainer:innen und Coaches nur aus Datenbanken. Nicht alle; das weiß ich, aber leider viel zu viele. Ich merke es einfach jeden Tag in meiner Arbeit.

Und fürs Recruiting gilt: auch das muss nicht zwangsläufig eine Position sein und nur in einer Abteilung liegen, sondern auch dafür können Rollen vergeben werden – irgendwo in der Organisation. Menschen, die Lust, Erfahrungen und vielleicht ein Talent haben, sich mit diesem Thema auseinanderzusetzen und mitzuwirken. Wieso sollen neue Mitarbeitende ausschließlich über Stellenanzeigen ins Unternehmen kommen? Jede:r Mitarbeiter:in kennt Menschen außerhalb der Organisation und kann unterstützen. Wichtig ist eh das Team, das neue Kolleg:innen sucht. Es macht Sinn, es früh in den Prozess zu integrieren, ihm Autonomie über die Neubesetzung zu geben, Stellenbeschreibungen selbst schreiben und Bewerbungsgespräche selbst führen zu lassen. Das Onboarding von Mitarbeitenden startet doch schon im Bewerbungsprozess. Für was braucht es da nochmal die Personalabteilung?

Ich frage mich auch, wieso so viele Unternehmen immer noch diese aufwändigen Mitarbeiter:innen-Befragungen durchführen, wenn mit den Ergebnissen und den Erkenntnissen dann doch nicht ernsthaft etwas passiert. Außer vielleicht, dass sich die Führungskräfte ärgern, weil schon wieder nicht alle super happy sind.

Eigentlich braucht es bei »New Work« diese Befragungen überhaupt nicht mehr, weil ja eh alle im ständigen Austausch sind, weil die Menschen aufeinander achten, weil Spannungen jederzeit angesprochen werden können, es Kompetenzen für Kommunikation und Konflikte, weil es Rituale und Tools gibt, die für einen permanenten Abgleich sorgen, weil die Kultur eine transparente und vertrauensvolle ist. Das heißt ja nicht, dass es nicht Sinn macht, die Lage im Unternehmen immer mal wieder zu checken. Aber wenn man fragt, muss man das ernsthaft, von Herzen und konsequent machen.

Dabei ist es übrigens auch in einer »New Work«-Organisation gut, wenn sich Mitarbeitende auch anonym melden können. Auch, wenn man sich fragen muss, wie es passieren kann, dass sie sich nicht trauen, ihre Meinung offen zu sagen. Für schwierige Situationen oder für Mitarbeitende, die es schwierig finden, sich zu äußern, ist die Idee eines Ombudsmannes oder einer Ombudsfrau eine gute – ein:e Vermittler:in, die neutral und vor allem geschult ist in Begleitung und Mediation. Am besten ist diese Rolle nicht im Personal und auch nicht unbedingt im Betriebsrat angesiedelt.

Also: Befragungen ja. Aber anders.

Dafür helfen Großgruppenformate, bei denen alle im Unternehmen zusammenkommen und bei denen die Mitarbeitenden vor allem auch gleich mit an den Lösungen arbeiten und sich engagieren. Sonst laden sie nämlich einfach nur alles ab und irgendwer (also das Management) soll sich dann darum kümmern. Im »New Work« geht es darum, gemeinschaftlich für eine gute Organisation zu sorgen. Es kann schon sein, dass Aufgaben oder Verbesserungsmaßnahmen auch beim Management liegen, aber eben nur, wenn sie dort wirklich sinnvoll liegen.

Ebenfalls in den großen Tools-Koffer gehören die Arbeits- und Vergütungsmodelle. Oft wird dieses »New Work« ja mit Homeoffice, Remote- oder Hybrid-Arbeiten, mit flexiblen Arbeitszeiten, Themen wie Workations oder Konzepten wie der Vier-Tage-Woche gleichgesetzt. Dass das alleine noch lange nicht »New Work« ist, wurde hier schon ausgiebig besprochen. Aber natürlich sind zeitgemäße Arbeitsbedingungen und Regelungen zu Arbeitszeit und Arbeitsort ein wichtiger Aspekt eines »neuen Arbeitens«.

Das Gute ist, dass sich dieses Thema im Vergleich zu noch vor ein paar Jahren schon sehr gewandelt und entspannt hat. An der Stelle dann doch ein Danke an Corona. Es ist ein anderes Bewusstsein für Zeit und Ort bei vielen Menschen entstanden. Die aktuelle HDI Berufe-Studie sagt, dass 48 % der Vollzeitbeschäftigten gerne zu Teilzeitarbeit wechseln möchte.[37] Circa 28 % der Jobs in Deutschland finden bereits in Teilzeit statt; das gilt sogar für Führungspositionen.[38]

Auch das Thema »Homeoffice/Remote« pendelt sich immer mehr ein. Auf der einen Seite, was die Vorstellungen der Mitarbeitenden angeht, die schon auch merken, dass es gut ist, sich wieder mehr in echt und Farbe zu begegnen und denen die spontanen Gespräche auf dem Flur oder in der Kantine fehlen. Die Unternehmensberatung EY hat dazu herausgefunden, dass 84% der deutschen Beschäftigten gerne mindestens zwei Tage pro Woche von zu Hause aus arbeiten wollen.[39] Aber auch von Unternehmensseite verändert es sich; die Angst vor Kontrollverlust lässt so langsam mehr und mehr nach. Eine groß angelegte Studie der »Federal Reserve Bank of San Francisco« hat gerade gezeigt, dass die Produktivität durch das Homeoffice-Thema übrigens weder gesteigert noch gebremst wird.[40]

Dabei ist eigentlich völlig egal, was welche Studie zeigt: Es geht doch darum, dass man es fürs eigene Unternehmen herausfindet. Es geht darum, dass wir Arbeit so gestalten, dass die Anforderungen der Organisation mit den Bedürfnissen der Menschen, mit ihren privaten Lebenssituationen und persönlichen Interessen in Einklang gebracht werden. Beide Seiten müssen dafür gehört werden und gut damit umgehen. Es geht um Sinnhaftigkeit und Machbarkeit – auf beiden Seiten. Und um Offenheit und Flexibilität.

Von daher gibt es auch an der Stelle nicht das EINE Modell, das man einfach so nutzen kann, sondern überall dort, wo »New Work« stattfindet, haben sich Unternehmer:innen, Führungskräfte und Mitarbeitende gemeinsam an einen Tisch gesetzt, haben sich die Bedarfe und Optionen angeschaut und mögliche Lösungen und Optionen GEMEINSAM ausgehandelt.

Und weil es keine EINE Lösung für alle Mitarbeitenden gibt, braucht es eine Palette von Wahlmöglichkeiten, unter denen die Mitarbeitenden entscheiden können. Wichtig ist dabei, dass es eine gewisse Konstanz und damit Sicherheit und Planbarkeit gibt, das heißt, dass es zum Beispiel die Möglichkeit, von einem zum anderen Modell zu wechseln, nur ein Mal pro Jahr oder alle zwei Jahre gibt. Für die Verwaltung und Organisation dieser Themen hilft ein gutes Personal-IT-System. DAS ist heutzutage wirklich kein Problem mehr.

Dieses Maßschneidern gilt auch für Vergütungsmodelle, die das zentrale Thema der schon erwähnten »New Pay«-Bewegung sind.[41] Es geht weg von starren Gehaltsstrukturen und Boni- und Anreizsysteme, die meist nach einer tradierten Vorstellung von Motivation gestaltet sind, hin zu Vergütungssystemen, bei denen es um Leistungsgerechtigkeit, Angemessenheit und vor allem um Transparenz geht. Wer verdient wie viel und wieso. Weg von diesem geheimen und geheimnisvollen Umgang damit, weg von Geld als Konkurrenztreiber. Es kann auch nicht sein, dass, wer gut verhandelt oder lauter ist als andere, bessere Rahmenbedingungen für sich schafft.

Maßgeblich dazu beigetragen hat das »New Pay«-Konzept von Sven Franke und Nadine Nobile. Es beschäftigt sich mit Vergütungssystemen und allem, was dazu gehört: also auch Stellenbeschreibungen, Feedbacks und Zielvereinbarungen.

Der Grundgedanke ist, dass Menschen ganz viel selbst entscheiden und eigenständig regeln können. Sie wissen selbst, was sinnvoll und was machbar ist. Sie brauchen kein Management, das für gutes Miteinander sorgt. Sie brauchen keine Urlaubsfreigaben von Chef:innen, sondern einfach nur eine gute Abstimmung im Team. Sie können sich gut selbst und gegenseitig Feedback geben; das müssen sie vielleicht lernen, aber »so what«. Sie können sogar über Gehälter miteinander entscheiden; dafür braucht es die entsprechenden Informationen zur Entscheidungsfindung und meist hilft auch eine gute Prozessbegleitung, aber: es geht. Es geht sogar gut. Das zeigt die »New Pay«-Praxis.

Diese Konzepte und Instrumente entstehen aus der Organisation für die Organisation. Alleine die Diskussion darüber, die Auseinandersetzung mit Zielen und Absichten dahinter, die Einbeziehung der Mitarbeitenden in die Konzeption oder Implementierung macht etwas mit der Organisation. Und deren Kultur. Es schafft Rahmenbedingungen, die die Unternehmenskultur verändern können.

Das »New Pay«-Thema hilft nicht nur nach innen für Veränderung, sondern natürlich auch im Recruiting, in Bewerbungsgesprächen. Und zwar nicht nur, weil es für einen attraktiven Arbeitsplatz sorgt, sondern, weil es von vorneherein Klarheit zu Regeln und Abmachungen gibt und weil Bewerber:innen die Kultur von Transparenz und Vertrauen spüren und erleben können. Also kein Fake-Employer Branding.

Finanzielle Anreize motivieren eben auch nur bis zu einem gewissen Grad. In einem schlechten Arbeitsumfeld werden sie dann eher zu Schmerzensgeld. Und müsste es nicht selbstverständlich sein, dass man für gute Arbeit einfach gutes Geld bekommt – ohne Wenn und Aber? Wozu braucht es überhaupt Boni? Unterstellt das nicht, dass die Mitarbeitenden ohne sie nicht ihr Bestes geben? Und, dass Geld DER Motivator für gute Arbeit ist?

Ist es nicht. Menschen motiviert, wenn ihre Arbeit Bedeutung hat (über die sie übrigens selbst entscheiden), wenn sie einen guten Beitrag leisten können, für diesen Beitrag gesehen werden, man sich mit ihnen auseinandersetzt, sie respektiert und auf Augenhöhe behandelt und, wenn sie eigenständig handeln können.

Die zentrale Frage ist also, welche Bedeutung Mitarbeitende für ihre Organisation haben und, was die Organisation als Leistung und Wertbeitrag sieht und wertschätzt, was belohnt wird. Und wie vor allem einzelne Funktionen und einzelne Menschen auf diesen Wertbeitrag und damit die Zukunftsfähigkeit des Unternehmens einzahlen können.

Es geht darum, das als Organisation gemeinsam zu verhandeln, auszuhandeln. Kriterien für gute Arbeit zu entwickeln. Und das Mysterium Gehalt zu entmystifizieren. Das Gute ist, dass sich das Thema mit der finalen Umsetzung des Entgelttransparenzgesetz in 2026 nach dem Prinzip *»Gleicher Lohn für gleiche oder gleichwertige Arbeit«* sowieso verändern wird. Manchmal braucht es einfach gesetzliche oder politische Rahmenbedingungen, die solche Prozesse ermöglichen und beschleunigen.[42]

Es geht also viel mehr um Team- als um Einzelleistung. Die Frage ist eh, wie sinnhaft individuelle Boni sind. Sie fördern einfach nur das Einzelkämpfer:innentum. Selbst für »Vertriebler:innen« gilt, dass ihre Arbeit eine Teamleistung ist, zu der eine gute Produktentwicklung, ein gutes Marketing und meist auch ein Innendienst gehören. Übrigens gehen auch diese Menschen gerne zur Arbeit und brennen gegebenenfalls für ihren Job brennt, nicht nur der Vertrieb. Und, wenn man extra bezahlt wird, dass Kund:innen extra viel kaufen, dann wird man sich auf genau DAS konzentrieren und alles andere zur Seite legen.

Dabei sind in solchen »New Pay«-Prozessen gar nicht so sehr das finale Konzept, die konkreten Modelle das wichtige, sondern viel mehr der Weg dahin, die Auseinandersetzung mit dem Thema, der Austausch unter den Mitarbeitenden dazu, Meinung und Haltung, Ängste, Sorgen und Hoffnungen zu erfahren. Und die Verständigung unter- und miteinander. Es geht um die Transparenz der Prozesse: wie entsteht das Gehalt der Mitarbeitenden und was ist ein stimmiges System. Es schafft Klarheit, für was Menschen in der Organisation ent- und letztlich belohnt werden. Dabei geht es viel weniger um den Marktwert, sondern viel mehr um das Innenleben der Organisation. Und natürlich ist dieses Vergütungsthema wiederum an Feedbacksysteme, Zielvereinbarungen und Karrierewege gekoppelt.

An dieser Stelle noch ein Gedanke zur Rolle von HR/Personal: Ich weiß, das ist ganz schön viel Schelte in diesem Kapitel für Menschen, die doch eigentlich Gutes in der Organisation tun wollen, das Wohl der Mitarbeitenden im Blick haben, für gute Zusammenarbeit und gute Kultur sorgen wollen. Wenn diese Abteilungen aber genau dafür zuständig sein wollen, wie konnte es dann dazu kommen, dass viele Unternehmen organisations- und arbeitstechnisch so unzeitgemäß und ungut sind? Ich höre oft, dass HR im Moment kritisch diskutiert wird (vom Management wie von Mitarbeitenden), weil es zu wenig Verständnis von dem hat, was die Menschen und die Organisation tatsächlich brauchen. Mein Gefühl ist, dass sich viele HR/Personaler:innen in ihrer Rolle und ihren Erwartungen (an sich und an die Organisation) irgendwie verrannt oder verloren haben. Dabei ist die Grundidee dieser Rolle so wichtig. Sie müsste sich nur viel mehr mit den unternehmerischen Herausforderungen verbinden, müsste mehr Ahnung von dem haben, was sich da draußen in der Welt an Innovation und Veränderung alles tut (sprich auch von »New Work«) und das vor allem auch selbst leben, sie müsste Gesprächspartner:in auf Augenhöhe mit dem Management und den Führungskräften und fit in der effektiven Begleitung und Moderation von Prozessen sein. Das ist vielleicht ein hoher Anspruch, aber eben nur dann ist diese Rolle *wirklich wirklich* tauglich. Und es gibt genügend Organisationen, in denen HR/Personal im Moment zeigt, das genau das geht.

Reflexion

Welche Personalinstrumente gibt es in Ihrer Organisation? Was ist die Rolle von HR, der Personalabteilung in ihrem Unternehmen und wir unterstützend ist sie? Und, wenn Sie selbst HR/Personaler:in sind: was könnten Sie in Ihrer Arbeit vielleicht verändern?

räume und ausstattung

Wir sprechen die ganze Zeit davon, dass es bei »New Work« darum geht, à la Laloux den Raum für alle Mitarbeitenden gut zu halten. Darum, in dem ganzen großen Chaos der Welt für einen guten, einen sicheren Ort, einen »Safe Space« zu sorgen, damit Gemeinschaft, Kreativität und Innovation entstehen können. Diese Anforderungen gelten natürlich auch für den physischen Raum und für die Ausstattung der Arbeitsräume.

Viele Organisationen haben ja schon erkannt, dass moderne Arbeitsräume für ein anderes Erleben und Arbeiten sorgen und sind bereit, in den Um- oder Neubau von Büros zu investieren. Im Moment werden (meist für viel Geld) neue Office Spaces aus dem Boden gestampft oder Design Thinking-Inventar mit Whiteboards, lustigen, bunten Möbel und (dem berühmten) Tischkicker oder der Tischtennisplatte ins Büro gestellt. Man erhofft sich davon, dass die Mitarbeitenden damit wieder lieber ins Büro gehen, oder, dass sie, wenn sie sich wohl fühlen, gerne 150 % geben. Wenn es denn so einfach wäre. All das muss in die Organisation, in den Arbeitsalltag und das Erleben von Arbeit passen. Der Tischkicker rettet nicht über Top-Down-Hierarchien weg, die beschreibbare Wand nützt nichts, wenn Innovation keinen Raum im Unternehmen hat und viele Post its täuschen nicht über ein marodes Wertesystem hinweg. Mitarbeitende erkennen, wenn all das nur Fassade und Aufhübschung, wenn es die besagten »Cargo Kulte« sind.

Von daher tut es, wenn man das Thema Raumgestaltung im großen Stil angehen will, ganz gut, sich eine:n erfahrene:n »New Work«-Architekt:in (die gibt es tatsächlich) zu suchen, eine Begleitung zu haben, die diese räumlichen Veränderungen gut mitsteuert. In solchen Prozessen treten nämlich zwangsläufig Fragen der Zusammenarbeit und vor allem der Kultur auf. Die Gestaltung von Räumen ist eine Chance, diese Themen bewusst und gemeinsam zu reflektieren, sie miteinander zu verbinden. Auch hier gilt eben das Prinzip der Nutzer:innenzentriertheit.

Wenn man kein neues Gebäude plant, dann kann man mit ganz einfachen Mitteln und vor allem gemeinsam mit den Mitarbeitenden Ideen und Lösungen entwickeln, wie die bestehenden Räume umgestaltet, umgestellt und umdekoriert werden könnten, damit Arbeitsabläufe, Zusammenarbeit, aber auch Arbeit in Ruhe und Ungestörtheit besser funktionieren. Alle zusammen haben genügend Erfahrungen und Fantasie; darauf kann gut vertrauen.

kompetenzen

Wenn Wandlungs- und Lernfähigkeit zu einem, wenn nicht sogar zu DEM entscheidenden Wettbewerbs- und Überlebensfaktor einer Organisation oder eines Unternehmens werden, braucht es im »New Work«-Betriebssystem natürlich genau die Kompetenzen. Im Kapitel über die Methoden und Tools gibt es eine Übersicht mit für »New Work« relevante Konzepte wie die Systemtheorie, die Agilität oder Soziokratie, aber auch Kommunikation und Moderation oder Achtsamkeit und Inner Work. Hinter all diesen Konzepten stecken natürlich Kompetenzen, die den Umgang mit Komplexität, Unsicherheit, die Innovation und Kreativität, gute, effektive Zusammenarbeit und die persönliche Entwicklung ermöglichen.

Auch die Entwicklung der eigenen Haltung und von eigenen Werten ist eine Kompetenz. Man kann das tatsächlich lernen. Man kann auch so verrückte Dinge wie Kreativität oder Mut lernen. Menschen können überhaupt sehr viel mehr lernen als man ihnen meist zutraut. Immer und jederzeit. Natürlich gibt es Neigungen, Begabungen oder Talente – mehr oder weniger bei den Menschen. Aber sogar zum Thema »Persönlichkeitsmerkmale« wird mittlerweile in der Forschung heftig diskutiert, was überhaupt angeboren ist und was nicht. Es geht auch nicht unbedingt um »ganz neu lernen«, sondern manchmal um das Entdecken, Stärken oder Fördern verborgener Potentiale. Das Ganze ist ein Teil unserer Selbstwirksamkeit, zu der wir im nächsten Kapitel kommen.

Kompetenzen sind nicht nur Wissen und Theorie, sondern vor allem praktisches Verstehen und Anwendbarkeit. Es geht darum, das Wissen zu mobilisieren, ins Handeln zu kommen und Ergebnisse zu erzielen. Und das in unterschiedlichen Kontexten und Situationen. Das ist insofern wichtig, als dass man Mitarbeiter:innen, die man zu Trainings schickt, dann auch ermöglichen muss, das Gelernte und Erfahrene im Arbeitsalltag einzubringen. Das sagt sich so einfach, ist aber leider oft nicht so. Siehe agile Coaches, die nach einer Ausbildung ins Unternehmen zurückkommen und sich fragen, was sie denn jetzt damit machen sollen, wenn die Organisation als solche meilenweit entfernt ist von Agilität. Oder Führungskräfte, die in Seminaren wichtige Dinge für und über sich lernen und das dann aber auch von ihren Chef:innen erwarten, die eigentlich nur wollten, dass sie durch das Training besser und unkomplizierter funktionieren. Fortbildungen (vor allem in Richtung Persönlichkeitsentwicklungen) sind ganz schön oft eine Büchse der Pandora. Es wäre toll, wenn die Unternehmen diese Wundertüte bewusst und sinnvoll nutzen würden.

Bei all dem geht es nicht nur um das Knowhow und die Fähigkeiten selbst. Sondern auch um den Blick auf das Thema »Lernen«: um sinnvolle, um effektive und nachhaltige Lernmethoden und auch um das entsprechende Menschenbild, um das Vertrauen oder Zutrauen in die Lernfähigkeit von Menschen.

Darüber, welche Kompetenzen, welche Fertigkeiten und welche Erfahrung Menschen in Zeiten wie diesen brauchen, gibt es zahlreiche Studien. Meist ist die Rede von »Future Skills«. Das Verrückte ist, dass über die oder in der Zukunft gesprochen wird, wo wir das alles doch sehr gut jetzt schon gebrauchen könnten. Diese Zukunft hat nämlich schon vor gut 30 Jahren begonnen. Wir wären sicherlich einen großen Schritt mit dem »guten Arbeiten« weiter, wenn wir diese »Future Skills« gleich zu Anfang der Digitalisierung entwickelt hätten.

Margaret (Meg) J. Wheatley, eine amerikanische Expertin und Autorin zum Thema »Führung«, sagt dazu: *»Der Großteil der uns beigebrachten Art und Weise zu denken, abzuwägen und zu verstehen, gibt uns einfach nicht mehr die Mittel an die Hand, kluge Entscheidungen zu treffen. Wir wissen nicht, wie wir die Dilemmata und Herausforderungen, mit denen wir täglich konfrontiert sind, sinnvoll bewerkstelligen sollen. Man hat uns nicht gelehrt, wie wir uns in einer chaotischen Welt oder in einem weltweiten Netz von Aktivitäten und Beziehungen zurechtfinden können.«*[43]

Und der Zukunftsforscher Jamais Cascio sagt, dass uns dieser BANI-Begriff Hinweise für die entsprechenden Kompetenzen liefern kann.[44] In seinen Augen könnte Sprödheit mit Widerstandsfähigkeit und Nachsichtigkeit begegnet, Ängste durch Empathie und Achtsamkeit gelindert werden, Nichtlinearität erfordert Kontext und Flexibilität und die Unbegreiflichkeit Transparenz und Intuition. Das ist schon mal ein ziemlich guter Fundus.

Niels Pfläging sagte dazu in einem Post auf »X« (ehemals Twitter): *»In complexity, soft skill is the new hard skill«*.[45]

Es geht also weniger um Fachwissen (außer zu Technologie- oder Digitalfragen natürlich), sondern vor allem um die eigene Persönlichkeit und um Zusammenarbeit. Es geht überhaupt um das Zusammensein mit anderen Menschen, um das Soziale und das Gesellschaftliche. Und es geht um das Zusammenspiel all dieser Kompetenzfelder. In dem Zusammenhang spricht man oft von »T-Shaped«-Skills: Menschen haben zu bestimmten Themen ein vertieftes Wissen und »obendrüber« gibt es allgemeine Kompetenzen, die alle brauchen, um gut mit uns selbst und miteinander zurecht zu kommen.

Es wäre übrigens auch gut, wenn wir diese Kompetenzen nicht erst mit Mitte zwanzig, mühsam und im Job, sondern von klein auf, spielerisch, selbstverständlich und von unseren Eltern, in der Kita, in der Schule, in Studium und Ausbildung lernen würden. Dazu mehr im Interview mit der Schulreformerin Margret Rasfeld im Text zu »Neue Schule«.

Das Wirkkreis-Modell der Kompetenzen

Von diesen »Future Skills« oder »New Work«-Kompetenzen gibt es eine sehr große Fülle und Bandbreite. Sie decken sich natürlich mit dem, was eine zeitgemäße und zukunftsfähige Organisation ausmacht. Es geht um den guten Umgang mit Komplexität und Unsicherheit, es geht um Resilienz, effektive Zusammenarbeit, um Teilhabe und Gemeinschaft. Es geht darum, wie wir gut ins Reflektieren, aber vor allem ins Machen, ins Gestalten kommen. Und natürlich decken sie sich mit den vier Prinzipien von »New Work«: Flexibilität, Partizipation, Lernen, Verantwortlichkeit.

Man kann sie nach allen möglichen Kriterien sortieren. Hier kommen sie eingeordnet anhand des Wirkkreismodells von Menschen. Zu diesem Thema »Wirkkreis« kommen wir im Detail im Kapitel über die Selbstwirksamkeit. Nach diesem Modell sind Menschen im innersten Kreis mit sich selbst, im nächsten Kreis mit anderen Menschen, ihrem direkten Umfeld und im Großen in der Welt in Verbindung. Also: Ich – Kollektiv – System.

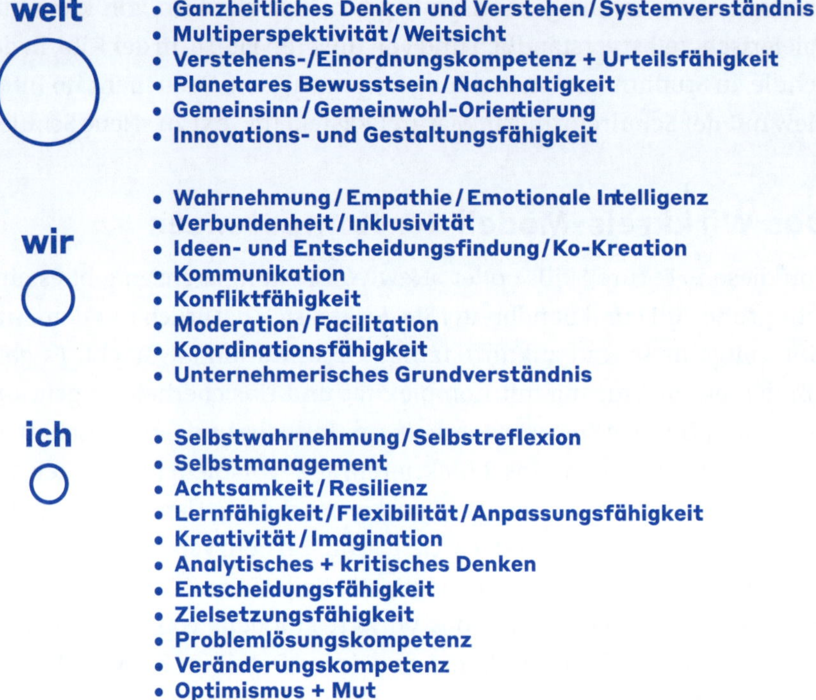

Ich… mit mir (Ich-Sein)

Da alle Veränderung mit und bei mir selbst anfängt, steht das Ich in der Mitte. Dabei geht es nicht um Egoismus und nicht um Selbstoptimierung, sondern wie immer um Angemessenheit. Es geht darum, dass wir gut selbstwirksam sein können. Wenn jede:r von uns gut gestärkt, klar mit sich selbst ist, wenn wir gut in unserer Kraft sind, dann können wir einfach besser mit anderen Menschen und mit Herausforderungen umgehen. Alles, was man für sich lernt, strahlt auf den eigenen Wirkkreise aus. Wenn man selbst kreativer wird, kann man das für sich sein, aber eben auch für und mit anderen und in dieser Welt.

Und außerdem gilt: wir können nur uns selbst verändern, die anderen Menschen nicht. Wir können sie zwar auf etwas aufmerksam machen und ihnen mitteilen, was wir von ihnen brauchen (und das können wir lernen), mehr können wir aber auch nicht tun. Je besser wir darin sind, unsere Bedürfnisse gut mitzukriegen und mitzuteilen, desto mehr können wir etwas beeinflussen. Machen muss die andere Person selbst.

Wenn wir viel mehr in selbstorganisierten, selbstverantwortlichen Teams arbeiten wollen, brauchen wir starke und selbstreflektierte Menschen. Wenn der (vermeintliche) Kit der alten Pyramidenorganisation wegfällt und wir mehr auf uns selbst und uns in den Teams gestellt sind, müssen wir gut mit uns selbst, klar für uns selbst sein. Sonst funktioniert auch die Zusammenarbeit mit anderen nicht gut, sonst können wir nicht gut für Veränderung sorgen. Nicht umsonst ist das Buch *»New Work Needs Inner Work«* von Joana Breidenbach und Bettina Rollow auch so ein großer Erfolg in der »New Work«-Community.[46]

Es geht um Aspekte wie Selbstwahrnehmung, Selbstreflexion und Selbstmanagement, um Achtsamkeit und Resilienz, aber auch um analytisches und kritisches Denken, um Entscheidungsfähigkeit, Problemlösungskompetenz, um Lern- und Anpassungsfähigkeit, um Mut, Optimismus und um Kreativität.

Ich… mit den anderen (Wir-Sein)

Der nächste Kreis ist der des direkten Umfeldes, die Kolleg:innen, aber auch Kund:innen, Lieferant:innen und Partner:innen etc. Es geht um das Zusammensein in der Arbeitswelt.

Das geht nur mit guten Social Skills. Menschen, die in »New Work«-, die in partizipativen Kontexten arbeiten, sind in der Regel alle in »Wir-Kompetenzen« wie Wahrnehmung und Empathie, Ideen- und Entscheidungsfindung, Konfliktfähigkeit, in Methoden wie Moderation oder Facilitation trainiert. Es geht um Beziehungsgestaltung, um ko-kreative Fähigkeiten, aber auch um die Gestaltung von Veränderungsprozessen. Das alles ist: Kommunikation. Wir haben nämlich nichts anderes im Miteinander. Das ist das, was uns verbindet.

Ich… in der Welt (Welt-Sein)

Der dritte Kreis ist der der Welt. Das Wort »Welt« klingt vielleicht ein bisschen groß, aber die Größe dieses Kreises hängt auch vom eigenen Wirkkreis ab, davon, wie weit man selbst den Radius zieht. Es geht dabei vor allem darum, über den Tellerrand zu schauen, Gesamtzusammenhänge,

Abhängigkeiten und Wechselwirkungen zu begreifen. Eben darum, zu verstehen, dass man nicht alleine auf dieser Welt ist und alles immer Auswirkungen hat.

Zu diesem größten Wirkkreis gehören ganzheitliches und systemisches Denken und Verstehen, Weitsicht, Verstehenskompetenz, aber auch Innovations- und Gestaltungsfähigkeit und nicht zuletzt unternehmerisches Verständnis. Es gehört auch dazu, ein planetares Bewusstsein zu entwickeln, bei dem nicht der Mensch im Mittelpunkt von allem steht, sondern alle Lebewesen gleichermaßen ein Teil dieses Planeten sind, der EIN System ist und im Übrigen seine Begrenzungen hat.

Reflexion

Was finden Sie, welche dieser Kompetenzen es in Ihrem Team und in Ihrer Organisation braucht? Und welche sind schon gut vertreten? Und wie ist das mit Ihren eigenen Kompetenzen?

führung

Schon Spiderman hat gesagt *»Mit großer Macht kommt große Verantwortung.«*[47] Das Thema »Führung« ist so groß und so wichtig, gleichzeitig oft schwer greifbar und manchmal auch streitbar, es ist wohl die meist diskutierte und hinterfragte Aufgabe in den Unternehmen. Deshalb braucht es hier ein paar mehr Worte dazu.

In einer Befragung von Bewerber:innen und Personaler:innen zum Thema »Führung« des Unternehmens »softgarden«, ein Anbieter von HR-Tech-Lösungen, sagten 49,1 % der Bewerber:innen, dass sie Führungskräften NICHT zutrauen, Mitarbeiter:innen gut zu steuern und ihre Arbeitsleistung zu messen, 48,2 % glaubten NICHT, dass sie in der Lage sind, die Zusammenarbeit der Mitarbeiter:innen zu organisieren und 61,2 % finden NICHT, dass sie in der Lage sind, auf die psychische Gesundheit der Mitarbeiter:innen zu achten.[48]

Wie kann das nur sein? Das sind doch durchaus schlaue Menschen in diesen Positionen. Ganz oft welche, die eigentlich Gutes wollen und ihr Bestes geben. Und hart dafür arbeiten.

Ganz einfach: WIR haben Führung zu dem gemacht, was es heutzutage ist und bedeutet. Es sind die Vorstellungen von Arbeit und Zusammenarbeit, die uns Taylor und Konsorten vor zig Jahren in die Führungswiege gelegt haben und die da immer noch liegen. Es ist unser gesellschaftliches Bild von Erfolg und Wichtigsein. Es hat etwas mit unserem Selbstwert und dem Gesehenwerdenwollen oder besser gesagt -müssen, mit Anerkennung zu tun. Es hat mit der Währung »Macht« zu tun, die diesen Job so verlockend macht.

Über lange Jahre haben wir die Rolle von Führung, ihre Bedeutung und Ausgestaltung nicht hinterfragt und vor allem nicht den heutigen Zeiten, Anforderungen und auch Möglichkeiten angepasst. Wir haben Schicht um Schicht an Führungsebenen aufeinandergetürmt, in der Hoffnung, das Biest Arbeit damit beherrschbar zu machen. Der neue Bayer-Chef, Bill Anderson, hat in einem Interview nach seinem Amtsantritt gesagt, dass es zwischen ihm und dem Kunden bis zu zwölf Hierarchiestufen gäbe.[49] Künftig will der große Gary Hamel-Fan auf »Dynamic Shared Ownership« (DSO) setzen.[50]

Führung ist eine diffizile Rolle – für die, die es machen (müssen) und für die, die es mitmachen und manchmal auch aushalten müssen. Sie bewegt sich in einem ständigen Spannungsfeld, einer Zerrissenheit und einem ewigen Tauziehen zwischen dem, was das Unternehmen, die

Stakeholder:innen, irgendwelche Ober-Chef:innen auf der einen Seite und dem, was das Team, die Mitarbeitenden auf der anderen Seite erwarten und brauchen.

»Oben« will, dass Zahlen und Ziele erfüllt werden, am besten reibungslos und mit funktionierenden, unproblematischen und arbeitsamen Mitarbeiter:innen. Und, wenn man selbst das »ganz Oben« ist, wird erwartet, dass man jederzeit weiß, wo es langgeht, dass man eine Vision und eine Mission hat, dass man immer die richtigen Entscheidungen trifft und die dann auch richtig gut umsetzt. Und die Mitarbeitenden hätten entweder gerne, dass man ihnen sagt, wer was wie tun soll, natürlich, dass man sie sieht und fördert und entwickelt. Oder aber sie hätten gerne, dass man sie einfach machen lässt und sich gar nicht einmischt. Als Führungskraft wird man von allen Seiten beobachtet und bewertet. Von oben und von unten, von rechts und von links. Daraus entstehen schon mal ganz leicht Interessenkonflikte.

Es liegt an der guten, alten Pyramidenstruktur unserer Organisationen, in die Führung irgendwie eingequetscht ist. Am künstlich geschürten Wettbewerb, am gewollten Gegeneinander, an der Abschottung von Wissen und Informationen. Wie soll man denn da gut führen?

Führung ist ein komplexes Thema, das von so vielen Dingen abhängig ist: von der Definition der Rolle und den Aufgaben, der Situation und den Zielen des Unternehmens, den ausgesprochenen und unausgesprochenen Erwartungen, sehr viel von der Kultur, den Werten und der Haltung der Organisation und und und. Und natürlich von einem selbst: der eigenen Haltung, den Erwartungen an sich, den eigenen Perspektiven, Wünschen, Zielen, Interessen, Bedürfnissen und den Erfahrungen und Kompetenzen. Und dem Blick auf andere Menschen, was man von denen denkt und erwartet. Und das Ganze dann noch in komplexen und nicht mehr einfach so vorhersehbaren und planbaren Zeiten wie diesen. Dirk Baecker nennt Führungskräfte in seinem kleinen, feinen Buch *»Postheroisches Management«* deshalb *»Widerspruchskünstler«*.[51]

Und dann dieses heroische Bild, das wir immer noch von Führung haben. In einem Artikel der »Harvard Business Review« über erfolgreiche CEOs stand: *»(Das Stereotyp von Fortune-500-Führungskräften) besagt, dass ein erfolgreicher CEO ein charismatischer, zwei Meter großer weißer Mann mit einem Abschluss von einer Spitzenuniversität ist, der ein strategischer Visionär mit einem scheinbar direkten Karriereweg an die Spitze und der Fähigkeit ist, unter Druck perfekte Entscheidungen zu treffen«*.[52] Das ist immer noch in unseren Köpfen und wird an allen Ecken und Enden auch weiter geschürt. Es ist der Mythos des ewig Gewinnenden.

Wenn ich Vorträge zu »Führung« halte, zeige ich zwei Bilder: das eine ist der Titel einer Ausgabe der Männerzeitschrift *»GQ«* mit dem Fußballer Ronaldo: gestählter, durchtrainierter, gebräunter Körper, er gold-behangen, nur mit einer Unterhose bekleidet (die auch noch seinen Namen trägt). Daneben zeige ich den Titel einer *»Handelsblatt«*-Ausgabe mit der Überschrift *»Der erschöpfte Manager«* und der Illustration eines verzweifelten Supermans. DAS ist nämlich die Realität. Es ist ein regelrechtes Dilemma.

Leider ist es auch so, dass eben nicht nur die »Guten« in die Chefpositionen gelangen. Nicht wenige Untersuchungen zeigen, dass viele CEOs pathologisch narzisstische (will sagen krankhafte) Störungen haben, die dazu führen, dass sie viel zu impulsiv, waghalsig, nicht berechenbar sind und vor allem an Selbstüberschätzung leiden.[53] [54] Auf der einen Seite haben sie ein überstarkes Bedürfnis nach Anerkennung und auf der anderen Seite nach Dominanz. Das Bedürfnis nach Anerkennung sorgt auf der einen Seite dafür, dass sie sich mit anderen, ebenso machtsüchtigen Menschen zusammenschließen, um unter ihresgleichen zu sein, und auf der anderen Seite, dass sie sich für ihr Team eher jüngere Mitarbeitende aussuchen, die sie vermeintlich besser beherrschen können. Karen Duve schreibt in ihrem wunderbaren Buch *»Warum die Sache schiefgeht«*: *»Man muss keine antisoziale Persönlichkeitsstörung haben, um Manager (oder Politiker) zu werden, aber es hat gewisse Vorteile«*.[55]

Aufgrund unserer »Systeme« geraten viele, eigentlich gute Mitarbeiter:innen in die Rolle der Führungskraft, obwohl sie das, was es dann tagtäglich bedeutet, nicht wirklich wollten. Viele wollen einfach nur den (inhaltlichen) Job machen, für den sie angetreten sind, wollen einfach nur ein bisschen mehr gesehen werden und, zack, hat man ein Team. Es sind die sogenannten »Karrierepfade«, bei denen erfahrenen Mitarbeitenden nichts anderes übrig bleibt, als Mitarbeiter:innenführung zu übernehmen, um mehr Geld zu verdienen, mehr Ansehen und eine Wertschätzung ihrer Arbeit zu bekommen. In den meisten Unternehmen sind »Karrieren« genau dazu da, um Anerkennung zu zeigen, Menschen zu motivieren oder im Unternehmen zu halten; Führungsverantwortung ist ein essenzieller Teil dieses Deals. Und bei Gründer:innen und Unternehmer:innen sind es die Zwänge des Wachstums, die bedeuten, dass man irgendwann nicht mehr alles alleine machen kann, Aufgaben teilen muss, »Zuarbeitende« braucht und damit plötzlich ein:e Führungskraft ist. Für Teamführung haben die wenigsten gegründet.

Nicht jeder Mensch hat Lust auf Mitarbeiter:innenführung, ist vielleicht auch nicht dafür geeignet. Ich kann das gut verstehen. Mich interessiert das Thema »gute Arbeit«, mich interessiert, wie man Systeme verändern kann, ich will einen Beitrag leisten – aber ich will nicht in erster Linie Mitarbeiter:innen führen.

Hinzu kommt, dass den meisten Führungskräften das mit dieser Führung nicht einmal ordentlich beigebracht wird. Viele Führungskräfte, die ich in meinen Projekten erlebe, waren noch keinen einzigen Tag oder vielleicht gerade mal zwei Tage bei einem Führungstraining. Vielleicht haben sie noch ein Buch gelesen und halten sich eisern an dem fest, was darin gepredigt wird. Sie versuchen einfach irgendwie ihr Bestes zu geben. Das kann nicht gut gehen. Führung ist nämlich: ein Job. Und Jobs muss man lernen.

Unser Bild von Führung beruht eben immer noch oft auf der »Great Man«-Idee. Also auf Annahmen und dann auch Managementkonzepten, die sagen, dass man zur Führungsperson geboren sein muss, dass man das gar nicht lernen kann. Es geht dabei um Härte, Leistung und Autorität. Erfolgreiche (Kriegs-)Helden und Berühmtheiten, Adlige und Geistliche waren das Vorbild. Frauen kamen dabei übrigens nicht vor. Erst viel später gab es auch Studien über weibliche Führungsqualitäten. Ein wichtiges Buch dazu war *»The Athena Doctrine«* von John Gerzema, der untersucht hat, welche Führungsattribute, die man eher dem Weiblichen zuordnen würde, für erfolgreiche Führung relevant sind.[56] Dazu zählen Loyalität, Geduld, Empathie, Selbstlosigkeit oder Kollaboration. Hört sich nach »New Work« an...

Der Wirtschaftspsychologe Felix Brodbeck sagt, dass wir gerade in Deutschland auf eine sehr lange Tradition einer *»entpersönlichten, enthumanisierten Führungsauffassung«* zurückblicken.[57]

Ich höre oft, dass man sich als Führungskraft ständig mit Befindlichkeiten und Gefühlen (am schlimmsten sind Tränen!) herumschlagen muss. Man sei doch schließlich kein:e Therapeut:in. Die große Angst ist, dass Führung irgendwie was mit Psycho oder Eso ist. Stimmt. Also fast. Es geht nämlich um Menschen. Man kommt einfach nicht umhin, sich mit Themen wie Selbstwahrnehmung, Kommunikation, mit Feedback und Konflikten und weiterem aus dieser Reihe auseinanderzusetzen. Wenn man darauf keine Lust hat, sollte man es wirklich sein lassen.

Noch 2002, als wir schon mitten in Zeiten der Digitalisierung waren, schrieb Fredmund Malik, der Grandseigneur der Führung: *»Was zählt, sind die Ergebnisse und nicht der Stil. Management ist der Beruf des Resultate-Erzielens. Wenn es auf kooperativem Wege geht, umso besser. Wenn nicht, dann müssen die Resultate höher gewichtet werden als der Stil«*. Sehr schön auch die Bildunterschrift zu diesem Artikel. Sie lautet: *»Fredmund Malik. Management-Guru«*.[58] Das Ganze ist gerade mal 20 Jahre her, mutet aber wie ganz alte Zeiten an.

Taylor hat uns also immer noch voll im Griff. Wir haben das Denken vom Handeln getrennt und die ganz oben im Unternehmen sind einfach etwas Besseres. Die Hierarchie-Pyramide hat es institutionalisiert und legitimiert.

Die berechtigte Frage ist, ob es Führung bei »New Work« überhaupt noch gibt oder braucht. Wenn sowieso alle selbstorganisiert, selbstbestimmt und selbstverantwortlich arbeiten, wenn Verantwortung verteilt und Entscheidungen partizipativ getroffen werden.

Die Antwort ist eindeutig: JEIN!

JA, es braucht und gibt sie auch weiter, weil...

... Führung sowieso immer da ist – egal ob »altes« oder »neues Arbeiten«. Es liegt in der Natur eines Systems oder ist ein normaler Teil eines Systems. Das gilt auch für das Thema Hierarchie. Auch »New Work«-Organisationen sind niemals hierarchielos; dieser Gedanke fällt in die Kategorie der Mythen rund um »New Work«. Alleine dadurch, dass jemand zum Beispiel mehr Erfahrung hat oder länger im Unternehmen ist, entsteht eine (natürliche) Form der »Hierarchie«. Sie ist nicht mit dem gleichzusetzen, was wir in der Regel künstlich in Form von Organigrammen bauen. Und egal in welcher Position Menschen sind, egal wie Junior oder Senior, ob es explizit auf der Visitenkarte steht oder nicht: Es gibt einfach auch immer Menschen, die »in Führung gehen«, indem sie von sich aus etwas tun, Verantwortung übernehmen, Entscheidungen treffen oder dafür sorgen. Das findet in jedem kleinen Moment und ständig statt.

... Führung per se nichts Schlechtes ist. Es ist nur schlecht, was wir in den meisten Organisationen daraus machen, welche Insignien und Auszeichnungen, welche Bilder im Kopf wir damit verbinden. Laut Definition hat das Wort »Führen« den gleichen Ursprung wie »fahren« und wird etymologisch aus dem Germanischen »foran« abgeleitet. Es bedeutet im eigentlichen Sinne *»etwas in Bewegung setzen«*, *»jemandem* *den Weg zeigen, indem man mit ihm geht«*. Es hat also nichts mit Status oder Macht und schon gar nichts mit der berühmten Visitenkarte oder dem verglasten Eckbüro mit Chefsessel zu tun. Man kann Führung als eine Art Energie betrachten.

... Führung tatsächlich gebraucht wird. Führung gibt uns Orientierung, Halt und Sicherheit. Je unüberschaubarer diese Welt wird, je mehr der (vermeintliche) Halt im Außen wegbricht, desto mehr müssen wir diesen Halt und Zusammenhalt selbst und miteinander erzeugen, als Gemeinschaft. Und da wir Menschen im ständigen Widerspruch zwischen Autonomie, Freiheit, Selbstbestimmung auf der einen Seite und dem Wunsch nach Gesehenwerden, Verbindung und Zugehörigkeit auf der anderen Seite leben, kann Führung in diesem Dilemma eine gute Rolle spielen. Selbst Selbstorganisation braucht Führung (wie das gleichnamige Buch von Boris Gloger und Dieter Rösner sagt). Auch in selbstorganisierten Teams müssen Entscheidungen getroffen werden, Prozesse gesteuert und Konflikte gelöst werden. Frédéric Laloux sagt dazu, dass Führung *»den Raum hält«*.

... Führung so schnell nicht weggehen wird. Die meisten Menschen leben in klassisch hierarchischen Organisationen, die weit entfernt von »New Work« und tatsächlicher Selbstorganisation sind. Das wird wohl auch erstmal so bleiben. Die Frage ist, wie wir Führung betrachten, vor allem über ihre Bedeutung und Ausgestaltung (neu) entscheiden und sie dann zeitgemäßer gestalten. Hinzu kommt, dass es alleine qua rechtlichem Rahmen eine formelle Struktur gibt und braucht, in der Menschen in Organisationen Unterschriften leisten und Entscheidungsverantwortung tragen (müssen).

... aber, ...

... Führung muss dienlich sein. Sie muss dort stattfinden, wo sie tatsächlich gebraucht und sinnvoll ist. Das ist nicht zwangsläufig am großen Besprechungstisch.

... Führung ist keine starre Position und schon gar kein Karriereposten, an dem man nicht vorbeikommt, wenn man sich entwickeln möchte. Sie hat viel mit Freiwilligkeit und mit Interesse zu tun. Und sie muss von ganzem Herzen gemacht werden.

... Führung darf kein Bypass und Bottleneck für Entscheidungen, kein Verhinderer von eigenständigem Denken und Handeln sein. Sie sorgt

»nur« dafür, dass Menschen ihren Job gut machen können. In erster Linie muss Führung für Wertschöpfung sorgen, sie kostet nämlich: viel Geld.

... Führung muss gut gemacht sein. Dafür muss man sie lernen, muss man sie und sich immer wieder reflektieren und reflektieren lassen.

... Führung ist kein Status-, Macht- oder Kontrollinstrument. Sie sorgt für Transparenz, für gute Verbindungen, für Entwicklungsmöglichkeiten.

... Führung spielt vor allem bei der Einführung von »New Work«, in der Transformation eine wichtige Rolle, hält den Raum, sorgt für einen »Safe Space«, ermöglicht dabei Selbstorganisation. Von daher muss sie dafür bereit sein. Frédéric Laloux sagt, dass sich eine Organisation nicht über den Entwicklungsstand ihrer Führungskräfte hinaus weiterentwickeln kann.[59] Dieser Entwicklungsstand ist wie eine gläserne Decke.

Es braucht sie also weiterhin, die gute, alte Führung. Aber eben anders. Dienlicher – für alle Beteiligten.

was ist anders bei führung in »new work«

Im Kontext wirklich selbstorganisierter, partizipativer Teams oder Organisationen, in dezentralen, flachen und netzwerkartigen Strukturen, bei »New Work« also, verändert sich die Perspektive auf Führung natürlich:

Führung ist eine Rolle und keine fixe Position oder Funktion. Sie findet dort statt, wo sie sinnvoll ist und gebraucht wird. Jede:r kann und darf jederzeit in Führung gehen und Führung übernehmen. Dazu braucht es natürlich gute Vereinbarungen und eine gute Abstimmung. Es ist ein gemeinsames Aushandeln, was jetzt wie wichtig und zu tun ist. Führung als Rolle findet immer angemessen für die Situation und für die handelnden Personen statt. Damit ist sie weit entfernt von den üblichen Macht- und Oben/Unten-Gedanken, hat nichts mit Wichtigsein und Prestige zu tun.

Führung dient einfach als Support für selbstorganisierte Teams. Sie ist Unterstützerin, Begleiterin, Entwicklerin, Moderatorin. Sie hält den Raum fürs Arbeiten, ist da für die Moderation von Themen und Konflikten.

Eine wichtige Aufgabe von Führung ist die Arbeit AN der Organisation, die Reflexion und Weiterentwicklung von Zusammenarbeit, also ein sehr strategischer und unternehmerischer Part. Von daher kann sie auch Richtungsgeberin sein.

Wichtig ist, dass die Aufgaben und die Erwartungen an die Rolle permanent reflektiert und gegebenenfalls angepasst werden. Alle »Betroffenen« der Führung können jederzeit ihr Feedback geben (360°- oder Peer-Feedback). Führungskräfte können sogar in ihre Rolle gewählt und sie auch nur zeitweise innehaben – für eine bestimmte Aufgabe, die die Rolle erfordert, aber auch nach persönlicher und/oder gemeinsamer Reflexion mit dem Team, wie gut und dienlich ihre Umsetzung ist. Das heißt, es ist keine Schande, für sich zu erkennen, dass man diese Position gar nicht haben will oder vielleicht etwas dazulernen und sich entwickeln muss. Führung kann auch geteilt oder gemeinsam ausgeführt werden (Shared Leadership). Und Fach- oder Expert:innen-Karrieren sind genau so viel wert wie Führungskarrieren. Die Heldenhaftigkeit dieser Rolle fällt in »New Work« weg.

Wichtig ist auch, dass, wer eine Führungsrolle einnimmt, dafür ausgebildet und vor allem gut in Selbstreflexion und Selbstführung ist. Humanistische Werte und ein entsprechendes Menschenbild sind die Grundlage. Und natürlich nutzt er oder sie für seine oder ihre Arbeit die vorhin beschriebenen zeitgemäßen Methoden und Tools.

Führung ist und wird auch in Zukunft ein wichtiges, erfolgskritisches Thema bleiben. Sowohl als klassische Position als auch als Rolle bei »New Work« und in der Selbstorganisation. Aber wie geht es – in gut?

Es gibt eine Tonne Bücher über Führung, Führungsmodelle und -konzepte ohne Ende. Von partizipativ, über agil, über digital, über servant, über lateral, über situativ bis zu transformativ. Trotzdem scheint das Thema eine totale Blackbox zu sein, fragen sich so viele, fragen mich viele, wie man eine gute Führungskraft ist – oder wird. Wie geht das? Kann ich das? Will ich das? Muss ich das? Darf ich das? Soll ich das?

Der Autoritätsforscher Frank Baumann-Habersack sagt, dass Führungsmodelle nicht helfen, weil sie immer abhängig vom Kontext und zu eindimensional sind, sie spiegeln die Realität des Unternehmens nicht wider und sie berücksichtigen die Wechselwirkungen menschlicher Interaktion nicht. Diese Modelle sind außerdem immer nur ein Spiegel ihrer Zeit. Und: jedes Unternehmen ist anders, jeder Mensch ist anders, jede Situation ist anders.[60]

Man muss sich also auf den Weg machen. Selber. Und für sich ein Bewusstsein für gute Führung, seine eigene Vorstellung davon, eine Haltung und seinen eigenen Anspruch formulieren. Und das mit Blick auf eine zeitgemäße und verantwortliche Organisation: Was für eine Führung braucht die denn? Und dann muss man herausfinden, was man selbst dafür braucht. Dazu gibt es als Orientierung ganz gute Persönlichkeitstests. Dazu gleich mehr im Teil über das »Können«. Daraus ergeben sich dann Themen und Inhalte, die man lernen, stärken oder auch beibehalten sollte. Man braucht ein paar taugliche Tools und Methoden, die man hier in diesem Kapitel finden kann. Und dann muss man damit die ersten Schritte gehen, ausprobieren, ausloten, Erfahrungen machen und vor allem die anderen (sozusagen die »Führungsbetroffenen«) fragen, wie sie das finden. Und dann gegebenenfalls wieder korrigieren.

Man muss sich sein eigenes Bild machen. Anders geht es nicht.

Hier kommt die Anleitung, wie man sich auf den Weg machen kann. Gute Führung ist eine Mischung aus Wollen, Können, Dürfen und Machen. Und letztlich Sein. (Ich bin versucht, es das WKDMS-Modell zu nennen ...).

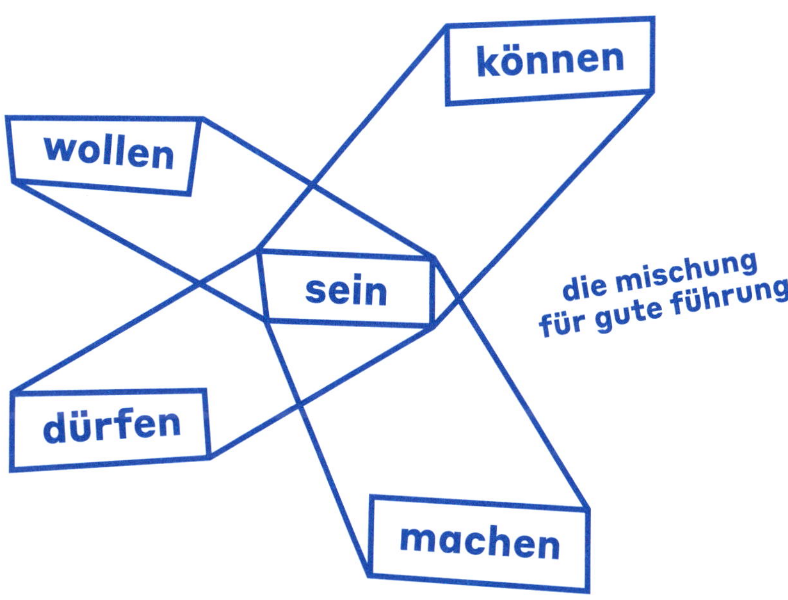

wollen

Das Grundlegende an guter Führung ist, dass man sich bewusst dafür entscheidet, dass man diese Aufgabe und Verantwortung *wirklich wirklich* will. Und zwar nicht im Sinne von »Ich will Karriere machen«. Führung ist kein Egotrip. Man macht es nicht für eine neue Visitenkarte, für den Zutritt zur Managementkantine, den Parkplatz vor der Tür oder die paar Euros mehr. Sondern im vollen Bewusstsein darüber, was es tatsächlich bedeutet und wann es wirklich dienlich ist. Von ganzem Herzen und in aller Konsequenz. Weil man für und mit Menschen etwas gestalten will.

Einer guten Führungskraft geht es nicht um eine Position, um Ruhm oder Wichtigsein, auch nicht um das anscheinend berauschende Gefühl von Macht, sondern darum, einen guten Beitrag für die Entwicklung des Unternehmens zu leisten, für eine gute Zusammenarbeit unter den Mitarbeitenden zu sorgen und um die Unterstützung und Entwicklung einzelner Menschen, die mit ihnen arbeiten.

Führung ist nichts »on top«, das man zusätzlich zu seinen Aufgaben, irgendwie Freitagnachmittag noch hinkriegen muss. Führung IST DIE Aufgabe. Führung ist immer. Und es ist ein sehr verantwortlicher Job.

Es gilt also, einen Schritt zurückzutreten und den Blick auf die eigene Motivation und Intention zu lenken und sie zu erkunden, sich darüber im Klaren sein, warum man das überhaupt (sein) will, was einen dazu antreibt. Will ich DAS wirklich? Alleine durch diese Reflexion könnte sich der Umgang mit der Rolle schon verändern. Wenn es ein JA! ist, wird es ein bewusstes und entschiedenes JA!

Selbst, wenn man schon eine Weile in einer Führungsposition ist, ist diese Übung gut, macht es Sinn, das für sich zu reflektieren. Dafür (oder auch dagegen) kann man sich jederzeit neu und frisch entscheiden. Deshalb mag ich den Gedanken von gewählten Führungskräften, die das zeitlich befristet sind. Sowohl die Führungskraft selbst als auch die Mitarbeitenden treffen gemeinsam eine bewusste Entscheidung, die sie dann auch immer wieder gemeinsam reflektieren.

Wenn so selbstkritisch in den Organisationen über Führung nachgedacht würde, wenn das vor allem erlaubt und Usus wäre, wären wir schon einen ziemlichen Schritt weiter mit der »guten Arbeit«.

Warum sind Sie Führungskraft – oder wollen vielleicht eine werden? Was bedeutet es für Sie? Was treibt Sie an?

Reflexion

können

Und dann muss man dieses Führen eben auch können können.

Es gibt sicherlich Menschen, die Führungsfähigkeiten von Haus aus mitbringen, entsprechende Kompetenzen schon früh in ihrem Elternhaus oder in der Schule gelernt haben. Aber die Idee vom »Great Man«, die Vorstellung, dass man für diese Rolle nur geboren werden kann, ist längst widerlegt. Man kann es lernen. Und man muss es lernen. Es ist eine verdammte Pflicht. Nicht nur, weil es eine wichtige Verantwortung ist, sondern weil es ein Job, eine Profession ist. Wir würden ja auch nicht einfach eine Operation ohne Medizinstudium durchführen. Beim Führen soll es komischerweise meist ohne gehen.

Ein Führungstraining hilft tatsächlich. Aber keines, das nur zwei Tage dauert. Es braucht ein Programm, eine wirkliche Ausbildung, die über einen gewissen Zeitraum geht, bei dem Zeit zwischen Inputteilen ist, um das Gehörte immer wieder anzuwenden, auszuprobieren und Erfahrungen zu machen. Führung lernen ist in erster Linie Erfahrungen machen. Es braucht Sparringspartner:innen, Menschen, die mitlernen, mit denen man sich austauschen, denen man seine Sorgen und Ängste mitteilen und deren Sichtweisen man im Rahmen von kollegialer Beratung hören kann.

Feedback ist auch gut. Man kann einfach »seine Leute« fragen, wie sie einen denn so als Führungskraft finden und wie es ihnen mit der Führung geht. Vor allem, was sie von einem brauchen, um ihren wiederum Job gut machen zu können. Meine Lieblingsfrage ist von Chefarzt Max Goodwin in der Krankenhausserie »New Amsterdam«: *»Wie kann ich helfen?«*.[61] Es ist gut, nach Meinung zu fragen und damit auch, das Fremd- und Eigenbild abzugleichen.

Und Begleitung jeglicher Art ist gut. Durch ein:e Mentor:in zum Beispiel, jemanden in derselben Firma oder von außerhalb. Oder durch eine:n externe:n Coach. Jemand, der einen spiegelt und ab und zu einen erfahrenen und professionellen Rat geben kann.

Das, was man als Kompetenzen für Führung braucht deckt sich mit der Liste der Kompetenzen und damit der »Future Skills« im vorherigen Kapitel, die wir alle für diese Zeit brauchen. Alles von Selbstwahrnehmung, über Empathie bis Kommunikation, vom eigenen Denken über ein ganzheitliches Systemverständnis bis zur Moderation von Prozessen. Und dann braucht es natürlich Handwerkszeug was Management angeht: Finanzen, Controlling, Marketing oder Einkauf – zumindest die Grundlagen davon.

Gleichzeitig sollte man auch keine Rocket Science aus diesem »Können«-Thema machen.

Gute Vorbilder helfen auch schon. Man kann sich einfach umschauen, sich besinnen, wann und wo man gute Führung erlebt hat oder erlebt. Und davon ein Stück abgucken. Mein Lieblingsbeispiel ist Uwe Seeler. Als er im Juli 2022 starb, hat alle Welt von »uns Uwe« geschwärmt, was das doch für ein feiner Kerl war. *»Unvergesslich ist Uwe Seeler den Menschen nicht wegen seiner Leistungen auf dem Platz und seiner einzigartigen Karriere, sondern weil er sich sein freundliches, offenes und herzliches Wesen allen Menschen gegenüber bewahrt hat.«* hat DFB-Präsident Bernd Neuendorf gesagt. *»Ein Mann des Volkes, den man nur lieben kann, weil er so normal war. Er ist einer von uns – nur besser.«* sagte HSV-Sportvorstand Jonas Boldt.[62] Ich kannte Uwe Seeler natürlich nicht persönlich, aber ich gehe nicht davon aus, dass er so wurde wie er war, weil er 27 Kurse in St. Gallen belegt und den ganzen Tag über meditiert hat. Der war einfach schwer okay. Und das könn(t)en wir alle sein. Sind wir ja eigentlich auch; machen wir nur viel zu selten. Weil wir denken, wir müssten so oder so sein, um erfolgreich und anerkannt zu werden.

Mich hat dazu vor langer Zeit ein kleines Büchlein von Dirk Baecker gefunden. Es trägt den Titel *»Postheroisches Management«*.[63] Es hat mich ermutigt, meiner Intuition zu guter Führung einfach zu trauen. Gar nichts Heroisches muss nämlich. Wir können aufhören, uns von diesen heldenhaften Bildern von Führung, vom Verhalten machtgieriger Despoten und Psychopathen abschrecken und von alten Hierarchie-Konzepten leiten zu lassen. Wir können uns Führung einfach so bauen, wie wir sie gut gebrauchen können.

Man muss sich nicht in ein Korsett von Erwartungen quetschen (lassen). Es gibt eh nicht DIE erfolgreiche Führungskraft, sondern ganz unterschiedliche Typen, leise, laut. Wir alle wissen doch, was UNS guttut, gut tun würde oder vielleicht auch schon mal gut getan hat. Darauf kann man sich besinnen.

Reflexion

Welche guten Kompetenzen haben Sie für Führung? Auf was können Sie sich verlassen und auf was bauen? Was wäre überhaupt gut, fürs Thema »Führung« noch zu lernen?

dürfen

Nur, weil »Führungskraft« auf der Visitenkarte steht, selbst, wenn es eine Job Description gibt, ist manchmal nicht so ganz klar, was man eigentlich soll und darf, und was tatsächlich erwartet wird.

Es gibt oft eine Lücke zwischen dem, was offiziell von einem verlangt wird, und dem, was man dann tatsächlich entscheiden oder machen darf. Viele Führungskräfte kennen zum Beispiel die Gehälter ihrer Mitarbeitenden nicht, geschweige denn dürfen sie darüber entscheiden. Sie dürfen nicht einmal darüber entscheiden, wer im Team ist, bleiben, sich verändern oder gehen soll. Sie haben keine Budgets und Möglichkeiten für Personalentwicklung und Trainings werden von der Personalentwicklung vorgegeben. Ganz abgesehen davon, dass Unternehmensziele diffus und Ansagen uneindeutig sind. In vielen Fällen sitzen Führungskräfte zudem in einer schwierigen Sandwichposition, die sie nicht wirklich frei handeln lässt.

Auch für Führung gilt das gute alte AKV-Modell von Aufgaben, Kompetenzen und Verantwortung. Alle drei Aspekte müssen im Einklang sein; ändert sich ein Aspekt, ändern sich oder müssen sich die anderen beiden auch ändern. Man kann nicht plötzlich mehr oder neue Aufgaben zugewiesen bekommen, ohne über den Verantwortungsrahmen zu sprechen und ohne gegebenfalls etwas dazuzulernen.

Job Descriptions sind in den meisten Fällen nur die Landkarte, aber leider nicht das Gebiet. Neben geduldigem Papier (wenn es das überhaupt gibt) braucht es deshalb eine gute Auftrags- und Rollenklärung, sobald man eine Führungsaufgabe übernimmt. Und zwar immer wieder. Nach oben, nach unten und zur Seite.

Ist Ihnen klar, was Sie wirklich dürfen – und was auch nicht? Und welchen Verantwortungs- und Entscheidungsrahmen bräuchten Sie eigentlich, um gut und erfolgreich zu führen?

Reflexion

machen

Führung entsteht durch Beobachtung. *»Nicht was die Leute tun, ist ausschlaggebend, sondern wie andere beobachten, was sie tun«,* sagt Dirk Baecker.[64] Führung ist also nur dann erfolgreich, wenn sie als solche von den Menschen gesehen und anerkannt wird. Es geht um Machen statt Quatschen und ewig anzukündigen. Das ist das Wichtigste.

Und dann steht ganz oben auf der Aufgabenliste das Prinzip *»Manage The System, Not The People.«* von Jurgen Appelo, dem Autor und Speaker zu Agilität und zeitgemäßer Organisation.[65] Die Aufgabe von Führung ist NICHT, die Menschen zum Arbeiten zu motivieren, sie irgendwohin »zu tragen« und die 150 % aus ihnen herauszuholen. Es geht auch nicht darum sich in ihrem Tagesgeschäft aufzuhalten, ihre Arbeit zu organisieren und kleinklein alles Mögliche zu managen. Führungskräfte sind auch nicht dafür da, sich den ganzen Tag um Befindlichkeiten, Sorgen und Nöte der Mitarbeitenden zu kümmern. Sie sind nicht der Coach ihres Lebens. Menschen sind selber groß.

Was Führungskräfte stattdessen tun müssen, ist den Raum für ein gutes Gelingen zu schaffen und zu halten. Es geht um die Arbeit AN der Organisation, AM System. DAS ist die hauptsächliche Aufgabe von Führung. Albert Bandura, der Begründer der Selbstwirksamkeitstheorie, nennt das *»successful efficacy builders«*, also Unterstützer:innen für die Selbstwirksamkeit. Ich finde den Begriff von »Servant Leadership« schwierig, weil er dazu führt, dass sich Führungskräfte völlig in den Dienst ihrer Mitarbeiter:innen stellen und sich in diesem Dienen verlieren. Es geht aber darum, DIENLICH zu sein. Und zwar für eine erfolgreiche, verantwortliche und zukunftsfähige Organisation. Also, gute Rahmenbedingungen fürs Arbeiten zu schaffen, Informationen zur Verfügung zu stellen, diese Informationen zu verbinden und damit sinnvoll und nutzbar zu machen und Kontext zu geben, für Transparenz und Entscheidungen zu sorgen, Zusammenarbeit zu fördern, Menschen rund um eine Sache zusammenbringen, Richtung und Orientierung zu geben. Und auch eine »Quelle« zu sein, etwas in Bewegung zu bringen und zu halten. Letztlich geht es darum, Selbstorganisation zu ermöglichen.

Reflexion

Was würden Sie als zentrale Aufgaben von Führung sehen? Und deckt sich das mit den Aufgaben, die Sie in Ihrem Unternehmen haben?

sein

Führung ist immer. Wie Kommunikation und Change. Deshalb geht es vor allem darum, in dieser Rolle gut zu SEIN. Gut sein zu können. Sie nicht als ein anstrengendes To Do zu sehen, sondern sie zu leben. Und das bedeutet eben auch einfach Mensch zu sein. Mit allem, was wir Menschen so haben und sind.

Es ist deshalb gut, dass sich der Blick auf Führung anfängt, zu wandeln. Es wird über Achtsamkeit, Empathie, sogar über Demut in dieser Rolle gesprochen. Einfach so und ohne rot zu werden. Man muss nicht mehr laut und brachial sein, um ein:e gute:r Chef:in zu sein. Die Leisen, die Introvertierten können das mit dem Führen nämlich auch. Ich hatte einen großartigen Chef, der – entgegen der landläufigen Meinung von Lautstärke – der Leiseste in Meetings war, aber so wunderbare, schlaue und ganz klare und mutige Sachen gesagt hat, dass alle still wurden, sich über den großen Konferenztisch gebeugt und ihm gelauscht haben. Oder wie Karen Duve sagt *»Das Potential der friedlicher Gestimmten hat die ganze Zeit brach gelegen und die vielfältigen Möglichkeiten einer Gesellschaft wurden nicht annähernd ausgeschöpft«.*[66]

Brené Brown, die amerikanische Sozialforscherin, spricht in ihrem berühmten TED-Talk über Verletzlichkeit, die Bereitschaft zu Unsicherheit, zu Risiko und zu emotionaler Exposition, also, sich zu zeigen, als eine der wichtigsten Eigenschaften, die wir in einer Welt wie dieser brauchen.[67] In ihrem Buch *»Dare to lead«* schreibt sie, dass wir mit ganzem Herzen führen sollen, weil das letztlich auch zu mutiger Führung führt. Sie sagt: *»Jede Firma auf der ganzen Welt verlangt nach mutiger Führung und klugen Risiken, um Innovation, Kreativität und Vertrauen zu ermöglichen. All diese Dinge basieren auf Verletzlichkeit«.*[68]

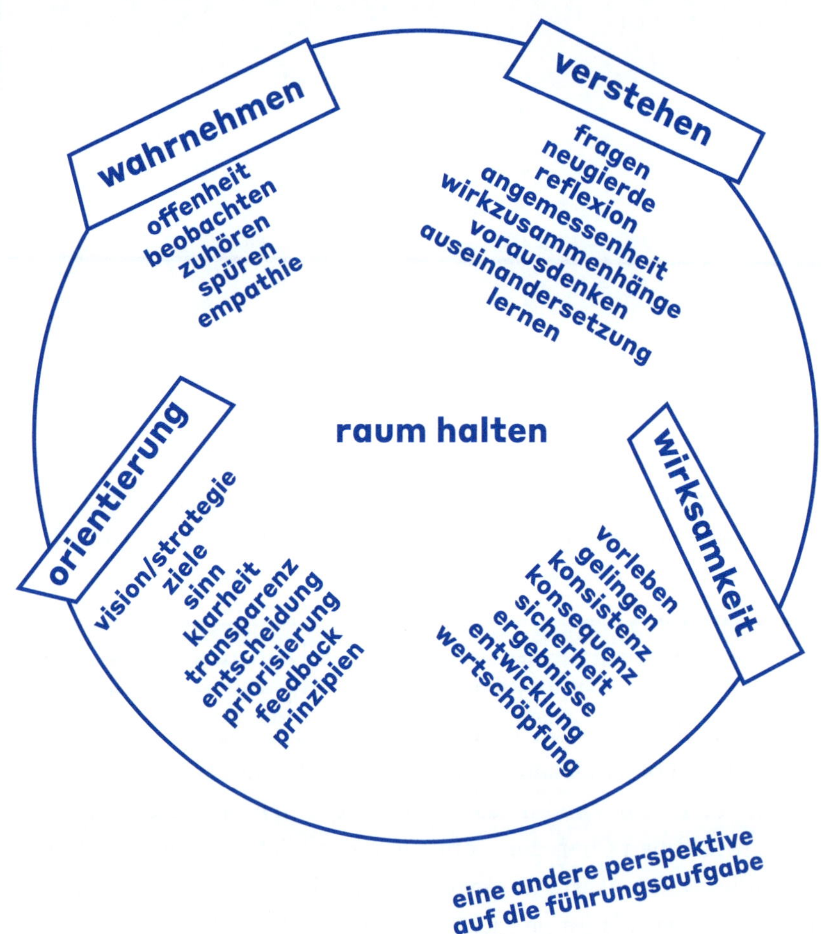

eine andere perspektive
auf die führungsaufgabe

In vielen Organisationen ist es mittlerweile erlaubt, Zweifel, Ängste und Sorgen zu thematisieren. Formate wie die Retrospektive oder das »Spannungsbasierte Arbeiten« unterstützen genau das. Durch das Arbeiten mit kreativen oder agilen Formaten sind Fehler nicht mehr nur in der bösen Ecke, sondern ein Vehikel, um zu lernen. Wenn Führungskräfte mit ihren Fehlern und Schwächen offen umgehen, dann ermutigt das auch die Mitarbeitenden. Dann kann eine ganz andere Kultur des Miteinanders entstehen.

Wir könnten dabei auch gut mehr loslassen, die Menschen machen lassen, ihnen vertrauen. Die sind ja alle erwachsen. Unser Zusammenarbeiten könnte gut mehr Luft und Leichtigkeit vertragen. Und Humor und Freude!

Reflexion

Wie zeigt sich Ihre Führung im Alltag? Wann und wie erleben Ihre Mitarbeitenden Sie als (gute) Führungskraft?

wie ich gute führung für mich erlebt habe …

Ich bin in Gedanken meine Angestellten-»Karriere« durchgegangen und habe darüber nachgedacht, wann, wo und wie ich selbst gute Führung erlebt habe. Letztlich hatte ich zwei oder drei wirklich gute Chef:innen in meiner langen Zeit als Angestellte. Hier kommt eine Liste, mit dem, was sie dabei gemacht, also gut gemacht haben und, was mir in meiner Arbeit und Entwicklung geholfen hat:

Das Wichtigste (für mich) war, dass sie mich als ganze Person gesehen haben und als die, die ich bin (oder damals war) – mit all meinen guten Seiten, mit meiner Energie, mit meiner Lust an Entwicklung, aber auch mit dem manchmal Schwierigen, mit dem Hadern, dem Gefühl, nicht wirklich ins System zu passen. Sie haben mich respektiert und vor allem nicht in eine Schublade gesteckt, sondern waren in einer guten Balance zwischen Raum geben, aber auch Grenzen zeigen.

Sie haben nach meinen Stärken und Potentialen geschaut und die Punkte erkannt, zu denen ich mich entwickeln konnte. Dabei waren sie gute Begleiter:innen sowohl im täglichen Tun als auch auf meinem langfristigen Weg. Sie hatten eine feine Wahrnehmung, waren aufmerksam und im guten Kontakt mit mir. Sie haben mich oft gefragt, wie es mir geht (und zwar nicht als nette Floskel).

Indem sie mir Verantwortung übertragen, mich etwas ausprobieren haben lassen und mir dabei vertraut haben, haben sie meine Eigenverantwortung unterstützt. Zu den Ergebnissen haben sie immer wieder und zeitnah Rückmeldung gegeben. Sie haben mir zwar Wege aufgezeigt, mich in der Regel aber selbst überlegen und planen lassen. Sie haben mir Dinge möglich gemacht, mir gute Ideen und Inspiration für meine Arbeit gegeben und ihr Knowhow und ihre Erfahrungen großzügig mit mir geteilt.

Sie hatten immer ein offenes Ohr, jederzeit. Und sie waren gute Zuhörer:innen. Ihr Feedback und ihre Argumentation waren so, dass ich es gut verstehen und annehmen konnte: klar und geradeaus – auch in unangenehmen Dingen. Und ja, es gab die offiziellen Feedback-Gespräche, die hätten wir in der Form aber gar nicht gebraucht, weil wir sowieso in einem permanent guten Austausch waren.

Sie konnten Menschen gut miteinander verbinden und für ein Miteinander sorgen. Sie haben gute Zusammenarbeit unterstützt, indem sie für Klarheit über die Rollen, Aufgaben und Verantwortungen gesorgt haben. Sie haben die unterschiedlichen Fähigkeiten, Erfahrungen, aber auch Persönlichkeiten »genutzt« und uns gut als Team zusammengebracht. Und sie haben Konflikte nicht ignoriert oder ausgesessen, sondern gelöst.

Sie haben immer in Lösungen gedacht, für Lösungen gesorgt und sich aktiv eingesetzt. Sie hatten für sich selbst klare Ziele, haben Entscheidungen treffen und für Umsetzung gesorgt. Dabei waren sie entschlossen und verlässlich, aber gleichzeitig immer menschlich und auch verletzlich. Sie hatten Humor und konnten Dinge auch leichtnehmen.

Sie waren freundlich, integer, anständig und vertrauenswürdig. Sie haben zu dem gestanden, was sie versprochen oder angekündigt haben und haben es dann auch gemacht. Und, wenn etwas nicht ging oder falsch lief, dann haben sie auch das gesagt, und zwar sehr klar und ehrlich. Ich hatte nie das Gefühl, dass sie eine Maske tragen. Dabei haben sie auch selbst nach Rat und Meinung gefragt, waren offen für Diskussionen.

Gleichzeitig waren sie kritische Denker:innen, die das System hinterfragt haben, sich mit anderen Führungskräften oder dem Management auseinandergesetzt haben. Sie haben das große Ganze gesehen, hatten Weitblick und konnten die Themen in den strategischen oder unternehmerischen Kontext einordnen. Sie haben für ihre Ideen gekämpft. Ich fand sie immer sehr mutig.

Mein Gefühl war, dass sie einfach in diesem Führungsjob aufgegangen sind, sie hatten Lust, ihr Bestes dafür zu geben, aber nicht im Sinne von Höher-Schneller-Weiter oder einer Anstrengung, sondern für die Sache, für die Lösung, für ihre Mitarbeiter:innen. Und das gemeinschaftlich mit dem Team, mit Kolleg:innen, mit Kund:innen.

Ich weiß, das ist eine ganz schön lange Liste, aber so waren sie einfach. Sie waren keine Superheld:innen oder Übermenschen. Ich finde, genau DAS macht gute Führung aus.

Reflexion

Wann haben Sie gute Führung erlebt und was hat sie ausgemacht? Und: was hat es vor allem mit Ihnen gemacht?

kultur

Das Kapitel über das Betriebssystem ist mit dem Thema »Haltung« gestartet und endet – absichtlich – mit der Kultur.

Sie ist Schreckgespenst und gleichzeitig Heilsversprechen für das Management, großes Lieblingsthema der Personalabteilung, von Organisationsentwickler:innen und von Beratungen.

In einer Studie der Personalberatung Heidrick & Struggles wurden Vorstände befragt, was für sie wichtig ist, um wirtschaftlich erfolgreich zu sein.[69] Die gute, alte Kultur liegt aktuell mit 71 % an Position eins. Vor zwei Jahren noch waren es tatsächlich nur 26 %. Über die Hälfte der Vorstandsvorsitzenden gibt an, derzeit an der Unternehmenskultur zu arbeiten, weil oberste Priorität ist, das Engagement der Mitarbeitenden zu erhöhen. Fachkräftemangel, ick hör dir trapsen.

Die Not scheint also groß. Und die Hoffnung, dass es die Kultur schon machen wird, ebenfalls. Wenn wir DIE verändert kriegen, ändert sich alles – zum Guten.

Das stimmt nur leider nicht. Es ist ein wunderbarer Irrglaube, der sich eisern hält.

WIR kriegen sie nämlich nicht verändert, diese Kultur.
SIE verändert SICH.

Wenn das mit der Kultur so einfach wäre, müssten wir ja nur ein paar Werteworkshops machen, die Key Learnings in eine Powerpoint schreiben und vielleicht noch eine Hochglanzbroschüre oder ein schönes Poster drucken. Und eine gute interne Kommunikationskampagne braucht es natürlich noch. Ich weiß, die Unternehmen machen all das sehr gerne, aber nützt es *wirklich wirklich*? Ich wage es sehr zu bezweifeln.

Was solche Workshops aber machen: Sie bringen die Menschen ins Gespräch, in den Austausch, sie verbinden sie miteinander. Und DAS könnte durchaus etwas bewirken – wenn sie Teil eines großen Ganzen, eines ganzheitlichen, eines reflektierten Prozesses sind.

Kultur scheint ein großes Mysterium. Deshalb wird dafür auch so gerne das Eisberg-Modell, das auf Freuds Unbewusstem gründet, oder die Seerosen-Metapher von Edgar H. Schein benutzt.[70] Es ist irgendetwas Unsichtbares, nicht genau Greifbares.

Dabei ist das mit der Kultur ganz einfach.

Kultur ist das, was wir tagtäglich in der Organisation leben, erleben und erfahren. Sie zeigt sich in unserem Handeln oder manchmal auch Nicht-Handeln, durch Gesten, Aktionen, in unserer Sprache, die wir verwenden, in den Geschichten und Narrativen, die wir uns erzählen, in den Dingen, die wir für gutheißen, die wir tolerieren und belohnen. Sie ist das, was aus dem WAS und dem WIE der Organisation entsteht. Wie schon gesagt *»Die Verhältnisse prägen die Menschen«* – und ihr Verhalten. Und damit die Kultur.

Wir können Kulturveränderung nicht verordnen, in Programme gießen, durch »Culture Taskforces« lösen lassen.

Der Organisationsberater Niels Pfläging schreibt in einem Beitrag dazu *»Kultur ist Teil des Gedächtnisses Ihrer Organisation.... Ihr Unternehmen hat exakt die Kultur, die es verdient. Wenn Ihnen die Kultur nicht passt, dann müssen Sie schon an der Organisation arbeiten. ... Tun Sie was an der Organisation selbst – am besten gemeinsam mit Anderen«*.[71]

Wenn wir schon »Kulturarbeit« machen wollen, dann bedeutet das zuallererst ganz viel verstehen, ganz viel zuhören. Man muss die Geschichte(n) der Organisation verstehen. Man muss die Entwicklungen verstehen. Man muss Mechanismen und Zusammenhänge verstehen. Man muss vor allem verstehen, was die eigentliche Intention der Organisation, was die Grundannahmen, was die Vorstellung über Menschen, von Arbeit und von Zusammenarbeit, was die Wertevorstellungen sind. All das bestimmt das Handeln, das Verhalten.

Kultur ist sozusagen die gelebte Haltung, sind die tatsächlichen Werte, das tatsächliche Bild, das wir von Menschen haben.

Das ist in einer »New Work«-Organisation, im »neuen Arbeiten« eben anders als in der »alten Welt«. Und deshalb ist die Kultur dort auch eine andere. Eine offene und transparente, eine, die geprägt ist von einem ehrlichen und anständigen Miteinander, eine wertschätzende und respektvolle, gleichzeitig eine, die für Klarheit und Sicherheit sorgt. Sie entsteht, in dem diese Werte jeden Tag und vor allem von allen gleichermaßen gelebt, immer wieder beobachtet, reflektiert und weiter entwickelt werden.

Reflexion

Wie erleben Sie die Kultur in Ihrer Organisation, im Alltag? Welche Maßnahmen haben Sie erlebt, die wirklich dafür gesorgt haben, dass sich die Unternehmenskultur »zum Guten« verändert hat?

was das neue arbeiten ausmacht ...

Eine Organisation, ein Unternehmen muss sich an den Herausforderungen unserer Zeit wie Komplexität, Globalisierung, Technologisierung, Ökologie, aber auch an den veränderten soziologischen und demografischen Bedingungen orientieren, um zeitgemäß und zukunftsfähig zu sein und zu bleiben.

Dieses »neue Arbeiten«, das »New Work« zeigt sich nicht nur in der Organisationsstruktur, den Tools und Methoden, die genutzt werden, sondern vor allem und in erster Linie in ihrer Haltung. Es geht um Flexibilität, um Partizipation, um ein ewiges Lernen. Und vor allem um Verantwortlichkeit.

Hier kommt eine kleine Zusammenfassung zur »neuen Arbeit«:

organisationen sind...

... wie lebendige Wesen oder Organismen. Sehr eigen und feinsinnig, komplex und unberechenbar, manchmal auch zäh und robust. Alles ist mit allem verbunden. Sie existieren in Verbindung mit ihrem Außen, sind offene Systeme, bei denen es ein Kommen und Gehen gibt. Sie erhalten permanent Input und Energie und geben sie auch wieder ab.

Man muss lernen, sie wirklich zu verstehen, dann kann man sie gut gestalten und sogar verändern. Selbst im laufenden Betrieb müssen sie immer wieder neu reagieren können, gleichzeitig brauchen sie ein langfristiges Ziel und eine gute Mission. Man nennt das Ambidextrie, Beidhändigkeit. Dabei gibt es keine Blaupause, aber einen großen Fundus an Konzepten und jede Menge Vorbilder da draußen. Das Gute ist, dass man einfach machen kann. Wenn man den Rahmen und die Bedingungen klug setzt, achtsam und reflektiert ist, entwickelt sich der gewünschte Output und außerdem noch eine schöne Kultur. Was immer Organisationen tun und wie immer sie es tun: Sie tragen die Verantwortung dafür.

arbeit ist ...

... etwas, das richtig gut sein kann – gleichermaßen für alle, die daran beteiligt sind. Dafür muss man sich aber schlaue Gedanken machen. Wichtig ist die Arbeit AN der Arbeit. Permanent. Von und mit allen.

Die meisten Menschen brauchen die Arbeit zum Leben; sie ist aber auch nicht das ganze Leben. Man muss sich weder verrückt noch kaputt für sie machen. Es macht Sinn, dass sie einen Sinn macht. Der kann aber auch nur das Geldverdienen sein. Auf jeden Fall muss man sie sich gut aussuchen. Man hat nämlich eine Wahl – jederzeit.

Wenn man »auf Arbeit« ist, sollte man das ordentlich machen und vor allem ordentlich mitmachen. Man muss aber nichts alleine machen, sondern am besten viel mit anderen. Das geht besser in Kreisen als in kleinen Kästchen. Wenn jemand etwas mitzuteilen hat, etwas wissen oder besprechen will oder Ideen braucht, dann macht er oder sie das einfach – aber in gut. Man kann es dann auch weiterhin Meeting nennen.

Arbeit ist weder an einen Ort noch eine Zeit gebunden, schon gar nicht an ein »Nine-to-Five«. Sie ist auch an nur vier oder an drei Tagen die Woche gut. Vielleicht sogar besser. Menschen haben neben ihrer Arbeit nämlich noch anderes oder sogar besseres zu tun, sich um die Familie und um Freunde zu kümmern, Talente und Liebhabereien zu entwickeln. Vielleicht haben sie auch einfach mal nichts zu tun.

Wenn man wissen will, wie es den Menschen mit ihrem Arbeiten geht, fragt man sie einfach. Und zwar so viele wie möglich und wann immer es gut dafür wäre. Und das ist mehr als einmal pro Jahr. Es könnte gut sein, dass man die Personalabteilung für solche Dinge oder so wie bisher nicht mehr braucht. Das, was sie heutzutage so tut, können die Menschen im Unternehmen übernehmen – vor allem die sogenannten Führungskräfte.

Das Arbeiten muss man auf jeden Fall lernen. Was genau zu lernen ist, darüber bestimmt auch nicht die Personalabteilung, sondern alle zusammen. Dabei ist wichtig, dass die Menschen mehr als bisher über sich selbst und ihr Miteinander lernen. Man kann das dann »Future Skills« nennen – oder auch nicht.

Für den Erfolg der Arbeit sind alle zusammen zuständig – nicht nur Chef:innen. Arbeit ist nämlich ein Miteinander. Den Erfolg sollen sich dann auch alle teilen – und zwar gerecht.

Weil **ALLE** diese Arbeit sind.

menschen sind …

… das Wichtigste, was wir haben in den Unternehmen. Sie sind gut, wollen Gutes und geben jederzeit ihr Bestmögliches. Sie sind kluge, selbstwirksame, kreative Wesen, die in der Lage sind, ihr Leben verantwortlich zu meistern.

Sie sind durchaus gerne bei der Arbeit. Man muss sie nur lassen. Sie müssen dafür weder motiviert noch gebändigt werden. Man muss sie auch nicht zu ihrem Glück zwingen. Sie brauchen keine Chef:innen, die ihnen sagen, was zu tun ist, die für sie entscheiden und sie ständig kontrollieren. Sie können selber denken, ihr Arbeiten selbst in die Hand nehmen, gute Lösungen finden und Entscheidungen treffen und sich ganz eigenständig um Aufgaben und um andere Menschen kümmern. Sie sind in der Lage, ihr Arbeitspensum selbst zu bestimmen, sich mit anderen dazu abzustimmen und Arbeit ohne Anweisungen gemeinsam zu organisieren. Sie sind auch in der Lage, mit Wissen und Informationen (sogar mit heiklen) gut umzugehen.

Menschen tragen nämlich gerne Verantwortung. Sie müssen dafür aber Hintergründe, Zusammenhänge, Anlässe, Auslöser, Herausforderungen, Notwendigkeiten, Ziele, Planungen, Finanzen und all das, was sich in der Regel ein Management überlegt, verstehen. Dafür braucht es keine bunten Powerpoints.

Menschen lernen übrigens auch gerne. Deshalb freuen sie sich über Feedback – wenn es gut gemacht ist. Sie sind aktive Wesen, die ihr Verhalten bewusst steuern und entwickeln können, und die sich vor allem verändern können – jederzeit. Sie verfügen über jede Menge guter Ressourcen, tragen Potentiale und Kräfte in sich. Sie streben nach Entfaltung, Wachstum und Entwicklung – durchaus auch beim Arbeiten – müssen sie dort aber nicht auf Teufel komm raus. Für manche ist es okay, einfach nur ihren Job zu machen und Geld zu verdienen. Sie müssen nicht ihr ganzes Leben in nur einer Firma verbringen und den einen Job machen. Sie können von Pfaden abweichen, vielleicht auch mal was ausprobieren oder vielleicht was ganz anderes machen. Vielleicht auch nicht fünf Tage die Woche, vielleicht auch nicht angestellt.

Karriere braucht kein Mensch. Wer keine Führungskraft sein will, sollte keine Führungskraft werden. Geld motiviert Menschen nur bis zu einem gewissen Grad. Weil sie Freiheit und einen guten Selbstwert nicht über (noch mehr) Konsum erlangen. Sie wollen viel lieber gebraucht und sich gesehen fühlen. Dabei sind sie gerne mit anderen Menschen zusammen, Gemeinschaft stärkt sie.

Menschen sind einzigartig, jede:r ist besonders. Alle sind unterschiedlich und wollen Unterschiedliches. Von daher gibt es kein »one fits all«. Es ist klug, diese Diversität zu nutzen. Auch bei der Arbeit sind sie als »ganze Menschen« da – mit dem Herzen und ihren Gefühlen. Alle Menschen sind verletzlich, haben Ängste und Sorgen. Leider bestimmt das oft ihr Handeln. Weil jede:r eben nur mit seinen oder ihren Mitteln sein oder ihr Bestes geben kann. Das gilt auch für Chef:innen, mit denen man auch Mitgefühl haben muss. Verstehen, Freundlichkeit und Großzügigkeit sind überhaupt wichtig. Trotzdem ist Nähe beim Arbeiten professionell. Menschen sind »nur« in ihrer Rolle als »arbeitende Menschen« dort.

Wenn sie ihren Job machen, machen sie ihn besser gut und bewusst. Sie sind ja nicht alleine auf dieser Welt. Neben anderen Menschen gibt es weitere Lebewesen und einen ganzen Planeten. Für all das sind alle verantwortlich. Deshalb muss man sich gut überlegen, wo und was man arbeitet und tut.

führung ist …

… auf gar keinen Fall mehr so, wie wir uns das bisher vorgestellt haben. Sie ist kein Karriereposten und kein Machtinstrument, sondern eine unaufgeregte Rolle, die jede:r jederzeit einnehmen kann. Für unterschiedliche Situationen braucht es unterschiedliche Menschen, die in Führung gehen.

Führung hält den Raum und den Rahmen und sorgt dafür, dass Dinge gut geschehen können. Dafür braucht es nicht zwangsläufig Chef:innen. Und schon gar keine, die das nur auf ihrer Visitenkarte stehen haben. Es geht nicht um Dienstwagen oder eine:n Assistent:in. Die Personalabteilung kann Führung nicht ersetzen und nicht übernehmen. Sie muss sich auch nicht um das Wohlbefinden der Menschen kümmern. People Crews, Happiness- oder Feelgood-Manager:innen auch nicht. Feedback und Ziele kommen gemeinschaftlich aus dem Team, Urlaub und Gehaltserhöhungen auch. Wenn man denn schon ein:e Chef:in ist, muss man das wollen, kann und muss man es lernen. Ob man das dann Servant, Agile oder Digital Leadership nennt, ist egal.

veränderung ist …

… etwas, das immer da ist und nicht mehr weggehen wird. Sie hat keinen Anfang und kein Ende. Vor allem ist sie kein Projekt. Trotzdem startet sie immer mit dem ersten, guten Schritt, der oft nur ein ganz kleiner sein muss. Loslegen und Ausprobieren helfen. Aus Fehlern zu lernen, hilft auch. Und nur, wenn die Elefanten im Raum auf den Tisch kommen, ändert sich wirklich etwas.

Menschen mögen das mit der Veränderung. Wenn sie sie verstehen, wenn sie gut gemacht ist und wenn sie mitmachen dürfen. Es ist gut, wenn die Veränderung gute Begleiter:innen hat, die besser aus der Organisation als von außen kommen. Berater:innen sind höchstens noch kluge Sparringspartner:innen oder Beibringer:innen von Methoden und Wissen.

Veränderung braucht durchaus Mut. Weil: Sicherheit wird es leider keine mehr geben; es braucht also einen guten Umgang mit der Unsicherheit. Auch das kann man lernen.

Veränderung ist wichtig; vor allem jetzt und in Zeiten wie diesen. Dafür müssen sich die Menschen auf den Weg machen, das Alte loslassen und auf das Neue und das Miteinander vertrauen. Alles ist da.

Reflexion

Wie finden Sie denn das mit diesem »New Work«, mit dem neuen Arbeiten? Welche Gedanken haben Sie dazu? Welche Fragen? Und mit wem könnten Sie sich dazu denn mal austauschen?

Um was es in diesem Kapitel geht ...

- Veränderung ist etwas, das uns nicht leicht zu fallen scheint. Meist gibt es »gute Gründe«, wieso sie nicht oder nur mäßig stattfindet. In der Regel basieren die aber auf alten Mythen über Menschen, sind mit Glaubenssätzen verbunden, die einfach nicht stimmen. Es geht nämlich, das mit der Veränderung. Und es geht sogar gut, manchmal sogar ganz leicht.

- Man muss sich nur dafür entscheiden. Und man muss sich auf den Weg machen, verreisen sozusagen, neugierig sein und vor allem aufhören, sich ewig und immer wieder selbst im Alten zu bestätigen. In diesem wichtigsten aller Kapitel gehen wir auf diese Reise. Wir begegnen dabei Fischen, atmen, überspringen Lücken und machen einfach – den ersten, guten Schritt.

- Und da WIR ALLE ja die Arbeit sind, also JEDE:R von uns, kann auch jede:r diesen ersten Schritt gehen, Dinge verändern – in seinem oder ihrem Wirkkreis. Dessen Größe wir selbst bestimmen können. Jederzeit. Man nennt das Selbstwirksamkeit. Sie ist immer immer da, wenn man sich denn gut um sie kümmert.

machen

warum verändert sich nichts?

zwölf »gute« gründe

Das ist doch wirklich erstaunlich: Obwohl wir in ganz anderen Zeiten wie vor 100 Jahren leben, der Druck sowohl von extern, mittlerweile aber auch von innen, aus den Organisationen, von den Mitarbeitenden steigt, obwohl wir eigentlich auch genügend zeitgemäße Methoden und Tools zur Verfügung hätten, obwohl es mittlerweile so viele Vorreiter:innen, gute Beispiele und Praxis für ein »neues Arbeiten« gibt, passiert: nicht wirklich eine Veränderung in unserer Arbeitswelt. Also keine fundamentale, die längst überfällig ist. Wir machen im Grunde einfach so weiter wie bisher.

Man nennt es das »Knowing-Doing-Gap«: Eigentlich müsste es oder ist allen klar, dass es so nicht weitergehen kann, dass etwas zu tun wäre, dennoch gibt es diese grundlegende Veränderung nicht. Wir kennen dieses Phänomen auch aus dem Thema »Ökologie«. Alle wissen mittlerweile Bescheid, aber so richtig passieren tut nichts. Wissen alleine hilft anscheinend nicht.

Hier kommen zwölf Vermutungen oder Hypothesen, wieso das für das Thema »Arbeit« so sein könnte:

hypothese 1: läuft doch!

Es könnte sein, dass es den meisten Unternehmen einfach (immer noch) (zu) gut geht. Im großen Ganzen sind sie mit dem, was sie tun, erfolgreich und die Not oder der Druck sind nicht groß genug, es scheint alles (noch) nicht so kritisch zu sein, dass sie sich grundlegende Gedanken über die Art und Weise des Arbeitens oder Zusammenarbeitens machen, geschweige denn tatsächlich und grundsätzlich etwas verändern müssen. Alle kriegen immer noch regelmäßig ein genügend großes Stück vom Kuchen und ihren Scheck. Das, was sie tun, scheint das richtige zu sein.

hypothese 2: so ist es halt

Die zweite Möglichkeit ist die der Gewohnheit und Vertrautheit. Arbeiten ist einfach anstrengend, Leiden gehört zum Leben und Schwund ist auch immer. Schmerz muss man aushalten. Erst kommt die Arbeit, dann das Vergnügen. Es ist eine Frage der Konditionierung, unserer Glaubenssätze, mit welchen Vorstellungen darüber, was normal oder was machbar ist, wir aufgewachsen sind. Es gibt eine bestimmte Systemlogik, in den Organisationen, in der die Wirtschaft funktioniert, in der wir es uns mitsamt den Schwierigkeiten gemütlich eingerichtet haben. Sie ist Teil unseres Arbeitens, unseres Lebens, zu unserer Identität geworden.

hypothese 3: das wird schon

Es könnte auch einfach Optimismus sein. Ob der gesund ist, sei dahingestellt. Aber das wird schon alles. Es hat ja immer funktioniert – auch nach schlechten oder schwierigen Zeiten. Die Welt ist bis dato nicht untergegangen, wieso soll sie es jetzt. Lasst uns die Miesmacher:innen verteufeln. Und uns immer wieder selbst beruhigen. Dafür helfen Schlagzeilen wie die aktuellen des ifo Instituts *»Der Fachkräftemangel entspannt sich leicht«* oder *»Das Wachstum in Deutschland ist nicht dynamisch, aber stetig«*.[1] [2]

hypothese 4: das wird eh nix

Wir haben das mit dem Change oder dieser Transformation schon mal versucht: hat aber nicht funktioniert. Es gibt einfach schlechte Erfahrungen und daraus die Angst, dass es dieses Mal wieder schief gehen könnte. Man nennt es »Change-Fatigue«, eine bleierne Müdigkeit, eine Erschöpfung, weil die Erfahrungen der Vergangenheit gezeigt haben, dass es eh nichts wird. Oder es gibt überhaupt die Angst vor einer Veränderung, vor der Unbeherrschbarkeit, vor Kontrollverlust, vor Niederlagen und Misserfolgen. Also lieber nichts anfassen und nichts riskieren. Abgesehen davon kann man sowieso nichts wirklich verändern. Lieber den Spatz in der Hand als irgendein anderes Tier auf dem Dach.

hypothese 5: ich kann eh nichts tun

Die gefühlte eigene Ohnmacht ist Hypothese Nr. 5. Die meisten Mitarbeitenden sehen sich »nur« als Teil eines Systems, auf das sie sowieso keinen

Einfluss haben. Sie machen IHRE Arbeit, den Dienst nach Vorschrift. Für mehr als das werden sie schließlich auch nicht bezahlt und fühlen sich somit auch nicht für das gemeinsame Zusammenwirken verantwortlich. Abgesehen davon, wurden sie bisher auch selten gefragt und haben gar keine positive Erfahrung dazu. Es könnte auch mangelndes Selbstvertrauen sein. Oder eine »Erlernte Hilflosigkeit« sein. Aufgrund alter Erfahrungen glauben sie, dass sie eh nichts (richtig) machen können. Das ist eine Form von Überlebensstrategie, die der Flucht.

hypothese 6: die wollen ja nicht

Man kann es auch einfach auf »die anderen« schieben, darauf, dass DIE alle auch nichts machen oder nicht mitmachen und sowieso nicht wollen. Am besten schiebt man es auf die Chef:innen, die ja eigentlich für solche Veränderungen bezahlt werden und die machen ja auch nichts – oder nichts richtig. Der Feind ist da draußen. Bei Problemen und Schwierigkeiten wird nach einem Sündenbock gesucht.

hypothese 7: liebe

Es könnte auch sein, dass es um Liebe geht. Es gibt ja Menschen, die die Möglichkeit hätten, Veränderungen zu initiieren. Die Vermutung ist, dass die befürchten, dass, wenn sie das angehen und durchsetzen, sie dann keine:r mehr mag, wenn ich die echte Transformation ausrufe, bei der wirklich wirklich etwas verändert wird und die Menschen aus ihrer Komfortzone raus müssen.

hypothese 8: wir machen mal... irgendwas

Was gerne genommen und manchmal vielleicht auch durch Berater:innen befeuert wird: wir machen mal – irgendwas. Wir schicken alle zur agilen Ausbildung oder zu Design Thinking. Blinder Aktionismus. Angriff ist immer noch die beste Verteidigung. Am allerschlimmsten ist es, wenn das alles zum Fake wird, für Employer Branding oder zur Beruhigung oder Motivation der Mitarbeitenden herhalten muss.

hypothese 9: wir können das nicht

Leider haben viele Organisationen keine oder wenig Ahnung von guter Organisationsentwicklung und Transformation. Erstaunlicherweise haben sie oft nicht einmal Ahnung von wirklich guter Zusammenarbeit, guter Kommunikation, guten Meetings, guter Führung. Wir haben das Arbeiten in der Regel nicht gelernt, versuchen es einfach jeden Tag bestmöglich zu tun. Wir sind auch nicht gewohnt, über das Arbeiten selbst nachzudenken, bewusst und aktiv AN der Organisation zu arbeiten. Dafür rufen wir Berater*innen an, die an vielen Stellen aber ein Bypass sind.

hypothese 10: unser gehirn mag es nicht

Unser Gehirn hat es nicht so mit Veränderung und mit Komplexität. Das mit dem VUCA und BANI ist eine Nummer zu groß und zu heftig. Wir brauchen ganz viel Ordnung und Sicherheit. Und Versteh- und Planbarkeit. Am besten reagiert es auf kurzfristige Gefahren und Bedrohungen. Es liebt schnelle Erfolge, weil es dafür schnelle Bestätigung gibt. Deshalb zielen die meisten Changeprojekte auf die Bekämpfung von Symptomen und die Linderung von Schmerzen ab.

hypothese 11: die wollen das so

Vielleicht taugt es auch einigen Menschen einfach genauso, wie alles gerade läuft. Selbst wenn es anstrengend ist. Die Frage ist, wem es nützt. Sie haben das Gefühl der Kontrolle und wollen ihre Macht nicht abgeben. Und Macht zieht übrigens auch Macht an. So entstehen Cliquen, die sich gegenseitig unterstützen.

hypothese 12: es braucht einfach... zeit und geduld

DAS ist meine Lieblingshypothese! Vielleicht hat Laloux recht und wir sind schon auf dem Weg. Vielleicht sind wir schon mittendrin und es dauert halt. Es ist eben eine Pionierzeit. Dann braucht es vielleicht ein bisschen mehr Geduld und weiter dranbleiben. Wir müssen dabei nur wach bleiben und aufpassen, dass es uns nicht wie dem gekochten Frosch geht, weil wir manchmal nicht in der Lage sind, langsame Entwicklungen gut zu erkennen.

Reflexion

Was ist Ihre Vermutung, wieso sich alles so hält und sich nichts grundlegend verändert? Und was ist Ihr ganz persönlicher »guter« Grund, nichts zu verändern?

einen neuen umgang finden

über gute veränderung

Es gibt jede Menge Erklärungsversuche und Argumente, Hypothesen, warum sich das Thema »Arbeit« trotz all den Anstrengungen und all dem Schmerz nicht verändert, warum Veränderungsprojekte unproduktiv und unglücklich verlaufen oder ganz scheitern. Augenscheinlich alles »gute« Gründe.

Und zwar deshalb »gut«, weil ALLE im Wirrwarr dieser VUCA- oder BANI-Welt versuchen, das Bestmögliche, ihr Bestmöglichstes zu machen – mit ihrer eigenen »Ausstattung«, mit dem, was sie an Wissen und an Erfahrungen, an Absichten und Glaubenssätzen so mitbringen. Nur leider gibt es zwischen Absicht und Wirkung manchmal eine kleine (oder auch größere) Lücke. Genau die spüren wir an allen Ecken und Enden.

Weil das alte Bestmögliche eben nicht mehr ausreicht oder förderlich ist. Nicht für die »gute Arbeit«. Schon gar nicht für gute Veränderung.

Es hilft nicht mehr, Sicherheit in alten Gewohnheiten zu suchen, obwohl sie über lange Jahre für unseren Wohlstand gesorgt haben – werden sie in Zukunft nicht mehr. Es hilft auch kein Schönreden oder Beschwichtigen der Lage. Und Kopf in den Sand stecken geht schon gar nicht. Das wäre ja noch schöner.

Wir müssen einfach ran.
Und ja, eigentlich radikal.

»Eigentlich« deshalb, weil auch das Radikale ganz schlicht mit einem ersten Schritt beginnt, weil man selbst für »radikal« noch nicht vom Start weg alles wissen, neu können und komplett anders machen muss. Und weil jedes Unternehmen, jede Organisation, jede Situation ein unterschiedliches Radikal braucht und verkraften kann.

Die Frage dabei ist, ob denn gar nichts mehr von dem, was die Arbeit bisher ausgemacht und das Unternehmen erfolgreich gemacht hat, gilt. Müssen alle in der Organisation mitmachen und sich verändern? Wie groß und umfassend muss die Veränderung tatsächlich sein?

Ich würde sagen: es kommt darauf an.

Der Grad der Radikalität misst sich an folgenden Kriterien:
Man muss NICHTS verändern, wenn, ...

- das Unternehmen mittel- und langfristig effektiv, wertschöpfend und gewinnbringend genug ist,
- es ausreichend Innovationskraft, Energie und Kreativität in der Organisation für die ganzen Herausforderungen gibt,
- es die richtigen Kompetenzen und Erfahrungen für Zeiten wie diese in der Organisation gibt,
- die guten und wichtigen Mitarbeiter:innen auch weiterhin im Unternehmen bleiben und einen guten Beitrag leisten wollen,
- bei Bedarf ausreichend und vor allem gute Mitarbeitende neu ins Unternehmen kommen werden,

... wenn das Unternehmen so weiter arbeitet wie bisher.

Wenn es das Unternehmen damit in fünf, zehn und am besten auch in 20 Jahren noch gut und erfolgreich geben wird und es für alle Beteiligten und Betroffenen damit gut geht: nichts machen! Oder: alles richtig gemacht. Weitermachen.

Meine Befürchtung (oder besser gesagt Erfahrung) ist, dass es in den meisten Unternehmen vielleicht im Moment noch geht und funktioniert, aber eben nicht wirklich gut. Und nicht langfristig gut.

Es braucht nicht nur einen anderen Umgang mit dem Thema »Arbeit«, sondern auch mit diesem Verändern. Auch einen zeitgemäßen.

Um diesen anderen Umgang soll es in diesem Kapitel gehen. Es geht darum, wie man Veränderung am besten à la »New Work« macht. Es geht um eine gute Mischung aus aufmachen, explorieren, ausprobieren und dann zumachen, entscheiden, klar sein, abschließen. Immer wieder. Das Ganze mit den vier »New Work«-Prinzipien von Flexibilität, Partizipation, Lernen und natürlich der Verantwortung.

der fisch stinkt von oben

Die zentrale Frage ist, wer eigentlich für dieses Verändern verantwortlich ist und sich kümmern muss oder müsste.

Man könnte es schon ahnen: ALLE sind natürlich dafür verantwortlich.

Der Wirtschaftsphilosoph Anders Indset hat in einem Interview gesagt: »*Wenn Unternehmen Neues kreieren wollen, bringt es nichts, wenn sie 15 Herren mit dem gleichen Haarschnitt, den gleichen Krawatten und der gleichen Ausbildung in einen Raum setzen, ihnen ein bisschen Geld geben und sagen, seid innovativ bis Freitag*«.[3]

»New Work« bedeutet Partizipation, Teilhabe, Gemeinschaft und Demokratie – diese Prinzipien gelten auch für Transformationsprozesse.

Und/Aber: in den meisten Unternehmen gibt es und wird es wahrscheinlich noch eine ganze Weile klassische Hierarchien geben. Das heißt, für Veränderung braucht es das Management und die Führungskräfte.

Die Erfahrung zeigt, dass wirklich tiefgreifende Veränderungen einer Organisation nur stattfinden, wenn »die da oben« mitmachen; am besten, wenn sie die Veränderung von sich aus wollen. Man geht ja auch noch davon aus, dass »oben« das Gehirn, das Wissen und die Macht sitzen. Führungskräfte haben auch einfach qua ihrer Position einen anderen, weiteren Blick auf das Unternehmen, die Erfordernisse, Entwicklungen, Notwendigkeiten, sie haben den größten Überblick, verstehen Zusammenhänge meist besser oder nochmal anders. Und sie haben mehr als die »normalen« Mitarbeitenden das unternehmerische Knowhow für Transformationen, um AN der Organisation zu arbeiten. Beziehungsweise: brauchen sie dafür. Frédéric Laloux behauptet, dass sich eine Organisation nicht weiter entwickeln kann als die Entwicklungsebene, auf der sich die Führung befindet.[4]

Gute Chef:innen sind definitiv kraftvolle Rahmenbedingungen für gelingende Veränderung. Deshalb ist es auch für Bottom-Up- oder Grassroots-Bewegungen gut, Führungskräfte am besten früh ins Boot zu holen und sie zu einem Teil der Bewegung zu machen. Nicht nur aus »taktischen« Gründen (und das meine ich gar nicht negativ oder böse; das System funktioniert einfach so), sondern, um ihre Perspektiven und Erfahrungen und ihre Energie dabei zu haben. Sie sind Teil des Arbeitssystems.

Chef:innen sind aber auch nicht an allem schuld und nicht für alles verantwortlich, weil wir ja alle die Arbeit sind und damit alle Verantwortung für gutes Arbeiten tragen und zusammen fürs Gelingen zuständig sind.

Und noch ein Punkt zum Thema »Kopf und Fische«: Es würde uns allen guttun, wenn wir die »guten Gründe« unserer Vorgesetzen, ein bisschen besser verstehen würden. »Da oben« kann es nämlich ganz schön anstrengend und vor allem einsam sein – mit diesem VUCA und BANI, mit den Polykrisen, mit all den Herausforderungen wie Lieferketten und Fachkräftemangel, mit manchmal unmotiviert und unwillig wirkenden Mitarbeiter:innen, die lieber in ihrem Homeoffice und auf Sinnsuche sind, mit nervösen Stakeholder:innen, Wachstumszwang, Profitabilitäts- und Innovationsdruck, den Herausforderungen der Digitalisierung (immer noch) und jetzt auch noch dem Klimawandel.

Selbst bei »New Work«-Kontext gibt es ja diese »Fischköpfe«: Menschen, die in Führungs- und Veränderungsrollen sind und welche, die auf dem Papier und qua Unterschrift Verantwortung tragen.

Wir brauchen euch, liebe Chef:innen!

Aber nicht als heroische Einzelkämpfer:innen und Entscheider:innen, sondern als Anstoßer:innen, Ermöglicher:innen, Raumschaffer:innen und -halter:innen. Und nicht gegeneinander, sondern mit- und füreinander.

Und dann ist es so, dass auch nur eine:r der Fisch sein kann. Veränderung geht oder kann nur von EINER Person ausgehen. Das ist wie beim Tennis: eine:r macht den Aufschlag – auch, wenn man dann weiter gemeinsam spielt. (Boris Becker sagt übrigens, dass es besser ist, wenn man selbst der Aufschlagende ist). Das gilt selbst bei so gemeinschaftlichen Bewegungen wie Grassroots oder Communities of Practice: irgendjemand hat die Idee dazu oder spricht sie als Erste:r aus oder initiiert sie – auch, wenn es Gleichgesinnte gibt.

Und dann ist eben auch jede:r ein Fisch. Weil jede:r im Unternehmen ein:e Initiator:in für gute Arbeit sein kann. Man kann sich Verbündete suchen, interne Initativen starten, vielleicht auch einfach nur mit Kolleg:innen ins Gespräch kommen.

Jede:r kann sich zuallererst um die eigene gute Arbeit, um die eigene Veränderung kümmern, gut für die eigenen Aufgaben, dann den eigenen Bereich, das eigene Team sorgen. Dafür muss man natürlich ein bisschen raus aus der Deckung. Es fängt aber damit an, auf dem Flur wieder ein freundliches »Hallo« zu sagen, die eigene Bürotür aufzulassen oder sein Video in Zoom oder Teams anzumachen. Es geht darum, sich nahbar und vielleicht auch verletzlich zu zeigen, um Hilfe und Unterstützung zu bitten oder sie anzubieten, sich überhaupt zu zeigen. Und gute Meetings wären übrigens auch gut.

Wenn das in den Organisationen passieren würde, wäre schon viel geholfen.

entscheiden, anhalten und die lücke

Machen, anders machen ist eine Entscheidung. Eine bewusste, eine entschlossene und konsequente. Und eine, die nicht nur Chef:innen treffen können, sondern jede:r für sich und sein oder ihr Arbeitsumfeld.

Es geht darum, aktiv zu beschließen, keine Lust mehr auf den alten Kram zu haben, auf den Teufelskreis der sich immer wieder selbst bestätigenden Handlungen und Muster, auf die Opferrolle oder die innere Kündigung. Es ist einfach Zeitverschwendung.

Es geht um die bewusste Entscheidung, dass es so wie bisher nicht mehr weitergeht, dass man so nicht weiterarbeiten wird (nicht »will« und nicht »sollte«). Rein in die Lust und Neugierde, etwas Neues auszuprobieren. Oder zumindest, sich etwas Neues anzuschauen. Mehr muss ja im ersten Schritt gar nicht.

Willensbekundungen, Wunschkonzerte, »Man-müsste-mal«, Vorsätze, die nur in den Köpfen stattfinden, oder Beschlüsse, die auf irgendwelchen Protokollen stehen, reichen nicht. Das ist nur ein Wollen.

Eine wirkliche Entscheidung bedeutet, dass man sich über die eigentliche Absicht, über das Wozu, die Hintergründe und die Elefanten im Raum Gedanken macht. Und über Auswirkungen und Konsequenzen, natürlich über ein gutes Ziel, über das, was man für den Weg braucht, über gute Schritte. Es ist das Bewusstsein, dass es vielleicht noch keine fertige Lösung gibt, dass es also gilt, Unsicherheiten und Umwege und Fehler aushalten zu können.

All das ist Teil der Entscheidung.

Man könnte es statt Entscheidung auch Bereitwilligkeit nennen. Bereitwilligkeit lässt uns innerlich öffnen, uns einlassen, unsere Aufgaben annehmen, sie angehen. Sie ist eine »schöpferische Fähigkeit«.
Wir können uns sogar entscheiden, ob wir Veränderung aus Leid oder mit Lust machen wollen. Mit Freude am Entdecken, am Ausprobieren.

Um sich gut entscheiden zu können, braucht es aber einen freien Kopf. Und dafür muss man anhalten – bevor man loslegt. Obwohl ich sonst ja immer fürs Machen bin, ist Anhalten nämlich auch gut. Und damit auch wieder ein Teil von Machen.

Den Geist beruhigen. Den Nebel der Themen, der ganzen Möglichkeiten, der Unsicherheiten und Gefühle sich legen lassen.

Dieses Anhalten, das bewusste Aussteigen braucht es, um sich selbst, um das wirklich Wichtige wieder mitzukriegen – eingeschlossen der eigenen Bedürfnisse, der eigenen Kräfte und der Menschen um uns herum. Das meiste, das wir tagtäglich so machen, ist eher ein impulshaftes Reagieren, das größtenteils unbewusst geschieht. Gerade in stressigen oder schwierigen Zeiten. Mit einem aufgescheuchten Geist verändert es sich aber nicht gut. Also, raus aus dem Hamsterrad.

Kai Romhardt, der Gründer des *»Netzwerk Achtsame Wirtschaft«*, nennt das »Impulsdistanz«. Er sagt, *»es ist die Fähigkeit, einen körperlichen oder geistigen Impuls klar wahrzunehmen, sein Anschwellen und Abklingen zu beobachten, ohne dem Impuls folgen zu müssen. Impulsdistanz ist die Grundlage für menschliche Freiheit und erlaubt uns, die Folgen einer Tat abzuschätzen und bei klarem Verstand eine Entscheidung zu treffen«*.[5]

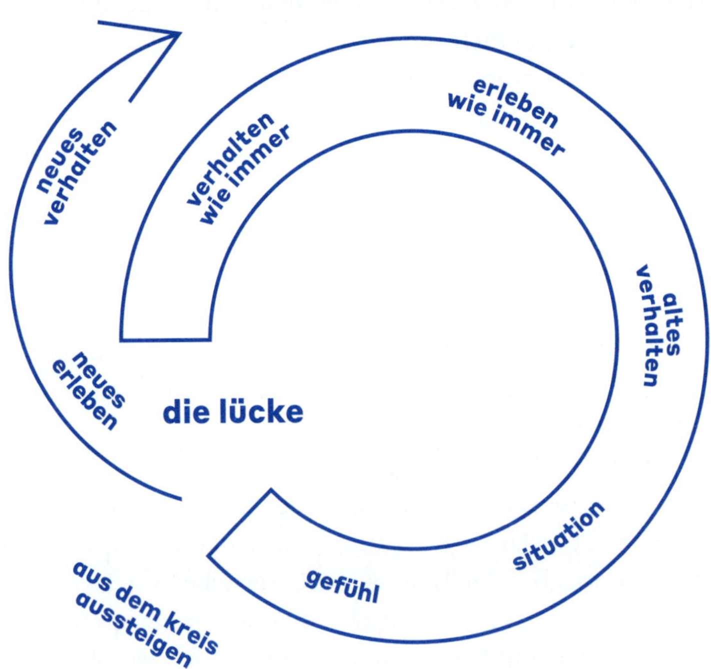

Es gibt nämlich einen wunderbaren Augenblick zwischen diesem Reiz und unserer Reaktion, unserem üblichen Impuls. Diesen winzig kleinen Moment gilt es, bewusst wahrzunehmen und zu nutzen. Dieser Moment ist wie ein Raum voller Möglichkeiten, der Entscheidungsmöglichkeiten. Man nennt ihn den »Punkt der Freiheit« oder »die Lücke«. Es geht darum, aus dem ewig gleichen Kreis des Handelns auszusteigen; vor allem raus aus dem Rad der immer gleichen ollen Wahrnehmungen, der Geschichten, die wir uns (selbst) erzählen und immer wieder neu bestätigen. Zwischen dem Reiz und der Reaktion können wir unsere Gabe der Selbstwahrnehmung, der Vorstellungskraft, des Gewissens und des freien Willens nutzen.

Diesen einen Moment des Aussteigens, sich (neu) zu entscheiden gibt es immer. In jeder Sekunde. Die Welt drückt meine Knöpfe – und ich reagiere: NICHT. Ich erlebe etwas, merke, dass ein Gefühl in mir hochsteigt und lasse es NICHT zu. Ein:e Kolleg:in, ein:e Chef:in, ein:e Kund:in sagt oder tut etwas, das mich triggert, und ich, ich stoppe einen kurzen Moment, bevor ich wieder wie immer und auf dieselbe Weise darauf reagiere.

An der Stelle ist total okay und normal, dass es für das Neue oder Andere noch keine Idee, noch keine Lösung gibt. Aber alleine das Anhalten und das Entscheiden haben schon erste Auswirkungen, weil sich vor allem unsere Haltung dadurch verändert hat. Mit diesem winzigen Schritt, mit diesem Anhalten wählen wir schon ein neues Verhalten. Damit haben wir schon eine Entscheidung getroffen – gegen das Alte, für irgendetwas (zu definierendes) Neues oder Anderes.

Und dann: NICHTS machen.
Handeln im Nicht-Handeln sozusagen.

Theo Fischer sagt in seinem wunderbaren Buch *»Wu wei«*: *»Im Geiste in der Gegenwart verweilen, die Geschehnisse aufmerksam beobachten, wahrnehmen, ohne zu analysieren... Den Geschehnissen ihren Lauf lassen, ohne Widerstand zu leisten, sie nur betrachten, das Handeln im Nichthandeln«*.[6] Kein Interpretieren, kein Bewerten. Auch das Fühlen muss nicht interpretiert werden. Alles, was gerade passiert, ist einfach okay. Nicht dagegen ankämpfen – das macht es schlimmer. Alles so sein lassen.

Auch, wenn dieses Anhalten ein bisschen Aushalten bedeutet.
Das macht nichts.

Was hilft, um gut anzuhalten ...

- **Raus aus der Situation**

Aufstehen, umhergehen, den Ort wechseln, an die frische Luft gehen, sich eine Auszeit nehmen, alleine für sich sein.

- **Den Kopf verdrehen**

Sich mit ganz anderen Themen beschäftigen, sich bewegen und vielleicht auch auspowern, neue Inspiration suchen, ganz andere Menschen treffen, sich Wunderfragen wie »Was würde passieren, wenn über Nacht eine gute Fee käme?« stellen.

- **Sich mitkriegen**

Gefühle zulassen, den eigenen Körper und den Boden unter den Füßen spüren, atmen, in sich lauschen, freundlich mit sich sein.

selber denken ist wichtig

Eine der meistgestellten Fragen zu Veränderung ist, wie man das macht, wie das genau geht, was die Schritte sind und in welcher Reihenfolge. Dazu kommt hier gleich eine kleine Enttäuschung: Es gibt sie nicht, die one-and-only-Blaupause für Veränderung, kein Change- oder Transformationsmodell, das man einfach so abarbeiten kann und alles wird gut. Wenn es das gäbe, wären diese Veränderungsprojekte ja auch alle super einfach und vor allem immer erfolgreich. Sind sie aber nicht.

An der Stelle kann leider keine:r helfen.
Außer: Peter Block.

Dieser Peter Block, ein amerikanischer Autor und Unternehmensberater, hat vor langer Zeit eines meiner absoluten Lieblingsbücher über Veränderung geschrieben: »*The Answer to How is Yes*«.[7]

Das Buch hat bestätigt, was ich lange (insgeheim) gedacht und gefühlt habe: Die Antwort auf die Suche nach dem heiligen Gral der Veränderung liegt nicht in fertigen Modellen, sondern auf einer ganz anderen Ebene, nämlich der der eigenen Fragen und des eigenen Suchens, der eigenen Erfahrungen.

Block sagt, dass die Frage nach dem *»Wie geht das?«*, nach einem fertigen Konzept oder Plan, den man copy-paste verwenden kann, natürlich total unserer Sehnsucht nach Vorhersehbarkeit, Kontrolle und Einfachheit entspricht, aber leider völlig unnütz ist. Wenn die Welt da draußen so einfach wäre, hätten wir die Antwort ja längst gefunden und das Problem gelöst. Auch das Prinzip Hoffnung taugt an der Stelle nur sehr bedingt.

Mit der »Wie-Frage« wird das Ganze zu einer Suche im Außen, die uns nur das verstehen und machen lässt, was für andere, in deren ganz spezieller Situation gültig ist oder war. Die Antworten der anderen basieren auf deren ganz individuellen Herausforderungen, die so gut wie nie zu unseren vielschichtigen Problemen passen.

Das »Wie« limitiert uns, es schmälert unsere Leidenschaft und Energie. Auf eine Art schwächt es uns auch, weil wir unseren Pfad der Intuition und der eigenen Erfahrungen verlassen. Es geht ja davon aus, dass wir selbst keine Ahnung haben. Wir geben sozusagen die Verantwortung und damit die Schuld an ein Best Practice oder ein Konzept ab. Wir hätten wirklich gerne »Agilität« gemacht, aber irgendwie ist das doch nicht so toll wie von anderen versprochen. Eine gute Entschuldigung, warum man nicht ins Tun gekommen ist.

Natürlich gibt es Projekte, von denen man lernen kann, es gibt tolle Vorgehensmodelle oder auch Vorbilder, die uns leiten können. Vorbilder zu haben, ist überhaupt ein wichtiger Verstärker unserer Selbstwirksamkeit. Das alles kann eine wunderbare Inspiration, vielleicht ein Startpunkt sein. Dabei geht es nicht um perfekte, sondern um für uns nützliche Modelle, die wir auch nur als solche sehen sollten – mit all ihrer Beschränktheit und ihrem Ursprung des Entstehens.

Aber woran merkt man, ob oder dass ein Konzept, ein Modell gut und passend fürs eigene Unternehmen, die eigene Herausforderungen ist? Das kann man eben nur, wenn man eine eigene Vorstellung davon entwickelt hat, was eine gute Organisation oder eine gute Transformation bedeutet.

Best Practice-Beispiele sind vor allem durch Erfahrungen, durch Ausprobieren, durchs Machen entstanden – nicht durch Lesen oder Nachdenken. Die Suche ist Teil der Entwicklung, damit fängt die Veränderung an, damit wird sie auch am Leben und Laufen gehalten. Es geht um einen bewussten Prozess, in dem wir immer wieder verstehen, verändern, adaptieren, in dem wir in erster Linie selbst diese Erfahrungen machen, weil wir dadurch lernen. Und wir erleben damit unsere Selbstwirksamkeit. Wir haben es selbst, von uns, aus uns heraus geschafft. Und das gibt wiederum Mut und Energie. Und Freude übrigens auch.

Das »Ja« zum eigenen Prozess gibt uns zum einen Freiheit, gleichzeitig Verstehen und Tiefe. Das Handeln geschieht dann auf Basis unserer innersten Überzeugungen und macht einfach Sinn.

Es wird authentisch und damit auch »anschlussfähig« für andere. Es sorgt für Verbundenheit mit den Menschen um uns herum. Deshalb müssen wir die Menschen, die wir auf eine Veränderungsreise »mitnehmen« wollen, in diesen Suchprozess integrieren, damit sie sich einlassen und mitmachen, in ihre Verantwortung gehen können. Auch für sie wird die Suche Teil des Verstehens und damit wirkliches Commitment.

Wir müssen uns also auf die Reise machen, recherchieren, verstehen. Und uns unser eigenes Bild machen, das authentisch ist und zum Unternehmen passt.

Vielleicht gibt es dafür dann doch noch ein kleines Modell, das helfen könnte: PDCA.

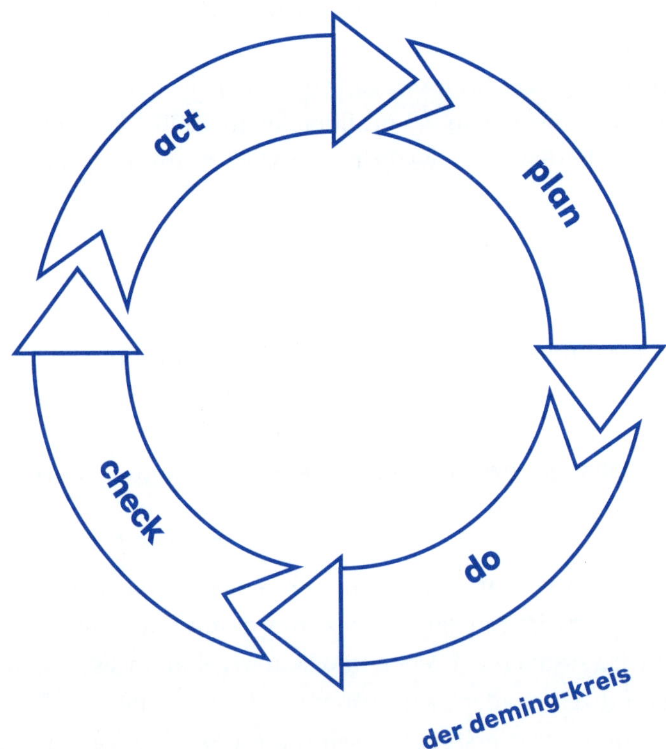

der deming-kreis

Der gute alte Deming-Kreis – benannt nach William E. Deming, einem amerikanischen Physiker, Statistiker und Pionier des Qualitätsmanagements, der dieses Modell in den 1940ern entwickelte und im Übrigen nach Japan zu Toyota getragen hat, die bekanntermaßen eine Quelle innovativer Arbeitskonzepte waren.

Das Modell ist ganz schlicht: Man startet man mit der Plan-Phase (P), in der man das Problem analysiert, Hypothesen entwickelt, sich für eine Hypothese zum Start entscheidet, sich ein Zielbild dazu macht, um dann in der Do-Phase (D) diese Hypothesen zu verproben, das Ausprobierte in der Check-Phase (C) zu analysieren und zu evaluieren, auf Basis dessen das Vorgehen dann iteriert, um dann in der Act-Phase (A) die Ideen umzusetzen, zu implementieren, aus den Learnings in die nächste Iterationsschleife zu gehen.

Im Agilen Projektmanagement und im Design Thinking wird im Prinzip auch so verfahren. Das Grundprinzip ist gut und hilfreich. Man darf es nur nicht als linearen Prozess verstehen. Es ist eine Orientierung und ein Denkmodell.

Überhaupt kann man aus dem Vorgehen, den Tools und der Haltung aus dem Design Thinking viel für Veränderungsprozesse lernen und übernehmen: das Nutzer:innenzentrierte, die Interviews, Prototypen, das immer wieder Auf- und dann auch wieder Zumachen, das Lernen, das Verfeinern. Gleichzeitig unterscheidet sich so ein Veränderungs- oder Organisationsveränderungsprozess aber auch von einer Produkt- oder Serviceentwicklung, weil es sehr viel mehr um Menschliches und Zwischenmenschliches geht. Von daher braucht es auch diese Kompetenzen in Veränderungsprozessen.

Und es gibt noch ein gutes Modell: die »Vier Quadranten« nach Ken Wilber – ein Konzept aus dem integralen Ansatz.

Ich verwende dieses Modell sehr oft – vor allem zum Einstieg in Veränderungsprojekte, um ein Bewusstsein und Verständnis für Zusammenhänge und ganzheitliches Denken zu schaffen, dann auch zur Quelle und Analyse von Situationen und Problemen und schließlich immer wieder im Veränderungsprozess zur Orientierung, zum Abgleich und zur Neukalibrierung.

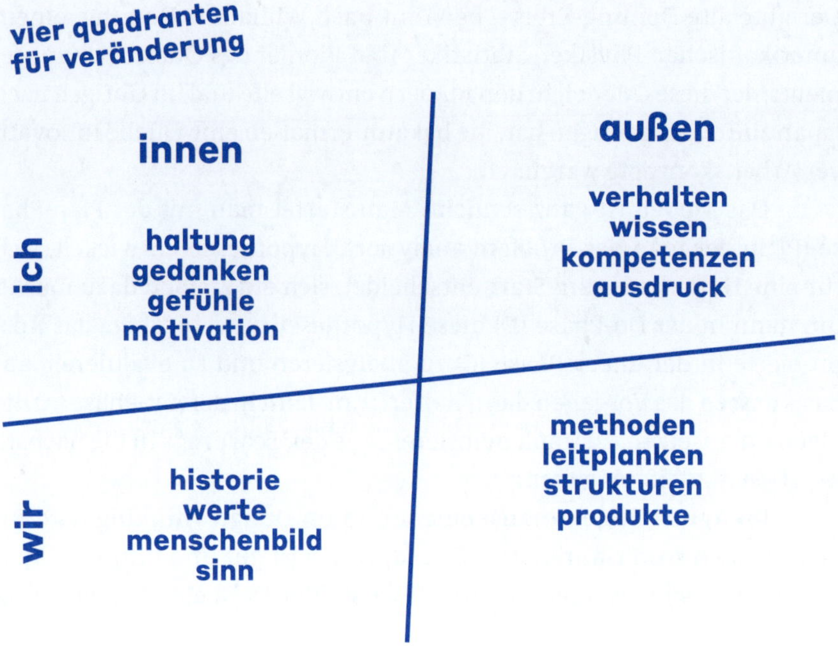

vier quadranten
für veränderung

innen
außen

ich
haltung
gedanken
gefühle
motivation

verhalten
wissen
kompetenzen
ausdruck

wir
historie
werte
menschenbild
sinn

methoden
leitplanken
strukturen
produkte

Wilber sagt, dass alle vier Felder (das Ich und das Wir, das Innen und das Außen) relevant sind für Veränderung. Alles hängt mit allem zusammen. Schickt man zum Beispiel ein:e Mitarbeiter:in zu einem Training, verändert sich etwas in seinem oder ihrem Innern, sowieso, weil es eine Erfahrung ist, es verändert aber oft auch die Haltung. Das wiederum hat Auswirkungen im Außen, seinem oder ihrem Verhalten. Wenn das nicht mit dem Wir zusammenpasst, wenn nur der oder die Mitarbeiter:innen ein:e »neue:r) wird, die Organisation aber die alte bleibt, kann das zu Konflikten, Energieverlusten bis hin zu Frustration führen. Oder, wenn Prozesse in der Organisation verändert werden (also das Wir im Außen), werden Mitarbeitende darüber manchmal nicht gut einbezogen, nicht gut informiert, erhalten nicht die dafür erforderlichen Kompetenzen oder Befugnisse. Das bringt das Ganze ebenfalls aus dem Gleichgewicht.

Symptome können sich übrigens in allen Feldern zeigen, Probleme können nur im jeweiligen Feld gelöst werden. Und tatsächliche Veränderung kann nur dann geschehen, wenn alle Felder angeschaut werden, auf Ausgewogenheit und auf Abhängigkeiten geachtet wird. Das heißt nicht, dass man alles und vor allem sofort verändern muss. Der Grad der Veränderung hängt auch immer davon ab, wo die Organisation steht und was die sinnvoll nächste Stufe ist.

Als Orientierung hilft das integrale Modell, das unter anderem Laloux in seinem *»Reinventing Organizations«* nutzt.[8] Es findet sich auch sehr gut im *»Logbuch«* des imu Augsburg, beschrieben.[9] Das Finanzamt wird sich natürlich anders organisieren (müssen) als ein kleines Startup, die Buchhaltung oder die Werksfeuerwehr werden anders arbeiten (müssen) als die Marketing- oder die Innovationsabteilung. Man möchte fast sagen, dass das doch logisch ist, aber leider geistert dieser komische »one fits all«-Mythos eben durch die »New Work«-Diskussionen. Es geht immer um Angemessenheit und Relevanz. Und meist eher um den nächsten guten Schritt als um eine 180 Grad-Wende.

Soweit zu den Nicht-Blaupausen. Wie gesagt, Modelle und Best Practices können als Orientierung dienen; die Landkarte ist aber nicht das Gebiet. Der Linguist Alfred Korzybski, der Erfinder dieses Zitates, hat dazu gesagt: *»... aber wenn die Landkarte der Struktur des Territoriums ähnlich ist, ist sie brauchbar«*.[10] Peter Block, der Deming-Kreis und die vier Quadranten sind ganz gut brauchbar – finde ich.

verreisen

Es gilt einfach, dass man sich einfach auf den Weg machen muss, wenn man verändern will. Einer der größten Feinde der Veränderung ist, im eigenen Saft zu schmoren und sich immer wieder nur selbst zu bestätigen. Also raus vor die Tür und das Gebiet erkunden. Hasso Plattner, der Mitbegründer von SAP und großer Förderer des Design Thinkings, hat angeblich gesagt: *»Am Schreibtisch kann man nicht herausfinden, wie ein Orang-Utan denkt«*.[11] Da hat er einfach recht.

Im *»Wall Street Journal«* gab es dazu einen sehr schönen Artikel mit dem Titel »The Emotional Benefits of Wandering«.[12] Darin geht es um die Freuden des Umherwanderns, des Herumstreunerns, darum, ein:e Flaneur:in zu sein, neue, unbekannte Orte zu entdecken. Im Englischen gibt es das Wort »Serendipity«. Es bedeutet das überraschende Entdecken oder Finden von etwas, nach dem wir vielleicht nicht einmal zwingend oder bewusst gesucht haben. Es geht um scheinbar zufällige Ereignisse, Begegnungen, um unerwartetes Glück. Es geht darum, die (vermeintlichen) Zufälle als Chancen zu erkennen und mit deren Energie zu gehen. Diese Zufälle entstehen eher nicht aus dem Nichts, sondern nur oder genau dort, wo unsere Aufmerksamkeit ist, wo wir Sehnsüchte haben, Informationen miteinander verbinden und Möglichkeiten erkennen. *»Der Zufall begünstigt nur einen vorbereiteten Geist«* hat schon Louis Pasteur, der französischen Chemiker und Mikrobiologen, gesagt.[13]

Es braucht also Offenheit und Wachheit. Und auch ein bisschen Vertrauen, dass das Richtige schon kommen wird. Das Richtige für den Moment, in dem Moment. Was immer passiert, ist sowieso das Einzige, was passieren kann. Es braucht Geduld. Mit sich selbst (und manchmal auch mit den anderen). Vielleicht auch ein bisschen Mut. Auf jeden Fall braucht man Demut, Respekt vor dem Ungelösten, dem Unsicheren, den Zwischenzeiten, den Transitionen.

Natürlich braucht Veränderung einen Plan – es ist ja schließlich ein ernsthaftes Unterfangen. Gleichzeitig ist die Frage, wie viel geplant oder auch nicht geplant werden soll und sein muss. Es braucht auf jeden Fall, gerade zum Start, ein weißes Blatt Papier. Loslassen. Verlernen. Es braucht Fragen, fragen, fragen. Selbst die Fragen gilt es zu hinterfragen. Aus Fragen entstehen Bilder, entstehen neue Landkarten, entstehen Geschichten, entsteht Verbindung, entstehen Taten. Manchmal wissen wir ja noch nicht einmal, was wir NICHT wissen. Und außerdem gilt: wer am Anfang viel fragt, spart hinterher Zeit. Rilke sagt: *»Man muss versuchen, die Fragen selber lieb zu haben«*.[14]

Es ist also erstmal ganz viel einsammeln, entdecken, zulassen, durchströmen lassen. Und dann sortieren, fokussieren, anwenden, ausprobieren, lernen und verfestigen. Am besten auch weitergeben. Auf so einer Reise kann man sich und sein Team und eine Organisation ganz neu kennenlernen. Es geht auch darum, (wieder) zu merken, dass man es selbst in der Hand hat, sich darüber bewusst zu werden, welche Fähigkeiten oder Erfahrungen man eigentlich besitzt, welche Möglichkeiten und welchen Einfluss man eigentlich hat.

Wobei das Fragen hilft …

Verstehen

Das Simpelste, für was das Fragen sorgt, ist das Verstehen: von Fakten, Daten, Zahlen, Zeiträumen, Beteiligten, Betroffenen etc. Das hört sich so schlicht an, ist es aber nicht; es ist ein wichtiger und aktiver Teil des Veränderungsprozesses. Viele Projektschwierigkeiten oder Teamkonflikte entstehen, weil schlichtweg Informationen fehlen, Dinge nicht bewusst oder transparent sind. Ziele, Erwartungen, Vorgaben und Rahmenbedingungen nicht klar sind. Es geht darum, sich über Begrifflichkeiten zu verständigen und sich zu einigen, über was man überhaupt spricht. Vor allem hilft, den »Auftrag« sauber zu klären und eine gemeinsame »Definition of Done« zu haben.

Hinterfragen

Dann kann man durch gute Fragen neue Perspektiven und Insights gewinnen. Man kann die eigenen Annahmen und Perspektiven und sich selbst hinterfragen. Man kann durch Hinterfragen der eigentlichen Motivation und Intention auf die Schliche kommen. Man kann und sollte kritisch sein, nach den berühmten Elefanten im Raum suchen und sich die Welt nicht schönreden. Manchmal gibt es dabei auch Themen aus der Vergangenheit oder aus anderen Abteilungen, die Einfluss haben, die gut sind, aufzudecken und zu verstehen. Es gibt Mehrdeutigkeit und Polaritäten, manchmal auch Widerstände. Es geht darum, das Dahinter, Zusammenhänge, das System und das Ganze zu verstehen. Das Unsichtbare sichtbar zu machen und Dinge miteinander zu verbinden.

Verstören und anregen

Fragen können auch für »heilsame Verstörung« sorgen, etwas in Bewegung bringen – gerade in schwierigen oder verfahrenen Situationen. In der Systemik nennt man das paradoxe Interventionen, die die Dinge auf den Kopf stellen und für Perspektivwechsel sorgen, zum Nachdenken anregen, Räume öffnen, Ideen und die Kreativität anregen. Man kann ein Anliegen mit guten Fragen explorieren und erweitern und damit Prozesse in Gang setzen.

Verlangsamen

Veränderungsprozesse brauchen Zeit und manchmal auch aushalten und abwarten. Fragen können dafür kleine Zäsuren setzen, Prozesse verlangsamen, weil man nicht gleich losrennt. Sie sorgen für gute Momente des An- und Innehaltens, für Achtsamkeit, vor allem, wenn man auch das Zuhören bewusst und gut macht. Das kann vor dem Start, aber auch immer wieder zwischendurch sein. Am besten, man macht das bewusst als Ritual. Es gibt auch die Idee des »Sprech-Denkens«, der *»allmählichen Verfertigung der Gedanken beim Reden«*, wie Kleist das nannte, in dem man sich Zeit nimmt, sich selbst Fragen stellt und die Antworten laut ausspricht – vor anderen.[15]

Verbinden

Fragen verbinden. Indem man jemanden fragt, bezieht man sein Gegenüber in die eigene Gedankenwelt und Ideen mit ein. Wenn man Aufmerksamkeit, Respekt und Vertrauen in eine Beziehung gibt, kann man damit einen gemeinsamen Raum, am besten einen »Safe Space« schaffen. Indem man jemanden fragt, sieht man ihn oder sie, zeigt Interesse an der anderen Person, der Meinung, den Erfahrungen, Perspektiven und Bedürfnissen. Es geht um Zugewandtheit und Wertschätzung. Dafür muss man natürlich aufmerksam und präsent sein und seine Widerstände zur Seite legen. Und manchmal auch etwas von sich preisgeben und sich zeigen. Durch Fragen und Zuhören kann man sich (besser) kennenlernen und voneinander lernen. Dabei geht es nicht nur um Unterschiedlichkeit, sondern um die Suche nach gemeinsamen Antworten oder einem gemeinsamen Verständnis. Das gibt Verbündete, die wichtig sind für einen Veränderungsprozess. Und natürlich Energie.

Ins Tun kommen

Fragen sind eine gute Möglichkeit, um ins Tun zu kommen. Indem man fragt, tut man ja schon etwas. Die *»How might we«*-Frage aus dem Design Thinking ist super dafür geeignet. Oder die magische Frage *»Was brauchst du?«*. Je nach Auswahl der Fragen und der Art des Fragens kann man die Aufmerksamkeit und Energie lenken. Das Fragen ist deshalb eine wichtige Kompetenz, die es in der Moderation oder Facilitation von Veränderungsprojekten braucht. Fragen helfen, den Prozess in Gang und Bewegung zu halten, immer wieder neu zu beleben. Sie sind gut als Reflexionsmöglichkeit – zum Prozess, den Resultaten, aber auch der Zusammenarbeit, des eigenen Befindens. Sie helfen, wenn man sich verfahren hat. Es ist gut, deshalb auch die Fragen immer wieder zu verändern, zu iterieren und zu merken, welche Fragen geholfen und gutgetan haben. Wichtig ist, die Veränderungen während der Veränderung wahrzunehmen und zu berücksichtigen.

den raum halten

In Veränderungsprojekten ist immer wieder die Rede davon, dass man die Mitarbeitenden abholen oder irgendwohin mitnehmen, manchmal sogar mitschleppen oder -schleifen muss. Als würden sie einsam und traurig und vor allem hilflos im Regen an der Bushaltestelle stehen ...

Es fiel schon an anderer Stelle in diesem Buch: Menschen sind weder doof noch unreflektiert noch unverantwortlich noch unwillig noch unmotiviert – von Haus aus. Wie schaffen es die Unternehmen nur immer wieder, dass sich ihre Mitarbeitenden so verhalten? Und was müsste man tun, dass sie sich nicht (mehr) so verhalten?

Ganz einfach: in allererster Linie muss man sie ernst nehmen, auf Augenhöhe wie mit ganz normalen Erwachsenen sprechen und sie so behandeln. Wenn Mitarbeitende nicht mitmachen oder komisch reagieren hat das »gute« Gründe. Und die gilt es nicht abzuwehren, sondern zu verstehen.

Ganz oft ist es einfach nur so, dass Mitarbeitende Notwendigkeiten, das »Wozu« einer Veränderungsmaßnahme nicht verstehen. Wie sollten sie auch? Ihnen fehlt die unternehmerische Perspektive, das »Big Picture«, und damit das Problembewusstsein. Sie wissen zu wenig über Gesamtzusammenhänge, Vorgänge und Überlegungen im Topmanagement, über Finanzen, Probleme der Kund:innen, Bewegungen oder Bedürfnisse im Markt. Es geht um Unausgesprochenes, was als gegeben oder selbstverständlich betrachtet wird. Ganz oft ist Mitarbeitenden vor allem nicht klar, was das mit dieser Veränderung eigentlich mit ihrem täglichen Job zu tun hat. Über Jahre wurden sie von allem ferngehalten und wie unmündige Kinder behandelt und auf einmal sollen alle selbstorganisiert und selbstverantwortlich arbeiten.

Ein wichtiger Einstieg in gute Veränderungsprozesse ist, sich erst einmal über Deutungen zu einigen, ein gemeinsames Verständnis darüber zu haben, über was wir hier eigentlich sprechen, wenn wir Wörter wie Change oder Transformation, aber auch Agilität oder Innovation benutzen. Viele Missverständnisse oder Widerstände entstehen oder beginnen damit, dass uns die Sprache, unsere Bedeutungsgebung und damit verbunden meist alte Erfahrungen schon in eine bestimmte Ecke lenken. Dabei kommen wir gar nicht auf die Idee, ein Wort zu hinterfragen – weder der Sprechende noch der Zuhörende, weil wir davon ausgehen, dass alles klar ist. Und manchmal geht es an der Stelle gar nicht um Wikipedia-Definitionen, sondern um Bilder, die in unseren Köpfen entstehen – oder die wir entstehen lassen wollen, die uns verbinden.

Wenn man etwas von den Menschen will oder etwas von ihnen anders will, dann muss man es ihnen erklären – und zwar gut. Mitarbeitende können nur mitmachen, wenn sie in Gänze verstehen, was das Management will (vorausgesetzt es weiß es überhaupt selbst; daran scheitert es meistens schon), was die »Definition of Done« der Veränderung sein soll, also, wann es gut wäre – für alle Beteiligten. Es muss versteh- und nachvollziehbar und sinnhaft für sie sein und dann auch noch machbar. Man nennt das Kohärenz.

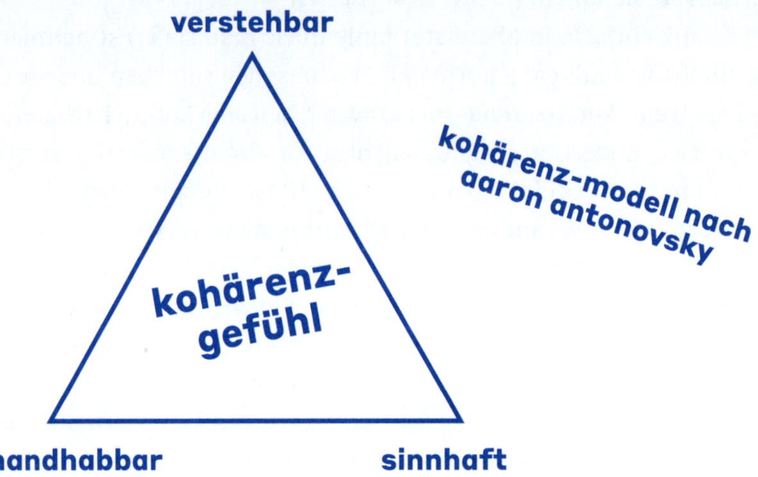

Der Vorwurf von Führungskräften: *»Das habe ich denen doch schon 15-mal erzählt!«* gilt nicht. Nur, weil man denkt, man hätte etwas klar(?!) gesagt, heißt es nicht, dass es auch so ankommt. Wenn man etwas von jemandem will, muss man sich schon auch vergewissern, dass es verstanden wurde und akzeptiert wird. Selbst, wenn es kein 100 %iges *»Yeah!«* wird, geht es darum, dass die Mitarbeitenden sich bereit erklären, mitzugehen, mitzumachen.

Was hilft, sind Bilder und das gute alte Storytelling. Nicht, um die Menschen einzulullen, sondern um alles verständlich zu machen. Zum Beispiel ein gutes und verständliches Zielbild (»Woran merken wir, dass wir erfolgreich sind und einen guten Weg gegangen sind?«), zu dem man eine emotionale Verbindung aufnehmen kann, das gute Bilder in meinem Kopf entstehen lässt. Eine erstrebenswerte Zukunft. Kein allgemeines Bla-bla, sondern etwas, bei dem die Menschen sagen *»Ah, das verstehe* *ich. Und das finde ich echt gut! Das macht auch Sinn für mich«*. Ein Sense of Urgency hilft dabei auch.

Widerstand oder Rückzug sind Anzeichen dafür, dass es anscheinend einen Haken gibt. Das kann fehlenden Information oder schlechte Kommunikation sein, manchmal ist es aber auch das, was hinter den Kulissen stattfindet. Da geht es um Politik und Macht, der Frage, wer hier eigentlich wirklich was will. Es geht um Glaubwürdigkeit. Meist ist das ein diffuses, ganz feines Gefühl. Aber Mitarbeitende merken, wenn etwas nicht stimmt, nicht stimmig ist – und verhalten sich. Wenn Dinge in der Führungsebene nicht zu Ende geklärt sind oder es Uneinigkeit gibt. Wenn unklar ist, was die eigentliche Motivation oder Intention irgendwelcher Aktionen oder Projekte ist. Die berühmten Elefanten im Raum. Es entsteht ein Gefühl einer Hidden Agenda. Am schlimmsten ist, wenn das alles tief in der Unternehmenskultur verwurzelt ist. Aber sobald irgendetwas merkwürdig scheint, schwächt es den Prozess und damit das System. Am Ende dieses Kapitels gibt es deshalb noch einen Teil zu »Wenn es schwierig wird…«.

Und was auch wichtig ist: man muss herausfinden, um was es eigentlich geht. Was das tatsächliche Thema ist, das Veränderung braucht. Ich merke oft in Projekten, dass sich Themen miteinander vermischen – alte mit neuen, persönliche mit organisatorischen, kulturelle mit strukturelle. Von daher gilt es die Ebenen erstmal sauber voneinander zu trennen, in einzelne kleine »Töpfe« zu legen. Und gleichzeitig ist es wichtig die Zusammenhänge zu erkennen, gesamtheitlich auf alles zu schauen.

Es geht also um Klarheit und Transparenz, um Eindeutigkeit zu Erwartungen, Hintergründen, Zusammenhängen, Interessen, Absichten, Verbindungen und Verflechtungen, sogar um Gefühle und Energien. Selbst Unsicherheit kann zur Klarheit beitragen, wenn sie bewusst ausgesprochen und thematisiert wird. Lieber Klarheit als Rumeiern.

Das mit der Klarheit gilt für beide Seiten. Ja, der oder die Sender:in steht an erster Stelle in der Kommunikationsverantwortung, aber auch das Gegenüber, an der Stelle die Mitarbeitenden, tragen Verantwortung. Es geht nicht, dass man sich darauf beruft, dass nur »die da oben« zuständig sind. Das hatten wir schon – mit dem Fisch. Man nennt es Auftragsklärung und »Verträge«.

Sobald man also auch nur einen Hauch von Ahnung oder Verdacht hat, dass irgendetwas in einer Ansage, einem Projekt, in einem Auftrag nicht stimmt: nicht weitermachen! Das gilt nicht nur für den Anfang, sondern immer. Weil sich im Laufe eines Prozesses so viel verändert und in Bewegung gerät.

Manchmal kann man diese Ahnung nicht so wirklich in Worte fassen und merkt, dass sie für Unsicherheit beim Gegenüber sorgt. Sobald das der Fall ist, gehe ich zurück auf Los und erkläre meine Fragen, Zweifel oder meine Unsicherheit. Und das meist mit dem Satz »Ich sage mal kurz, woher mein Gedanke kommt...«. Damit sorge ich für Transparenz. Und übernehme die Verantwortung für meine Kommunikation.

Das mit dieser Auftragsklärung gilt vor allem mit sich selbst. Warum will ich, dass sich etwas verändert? Was habe ich davon? Was ist es eigentlich, das mich beschäftigt? uswusf. Viele Mitarbeitende nehmen »Aufträge« einfach so an – oder geben sie sich selbst, weil sie gerne helfen oder etwas retten wollen. Das funktioniert so aber nicht.

Es ist immer eine Gegenseitigkeit. In der Transaktionsanalyse, eine Theorie und ein Modell zu Persönlichkeit und Kommunikation, nennt man das »Verträge«. Es sind gegenseitige Selbstverpflichtungen, deren Erfüllung durch das vereinbarte Handeln entsteht.

Zur Klärung hilft nicht nur eine Reise in die Hintergründe, Notwendigkeiten und Absichten, sondern auch ein gemeinsames Zielbild und diese »Definition of Done«.

Dafür kann man gut eine kleine »Zukunftsmeditation« machen, bei der man sich gedanklich an einen Zeitpunkt begibt, zu dem ein Meilenstein der Veränderung erreicht werden soll. Man lässt Bilder aufsteigen, was das für eine Situation ist, mit wem man sich dort befindet, wie die Stimmung ist, was dann anders ist. Das kann man für sich alleine, aber auch sehr gut im Team machen. Man hört die unterschiedlichen Perspektiven der Beteiligten, kann an der Stelle erste Dinge klären und ein gutes, gemeinsames Bild entstehen lassen. Das kann man auch immer wieder hervorholen und abgleichen. Es kann gemalt, als Prototyp gebaut oder einfach nur aufgeschrieben werden

Auch gut oder als Warm-Up-Übung dafür ist ein sogenanntes »Pre-Mortem« oder »Reverse Brainstorming«: Was müssten wir tun, um das Projekt gegen die Wand zu fahren und die Firma zu ruinieren? Dabei hört man von allen, was das Schlimmste wäre, das in ihren Augen passieren könnte. Und man erhält natürlich wichtige Hinweise, auf was oder wen man im Prozess achten muss.

Vielleicht noch kurz zum Thema »Plan«. Natürlich braucht es den für Veränderung, aber da Veränderung in Regel kein Projekt, sondern ein

Zustand ist, taugen sie meist nichts. Sie gaukeln nur vermeintliche Sicherheit vor. Diese minutiösen Gantt-Charts, die über fünf Jahre reichen, in vier Wochen aber sowieso wieder Obsolete sind. Es ist gut, das Zielbild zu haben, die wichtigen Milestones im Blick zu haben, natürlich braucht es unternehmerische Zahlen und Planungen, natürlich braucht es Budgets und Ressourcen, aber am meisten geht es ums Loslegen. Mehr dazu gleich zum Anfangen.

Es geht darum, einen guten Raum für die Veränderung zu schaffen. Darüber schreibt auch Frédéric Laloux in seinem Buch »Reinventing Organizations«.[16] Dieser Raum ist der Rahmen, in dem sich alles bewegt. Er sorgt für die notwendige Sicherheit, den sogenannten »Safe Space«, damit Menschen sich einlassen können. Und innerhalb dieser sicheren Grenzen sorgt er für Kreativität, für Ideen und Experimente, er erlaubt, etwas auszuprobieren, Fehler zu machen und sich zu entwickeln. Menschen brauchen gleichzeitig Autonomie und Sicherheit, Individualität und Gemeinschaft.

Je klarer und aus reinem Herzen dieser Rahmen ist, desto besser können sich die Mitarbeitenden darin bewegen. Er sorgt dafür, dass Menschen ihre Komfortzone verlassen, in eine Lernzone und in einen Flow kommen (können). Und nicht überfordert werden, also in die Panikzone geraten.

Dafür helfen gute Leitplanken, Spielregeln. Was wollen wir in der Organisation und was wollen wir auch nicht mehr. Was ist hier erlaubt und was auch nicht. Dabei geht es nicht um starre Regeln, sondern um Orientierung. Gut ist, wenn auch diese Leitplanken alle gemeinsam entwickeln – dann kann mich sich besser darauf einlassen.

Sicherheit bedeutet NICHT die alten Top-Down-Ansagen. Und ja, es gibt auch Menschen, die genau das brauchen. So viele sind das aber nicht beziehungsweise müssen sie einfach nur wieder aus ihrem Dornröschenschlaf aufgeweckt werden. Und ja, manchmal gibt es auch Jobs, die Ansagen brauchen. Feuerwehrmenschen im Einsatz brauchen einen klaren Plan, klare Abläufe und wenn es hart auf hart kommt jemanden, der entscheidet und sagt, was genau und von wem zu tun ist. Aber auch die Feuerwehr kann sich nach einem Einsatz zusammensetzen, um ihn gemeinsam zu reflektieren und fürs nächste Mal zu lernen. Aber unser tägliches Arbeiten ist kein Feuerwehreinsatz (auch, wenn es einem manchmal so vorkommt).

Veränderung ist übrigens NICHT Thema der HR/Personalabteilung. Wenn man nach Verantwortung ruft, dann liegt die bei den Menschen, die eine Führungsrolle innehaben. Es kann auch ein Change-Team geben, das begleitet und moderiert. Für mehr ist aber auch das nicht verantwortlich. Es ist wichtig, dass alle in der Organisation über die Kompetenzen für Veränderung, für gute Kommunikation, für Konflikte und Moderation verfügen und gemeinsam machen. Alle.

radikale zusammenarbeit

Weil bei »New Work« ja alle der Fisch und der Kopf der Organisation sind, ist Veränderung ein gemeinschaftlicher Prozess. So viele wie möglich (am liebsten alle) Menschen sollen so früh wie möglich in die Veränderung einbezogen, ihre Meinungen, Erfahrungen und Ideen gehört werden, gemeinsam sollen sie sich ein Bild und einen Plan machen und gemeinsam in die Verantwortung gehen. Und letztlich sollen alle gemeinsam zu einer lernenden Organisation werden. Es braucht Communities und Teams für die Veränderung. Die Philosophin Natalie Knapp sagt: *»Wenn wir all unsere Fähigkeiten zur Verfügung stellen und mehr Gewicht auf die Gestaltung unserer Beziehungen legen, finden wir uns in einer unübersichtlichen Welt besser zurecht.«*[17]

Wobei nicht jeder geartete Zusammenschluss, nicht jede Gruppe an Menschen automatisch ein Team ist. Oft ist zum Beispiel die Rede von Führungskräfteteams. Das sind aber meist keine wirklichen Teams, sondern eher »Interessengemeinschaften« (man möchte sie manchmal fast schon Schicksalsgemeinschaft nennen), die nur die Tatsache, dass alle die gleiche Position im Unternehmen haben und der Austausch zu Führungsthemen, verbindet. In der Regel haben sie keine gemeinsame Aufgabe zu erledigen.

Wenn es aber ein Team werden soll – und das gilt eben auch für Veränderungsprojekte, dann braucht es ein bisschen mehr. Wikipedia sagt dazu: *»Ein Team wird dann gebildet, wenn ein komplexes Verhalten eine interdisziplinäre Zusammenarbeit erfordert. Teams werden dabei für unterschiedliche Zwecke und Zielsetzungen mit unterschiedlicher zeitlicher Dauer gebildet. In diesem Sinne ist ein Team eine Gruppe von Mitarbeitern, die für eine beauftragte Arbeit ganzheitlich verantwortlich ist und die das Ergebnis ihrer Arbeit als Produkt oder Dienstleistung an einen internen oder externen Empfänger liefert«.*[18]

Das gemeinsame Machen braucht einen guten Zweck und einen bewussten Prozess. Das ist ein Teil des »Raum haltens« aus dem vorherigen Kapitel. Man nennt es »kollektive Selbstwirksamkeit«. Ein Begriff, den der Lernforscher Albert Bandura geprägt hat. Zu ihm und zum Konzept der Selbstwirksamkeit kommen wir im nächsten Kapitel.

Die Idee ist die der »Radikalen Zusammenarbeit«. Der Begriff von »Radical Collaboration« stammt von den Amerikanern James W. Tamm, ein Ex-Richter und Mediator, und Ronald J. Luyet, Organisationsentwickler und Führungsexperte, die in den 1980ern ein Buch dazu geschrieben haben. »Radical« bedeutet, Zusammenarbeit grundlegend anders zu denken, vor allem mit Blick auf Themen wie Respekt, Offenheit, Vertrauen und Empathie.[19] Dafür braucht es die Kompetenzen Kooperationsbereitschaft, Offenheit, Selbstverantwortung, eine gute Wahrnehmung zu sich selbst und gegenüber anderen sowie Verhandlung- und Problemlösungsfähigkeit. Tamm/Luyet haben dazu zahlreiche Studien durchgeführt, die zeigten, dass sich nach einem bewussten Trainingsprozess dieser Skills die Zusammenarbeit in Teams maßgeblich verbessert hat.[20] Es sind übrigens alles Kompetenzen, die in die Liste der »Future Skills« fallen.

Dieses Trainieren von persönlichen wie sozialen Kompetenzen ist eine wichtige Maßnahme für die Verbesserung von Zusammenarbeit. Das eine sind die Fähigkeiten, um besser zusammenzuarbeiten. Mit solchen Trainings geht aber vor allem ein gemeinsames Erlebnis, ein intensiver Austausch zu Erfahrungen und Perspektiven und damit letztlich auch ein Wandel in der Kultur des Miteinanders einher. Daraus entsteht Vertrauen, das die Grundlage guter Teamarbeit ist.

Für die Arbeit mit Teams verwende ich sehr oft das Modell der »(Dys-)Funktionalen Teams« von Patrick Lencioni, einem amerikanischen Berater und Autor. Die sogenannte Lencioni-Pyramide. Es ist ein schlichtes Modell, das für zum einen für Orientierung sorgt, aber zum anderen wie eine Anleitung ist, um sich dem Thema »gutes Team« gemeinsam zu nähern und sich auszutauschen, Ideen und Lösungen für eine bessere Zusammenarbeit zu finden.

modell der (dys)funktionalen teams nach patrick lencioni

Die Pyramide hat fünf Ebenen: ganz oben die Ergebnisorientierung, dann die Übernahme von Verantwortung, Commitment, Konfliktfähigkeit und ganz unten das Vertrauen. Jede einzelne Ebene hat wiederum unterschiedliche Aspekte und Ausprägungen des Begriffs. Das »Dys« im Modellnamen beschreibt die Abwesenheit dieser fünf Aspekte guter Teamzusammenarbeit; wenn es also nicht gut läuft.

Oft ist es ja so, dass ein Team nach seinen Ergebnissen, nach dem Grad der Verantwortungsübernahme und nach seinem Commitment beurteilt. Das ist natürlich auch wichtig. Alle fünf Ebenen des Modells sind wichtig, ergänzen und überschneiden sich.

Die Basis für alles, für gute Zusammenarbeit sind aber vor allem die unteren beiden Ebenen: Vertrauen und Konflikt- oder Dialogfähigkeit. Von daher fange ich bei der Arbeit mit Teams auf diesen Ebenen an; das andere ergibt sich interessanterweise daraus fast immer automatisch. Und alleine das Sprechen über die Ebenen, die Erkenntnis, dass man Zusammenarbeit aus diesen unterschiedlichen Perspektiven betrachten kann, macht etwas mit den Teammitgliedern. Es ist spannend zu hören, wie die anderen das jeweilige Thema sehen und einstufen, selbst für sich einzuordnen, wo man findet, dass das Team steht.

Die Ebene »Vertrauen« bedeutet natürlich den Aspekt des »Safe Spaces«. Da hat man einen sicheren »Ort« miteinander, in dem Offenheit und Transparenz möglich sind, man sich verletzlich zeigen und auch Persönliches von sich preisgeben kann. Es beinhaltet aber auch das ZUtrauen in die anderen, in ihre Kompetenzen und Erfahrungen, aber auch in ihr Menschenbild und ihre Werte. Haben wir alle das Gefühl, dass wir ausreichend gut fachlich wie persönlich »ausgestattet« sind? Und wissen wir überhaupt gegenseitig genug von und über uns? Vertrauen entsteht, je mehr man sich kennenlernt, in dem alle gehört und gesehen werden, es ernsthaftes Interesse an den anderen gibt, man Verlässlichkeit erlebt und eben auch selbst vorlebt, was man von den anderen erwartet. Es geht darum, die guten Absichten der Kolleg:innen zu erleben und zu merken, dass man sich gut ins Team einbringen kann, weil es keinen Grund zur Vorsicht gibt.

Wichtig dafür ist, dass alle im Team fit in Kommunikation und im Umgang mit Feedback und Konflikten und deren Moderation sind. Es braucht außerdem gute Routinen für Klarheit und Klärung. Das ist die nächsthöhere Ebene »Konflikt- und Dialogfähigkeit«. Es geht darum, dass das Team Unstimmigkeiten und Probleme adressieren, auch schwierige Themen ansprechen kann, dass Meinung und eigene Absichten offen geäußert, Elefanten im Raum benannt werden können. Es geht um leidenschaftliche Diskussionen, um Nein-Sagen und vor allem darum, dass man bei all dem keine Angst vor negativen Konsequenzen haben muss. Wie kommt man in einen Zustand von schonungsloser Ehrlichkeit und Mut. Die Idee ist, dass es eben ein Austausch ist, ein Sichtbarmachen von Unterschieden in den Perspektiven, Erfahrungen und Meinungen. Dazu gehört, dass man sich gemeinsam einigt und immer wieder an diese Einigung erinnert. Eine saubere Auftragsklärung und gemeinsame »Verträge« helfen dafür. Wichtige Tools sind außerdem das spannungsbasierte Arbeiten, die integrative Entscheidungsfindung und der KonsenT. Mehr dazu findet sich am Ende dieses Kapitels.

Manchmal hilft für die Zusammenarbeit auch, sich darüber bewusst zu werden, wo man als Team eigentlich gerade steht. Ist man noch relativ frisch, hat sich vielleicht viel verändert und ist sozusagen (wieder) in einer Kennenlern-Phase, dem sogenannten »Forming«? Dann sind alle eher vorsichtig und abwartend miteinander, manchmal auch noch zurückhaltend, eher unpersönlich, vielleicht sogar distanziert. Je mehr man sich dann kennenlernt, Erfahrungen miteinander gemacht hat, desto mehr können erste Konflikte auftreten, das sogenannte »Storming«. Es entstehen Abgrenzung und »Cliquen«, manchmal das erste Gegeneinander. Bis man sich dann auf ein gutes Miteinander einigt, das »Norming«, Regeln und Leitplanken einführt, sich gegenseitig Feedback gibt und so langsam ein tatsächliches Wir-Gefühl entsteht, das in die nächste Phase des »Performing« führt, in der sich die Energie ausbreiten kann, es solidarisch und leistungsfähig und ideenreich werden kann. Diese Phasen stammen aus einem Modell von Bruce Tuckman, einem amerikanischen Psychologen und Organisationsberater. Auch dieses Modell kann man nicht einfach abarbeiten, aber es hilft in manchen Situationen, um zu verstehen, was gerade im Team passiert.

Das Zauberwort ist »Psychologische Sicherheit«. Google hat 2012 mit seinem Forschungsprojekt »Aristotle« zu erfolgreichen Teams schon herausgefunden, dass es die Grundlage bildet und daraus das »rework-Projekt« initiiert.[21] Amy Edmondson, eine amerikanische Professorin für Management und Leadership an der Harvard Business School, ist ebenfalls eine Expertin für »gesunde« Teams und sieht diese Sicherheit als einen der Grundpfeiler guter Zusammenarbeit.[22] Der Wirtschaftspsychologe Carsten Schermuly, DER Forscher zu »New Work«, sieht »Psychologisches Empowerment« deshalb als das zentrale Thema zur Umsetzung »neuer Arbeit«.[23]

Ein gutes Tool kann sein, sich über einen Teamcanvas zu nähern, in dem man ihn gemeinsam ausfüllt. Man kann die Vorlage unten verwenden, die fürs Team relevanten Felder aber auch zusammen selbst definieren. Manchmal tut es auch einfach eine klassische SWOT-Analyse, bei der man sich die Stärken und Schwächen, die Herausforderungen und Risiken des Teams anschaut.

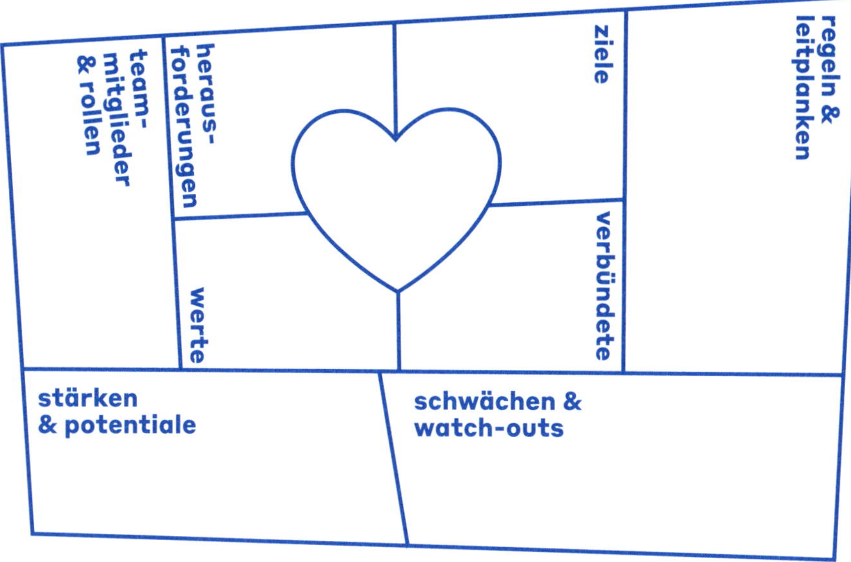

team-canvas

Bei all dem hilft (wie immer) Fragen, Fragen, Fragen, um sich besser kennenzulernen, sich besser zu verstehen, die Ressourcen und Potentiale im Team herauszufinden.

Hier kommen ein paar gute Fragen:

- Was sind meine Superkräfte? Was hättet ihr nie von mir gedacht? Auf was bin ich stolz in meinem Leben? Was bringe ich für eine »Geheimwaffe« mit?
- Wo kann ich Eure Unterstützung gut gebrauchen? Was möchte ich noch lernen?
- Was ist mir wichtig für die Zusammenarbeit? Was brauche ich, um gut arbeiten zu können? Welche Verbündete oder Unterstützer:innen könnten wir noch gut gebrauchen?
- Was ist mein Beitrag fürs Gelingen? Von welchen alten Glaubenssätzen und Mustern will ich mich dabei trennen?
- Und was will ich alles von und über Euch wissen?

Sebastian Purps-Pardigol sagt in seinem Buch *»Führen mit Hirn«*, dass *»Verbundenheit ein gutes Beruhigungsmittel in Momenten großer Verunsi-*

cherung und Angst (ist)«.[24] Es geht darum, sich in Veränderungsprozessen gut verbunden zu fühlen, sozusagen in Sicherheit. Dazu kann man die Methoden der Großgruppenmoderation verwenden, die durch moderierte Prozesse wunderbar helfen, um Meinungen zu hören, Erfahrungen auszutauschen, Ideen zu generieren, sich dann aber auch gemeinsam auf etwas zu einigen und konkret zu planen. Und das kann man übrigens (auch wunderbar) mit Freiwilligen tun. Man sollte erstmal keinen zwingen, sondern einfach loslegen und gute Erlebnisse schaffen – für diese »Radikale Zusammenarbeit«.

einfach anfangen

Bernhard Langer, der Golf-Profi, wurde vor Jahren bei einem Turnier gefragt, wie er es schafft, schon so lange so erfolgreich zu sein. Seine Antwort war: *»Man muss sich einfach auf einen Schlag nach dem anderen konzentrieren«*. So ist das mit dem Verändern auch.

Man muss vor allem eins: anfangen. Einen Unterschied machen. Veränderung erleben und spüren. Unser Gehirn liebt dieses Kleinklein, weil es sofort etwas auslöst.

Nichts gegen große Pläne und Strategien. Das hat alles seine Berechtigung. Aber das Loslegen ist das wichtigste. Weg von Ankündigungen hin zu Taten. Manchmal sind das auch ganz kleine Dinge. Und dann gilt, was Niels Pfläging sagt: *»Change ist wie Milch in Kaffee geben.«*[25]

Ich arbeite in Veränderungsprojekten nur noch in kurzen Sprints (sorry für den Missbrauch, liebe Agilist:innen), kleinen Häppchen und Zeitabschnitten, die nicht weiter als maximal drei Monate gehen. Am liebsten mache ich *»Mein Ding ab morgen«*. Mit was fangen wir, vor allem, mit was fange ICH an? Was ist wichtig für die nächsten vier bis sechs Wochen? Es reicht ein *»Good enough for now. Save enough to try«*. Mehr nicht. Alles Weitere kommt. Und verändert sich eh ständig. Es geht darum, was das Allerwichtigste ist und was vor allem für einen Unterschied sorgt. Man kann sowieso nicht alles bedenken und im Vorfeld wissen. Man lernt beim Losgehen und beim Laufen. Damit einem die Veränderungsideen nicht ausgehen, kann man ja zur Sicherheit eine große Liste, einen Backlog erstellen. Die Erfahrung zeigt, dass man den getrost zur Seite legen kann, weil auch so alle wissen, was noch zu tun ist. Der Fokus muss aufs

Machbare, aufs nächste Gute. Damit schafft man sich auch immer wieder Erfolgserlebnisse, die wichtig sind in Veränderungsprozessen.

Man kann diesen ersten Schritt einen Prototypen, einen Piloten, ein Experiment oder auch »Probehandeln« nennen. Das nimmt den Druck der Perfektion weg und lässt zu, dass ausprobiert wird. Dazu stelle ich meist die KonsenT-Frage, die Frage nach dem schwerwiegenden Einwand: *»Können wir (erstmal) so starten oder gibt es einen berechtigten, schwerwiegenden Einwand dagegen?«*.

Im japanischen Konzept von Kaizen, der Lebens- und Arbeitsphilosophie der fortwährenden Verbesserung zum Besseren geht es um genau diese kleinen Schritte, die gut machbar sind, die unser Gehirn nicht in Alarm versetzen. Wesentliche Änderungen basieren auf geringfügiger Verbesserung. Alte Gewohnheiten sind der größte Feind der Veränderung. Und im Umkehrschluss sind neue Gewohnheiten logischerweise Unterstützer von Veränderung.

In der Arbeit mit Teams starte ich in der Regel auch mit kleinen Ritualen, mit »Tiny Habits« wie dem Check-In und Check-Out. Das hört sich banal an, sie sind aber, wenn sie gut gemacht und ehrlich gemeint sind, ein gutes Tool, um Verhalten zu ändern.

Eine schöne Haltung ist der »Anfängergeist«: jede noch so kleine Routine kann man neu betrachten, neu bewerten und anders machen. Man kann auch bewusst alte Rituale verändern, indem man zum Beispiel alle Jourfixes abschafft. Irritation bringt unser Gehirn auf Trab.

Manchmal hilft auch ein Ortswechsel, macht es Sinn, Büros oder Schreibtische zu tauschen, Mitarbeitende zum Beispiel nicht in ihren alten Abteilungen (sprich Silos) sondern in gemischten Teams zusammenzusetzen. um eine neue Energie, neue Blickwinkel ins Team zu bringen.

Raus aus der Komfortzone. Es geht darum, dass man neue Erfahrungen macht – nur so lernt man. Unlearn – das Identifizieren und Loslassen alter Gewohnheiten, vor allem aber von Glaubenssätzen und Mustern. Sich auf den Weg machen und Menschen, die wir schon lange kennen und von denen wir ein bestimmtes Bild im Kopf haben, die Chance geben, sie neu erleben zu können. Die »Lücke« finden – zwischen Reiz und (alter) Reaktion.

Nicht nur Irritation bringt unser Gehirn in Bewegung, sondern vor allem Gemeinschaft, Verbindung. Man kann ja nur bei und mit sich selbst anfangen, aber man kann andere Menschen dazu einladen. Es geht darum, ein gemeinsames Erleben zu schaffen. Der gemeinsame Prozess des

Suchens und Findens ist wichtig, gemeinsame Erfahrungen sind wichtig. Für einen guten Start macht es Sinn, sich als Team (besser) kennenzulernen oder auch, sich von einer anderen Seite kennenzulernen. Erfahren, welche Erfahrungen die Menschen gemacht haben, was sie brauchen, was auf gar keinen Fall geht, was schön wäre. Ich finde, dass ein Ortswechsel, ein Offsite an einem schönen Ort dafür ganz guttuend ist.

Die Rolle von Führung beim Verändern ist vor allem, ein:e Vormacher:in, sichtbar und nahbar zu sein. Tischkicker sind ja nicht gerade mein Lieblingstool, aber in einem Interview mit dem *»rbb24 Inforadio«* hat Henrik Falk, der neue Chef der Berliner Verkehrsbetriebe (BVG) gerade zu seinem Amtsantritt gesagt, dass er schon lange so ein Ding in seinem Büro stehen hat und mit allen möglichen Menschen kickert, weil er damit wirklich eine andere Art des Kontakts schaffen kann.[26] DAS fand ich gut.

Zur Aufgabe von Führung gehört auch, Verantwortung wirklich abzugeben, Platz zu machen, sich nicht ständig einzumischen, die Mitarbeitenden ihre eigenen Lösungen finden zu lassen, damit sie ins Tun kommen können. Dafür muss man auf der einen Seite wohlwollend und auf der anderen (möglichst) gelassen sein. Und da sein muss man (nur), wenn man gebraucht wird.

Freude hilft übrigens auch beim Verändern, beim Machen. Ich weiß gar nicht, wieso Spaß und Lachen bei der Arbeit so verpönt sind. Ist doch gut, sich zu freuen, Erfolge zu feiern und sich zu belohnen. Aber auch über sich, über Fehler und über Missverständnisse lachen zu können.

Zwischendurch braucht es kleine Haltepunkte, Stationen und Momente der Reflexion. Um zu verschnaufen, aber vor allem, um zu sehen, was sich schon verändert, um eben zu feiern, was schon gelungen ist, um das Projekt feinzutunen, wenn es nötig ist. Es ist ja immer wieder ein neues Anfangen, ein nächster neuer erster guter Schritt.

lernen ist das neue changen

Ende gut alles gut. Und, wenn es noch nicht gut ist, ist es noch nicht das Ende. Mit dem Verändern ist das auch so. Das liegt aber nicht daran, dass Themen in solchen Prozessen nicht gut werden könn(t)en, also lösbar sind, sondern an der Perspektive. Es gilt: *»Change ist jetzt immer«*.

Veränderung ist nur dann ein Projekt mit einem klaren Anfang und Ende, mit Planbarkeit, wenn es wirklich EINE konkrete Maßnahme ist. Dann würde ich es »Change« nennen. Es soll sich etwas von A nach B bewegen oder verändern, ist einigermaßen linear, vorausschau- und berechenbar. Zum Beispiel: Herr Müller soll von Abteilung X zu Abteilung Y wechseln. Dafür braucht es eine Stellenbeschreibung, eine Übergabe und Einarbeitung, vielleicht muss Herr Müller dafür auch noch ein kleines Training besuchen. Das wars im Wesentlichen. Das ist alles planbar, fängt zu einem bestimmten Zeitpunkt an und hat dann ein Ende, wenn Herr Müller den neuen Posten antritt.

Genau DAS könnte aber auch KEIN Projekt, kein einfacher Change sein, weil die Versetzung von Herrn Müller eine Verkettung von diversen Themen ist, man damit versucht, Probleme zu lösen, die an ganz anderen Stellen ihren eigentlichen Platz haben und und und. Könnte. Und ganz oft passiert nämlich genau das. Das mit dem Change wird meist kompliziert, weil es komplexer ist als gedacht. Und das macht das mit dem Verändern auch erst schwierig. Es könnte nämlich bedeuten, dass es dafür eine Transformation braucht.

Es geht also darum, die verschiedenen Ebenen und Aspekte eines Themas sauber voneinander zu trennen. Nur, weil man zum Beispiel mit Führungskräften einen Halbtages-Workshop zu Digitalisierung macht, wird sich nicht gleich die Kultur der gesamten Organisation in Richtung Offenheit, Kreativität und Innovation verändern. Es ist einfach das falsche Werkzeug. Man nennt es das »Law of Instruments« oder »Maslows Hammer«.[27] Der amerikanische Psychologe soll gesagt haben: *»Ich glaube, es ist verlockend, wenn das einzige Werkzeug, das man hat, ein Hammer ist, alles zu behandeln, als ob es ein Nagel wäre«*. Manchmal ist leider die Auswahl der Werkzeuge in der Organisation ein bisschen begrenzt. Um ein Thema besser verstehen, es einordnen und ganzheitlich betrachten zu können, hilft das Modell der »Vier Quadranten«, das schon beschrieben wurde.

Transformation ist für mich etwas Profundes, Tiefes. Es geht um eine komplexe Situation, bei der man manchmal nicht einmal die Ausgangslage einfach benennen, geschweige denn die Wege und schon gar nicht mögliche Ergebnisse wirklich voraussagen kann. Manchmal passieren oder besser gesagt zeigen sich Dinge in der Organisation, die nach Lösung rufen, für die man aber erst einmal Ursprünge, Zusammenhänge, Energien, Wirkkräfte und Einflüsse verstehen und erkunden muss. Transformation ist im Gegensatz zu Change kein abgeschlossenes Projekt, sondern ein Prozess, der aber auch ein bewusstes Gestalten braucht. Wikipedia sagt zu »Transformation«: *»Transformation (lateinisch trans,*

»über, hinweg« und lateinisch formare, »bilden, gestalten«) muss wesentliche Veränderungen zur Folge haben«.[28]

Und dann gibt es neben dem Change und der Transformation noch die lernende Organisation. Sie ist ein Teil der »New Work«-Prinzipien (neben Verantwortung, Flexibilität und Partizipation). Und damit sozusagen der Idealzustand einer Organisation, um nicht von einem Veränderungsprojekt ins nächste zu stolpern. Die Idee ist, Veränderung als ganz normalen Aspekt unserer Arbeit zu sehen.

Das mit dem Verändern wird weniger schmerzhaft, wenn man a) es einfach als gegeben akzeptiert, b) es als Teil des Arbeitens, des ganz normalen Arbeitsalltages und der Unternehmenskultur begreift und c) es vor allem lernt. Alle in der Organisation. Es geht darum, zu einer lernenden Organisation zu werden und das als den Normalzustand der Organisation zu begreifen. Dafür müssen wir den Gedanken der Veränderung umarmen und einen neuen Bezug zu ihr entwickeln. Es geht darum, Veränderung als einen kontinuierlichen Prozess in seiner Ganzheit zu sehen – nicht als Momentaufnahme, »Schnappschüsse« des Alltags.

Peter Senge, der amerikanische Lernforscher, hat schon 1990 in seinem Buch *»Die fünfte Disziplin«* über diese lernende Organisation geschrieben. Seine Definition ist: *»Aus organisationspsychologischer Sicht ist eine lernende Organisation eine Organisation, die systematisch strategische und zielgerichtete Lernprozesse anstößt und zukunftsorientiertes Lernen mit Erfahrungslernen kombiniert«.*[29]

Für Senge ist die Fähigkeit, aber auch die Schnelligkeit zu lernen, DER relevante und dauerhafteste Wettbewerbsvorteil für Unternehmen ist. Es geht um Innovationskraft und Zukunftsfähigkeit, gleichzeitig sorgt es für die Resilienz des Unternehmens, weil sie die Anpassung an dauerhaft veränderte Rahmenbedingungen, den Umgang mit und die Bewältigung von Krise trainiert, sich nachhaltig und vor allem immer wieder neu ausrichten und anpassen kann. Wenn eine Organisation vorausschauend ist und bleibt, muss sie nicht immer wieder nachkorrigieren und den Veränderungen hinterherlaufen. Außerdem ist Wissen mittlerweile einfach zum vierten Produktionsfaktor neben Boden, Arbeit und Kapital geworden. Es muss also gut gemanagt und gut eingesetzt werden.

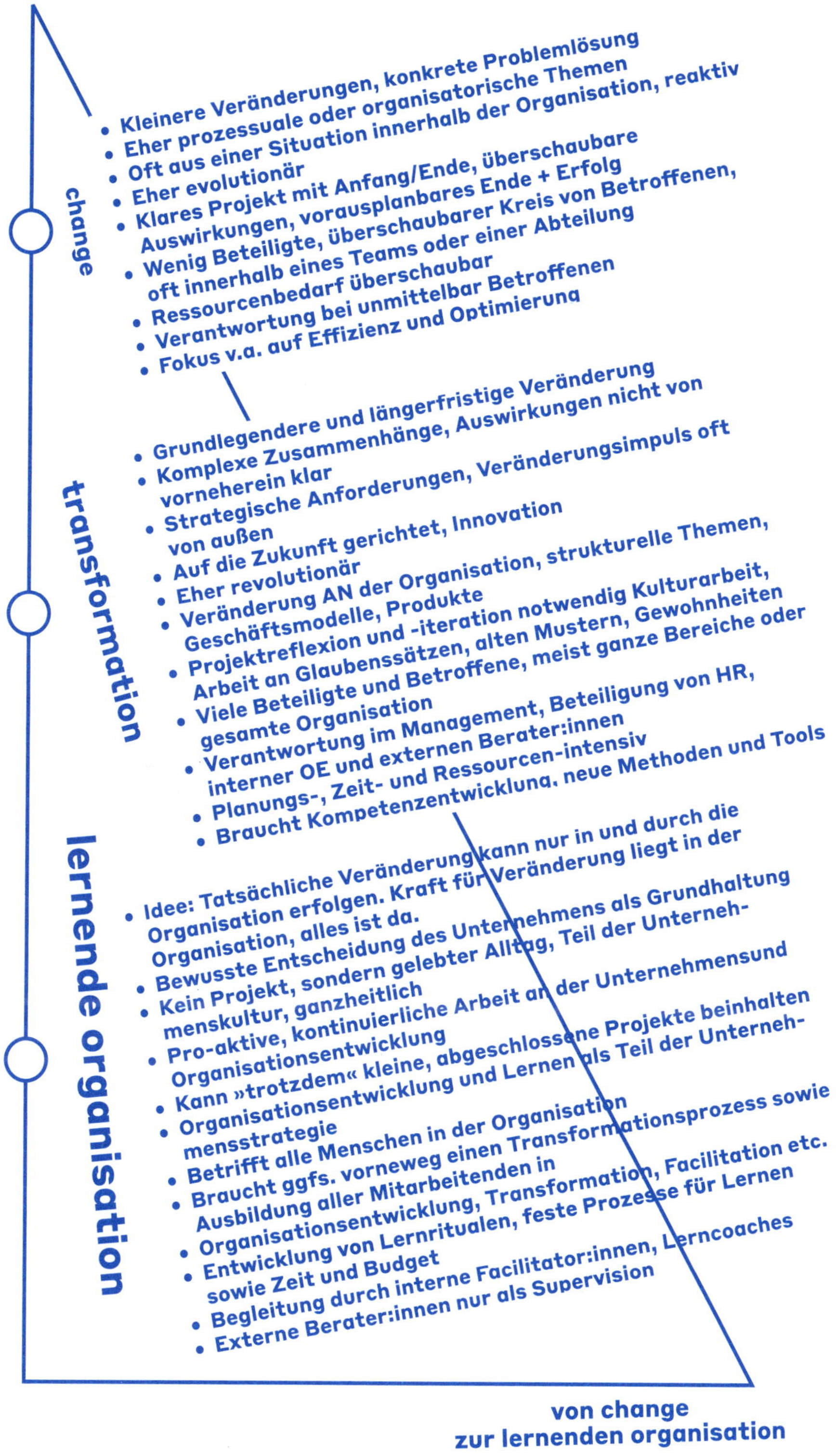

change

- Kleinere Veränderungen, konkrete Problemlösung
- Eher prozessuale oder organisatorische Themen
- Oft aus einer Situation innerhalb der Organisation, reaktiv
- Eher evolutionär
- Klares Projekt mit Anfang/Ende, überschaubare Auswirkungen, vorausplanbares Ende + Erfolg
- Wenig Beteiligte, überschaubarer Kreis von Betroffenen, oft innerhalb eines Teams oder einer Abteilung
- Ressourcenbedarf überschaubar
- Verantwortung bei unmittelbar Betroffenen
- Fokus v.a. auf Effizienz und Optimierung

transformation

- Grundlegendere und längerfristige Veränderung
- Komplexe Zusammenhänge, Auswirkungen nicht von vorneherein klar
- Strategische Anforderungen, Veränderungsimpuls oft von außen
- Auf die Zukunft gerichtet, Innovation
- Eher revolutionär
- Veränderung AN der Organisation, strukturelle Themen, Geschäftsmodelle, Produkte
- Projektreflexion und -iteration notwendig Kulturarbeit, Arbeit an Glaubenssätzen, alten Mustern, Gewohnheiten
- Viele Beteiligte und Betroffene, meist ganze Bereiche oder gesamte Organisation
- Verantwortung im Management, Beteiligung von HR, interner OE und externen Berater:innen
- Planungs-, Zeit- und Ressourcen-intensiv
- Braucht Kompetenzentwicklung, neue Methoden und Tools

lernende organisation

- Idee: Tatsächliche Veränderung kann nur in und durch die Organisation erfolgen. Kraft für Veränderung liegt in der Organisation, alles ist da.
- Bewusste Entscheidung des Unternehmens als Grundhaltung
- Kein Projekt, sondern gelebter Alltag, Teil der Unternehmenskultur, ganzheitlich
- Pro-aktive, kontinuierliche Arbeit an der Unternehmensund Organisationsentwicklung
- Kann »trotzdem« kleine, abgeschlossene Projekte beinhalten
- Organisationsentwicklung und Lernen als Teil der Unternehmensstrategie
- Betrifft alle Menschen in der Organisation
- Braucht ggfs. vorneweg einen Transformationsprozess sowie Ausbildung aller Mitarbeitenden in Organisationsentwicklung, Transformation, Facilitation etc.
- Entwicklung von Lernritualen, feste Prozesse für Lernen sowie Zeit und Budget
- Begleitung durch interne Facilitator:innen, Lerncoaches
- Externe Berater:innen nur als Supervision

von change
zur lernenden organisation

Für Senge ist diese lernende Organisation auch ein Ort, *»an dem Menschen erleben, dass sie ihre Realität und ihre Zukunft selbst schaffen«* und *»permanent lernen, wie sie gemeinsam dazulernen können«*.[30]

Die Kraft für die Veränderung steckt in den Unternehmen und in den Menschen selbst. Es ist alles da. Menschen sind per se selbstwirksam und können mehr verändern und bewegen als wir oder sie manchmal so denken oder ahnen. Sie haben ein intuitives Lern- und Entwicklungsbedürfnis, das an so vielen Stellen in den Organisationen brach liegt.

Ganz abgesehen davon, kann wirkliche, nachhaltige Veränderung sowieso nur in der und durch die Organisation selbst stattfinden. All das, was Berater:innen an Wissen und an Erfahrung in Veränderungsprojekte mitbringen, muss in die Organisation. Sie sind gut für den Blick von außen, auch für Training, für Korrektur, zwischendurch für Austausch und Motivation, aber sie dürfen kein Bypass sein.

ALLE im Unternehmen müssen lernen, mit den Herausforderungen der digitalen VUCA-Welt umzugehen. Es reicht auch nicht mehr aus, dass nur ein kleiner, privilegierter Teil des Unternehmens stellvertretend für alle lernt.

Weil auch Lernen immer ist. Es ist kein Projekt, sondern muss Teil der Unternehmensstrategie und der Unternehmenskultur sein. Da es ja eigentlich sowieso ständig und überall in der Organisation stattfindet, macht es Sinn, es bewusster und zielgerichteter zu gestalten. Also vorausschauend; nicht reaktiv, wenn man feststellt, dass irgendwo gerade wieder etwas nicht funktioniert.

Indem Veränderung Teil der »normalen« Arbeit wird, indem das AN der Organisation arbeiten ein bewusster Prozess wird, Organisationsentwicklung ein Teil der Vision und der langfristigen Unternehmensstrategie werden, befähigt man Organisationen für Veränderung.

Dave Gray sagt in seinem Buch »The Connected Company«: *»Learning is fundamentally different from training«*.[31] Es geht nicht darum, dass man das Personalentwicklungsprogramm einfach nur größer macht und mehr Geld ausgibt. Es geht darum, es richtig und wertschöpfend zu machen. Das ist eine wichtige Aufgabe von HR. Aber nicht wie bisher. Es geht nicht um die Verwaltung des Trainingskataloges und einer Liste von Trainer:innen und Coaches. Es geht darum, zu verstehen, was die Organisation *wirklich wirklich* braucht, was diese »Future Skills« sind und vor allem sein werden. Und wie Lernen und Entwicklung zusammen mit allen Mitarbeitenden sinnvoll stattfindet. Auch hier geht es um Nutzer:innenzentriertheit, um bedarf- und bedürfnisorientiertes Lernen, nicht nur inhaltlich, sondern auch zeitlich und räumlich flexibel, selbstverantwortlich und selbstorganisiert, kollaborativ und ko-kreativ. »New Learning« also. HR/Personal könnte dabei wunderbar die Rolle eines Lernlotsen einnehmen, der mit gemeinsam allen in der Organisation Wissensstände analysiert, Bedarfe herausfindet, schlaue Entwicklungsprogramme aufsetzt, Inhalte und Menschen miteinander verbindet.

Zu diesem Lernen gehört vor allem immer wieder das bewusste und regelmäßige Reflektieren und Verstehen – der Veränderung selbst, von Zusammenarbeit, von Lernprozessen. Es gilt, Erfolge und Learnings sichtbar zu machen, wahrzunehmen, was das Lernen und Verändern mit der Organisation macht, die sozialen Aspekte im Blick zu haben, immer wieder nach Stimmigkeit und Effektivität zu schauen. Es geht um Transparenz, Fehler ein- und ausräumen. Man lernt es in der Systemtheorie und in der Lerntheorie, die Design Thinker:innen und Agilen haben es auch übernommen: es geht um Schleifen. Um die Iteration. Machen, anhalten, Informationen sammeln, Hypothesen bilden, reflektieren und neue Erkenntnisse gewinnen, neue Lösungen vereinbaren, nachjustieren, weitermachen. Und damit alles in guter Bewegung zu halten. Manchmal auch hinfallen und wieder aufstehen. Vor allem geht es immer wieder darum, Entscheidungen treffen, um in dieses neue Tun zu kommen. Die Idee der Veränderung als Teil unseres Arbeitens, hält die Organisation dann auch einfach im Tun. Dann gibt es nicht mehr diese krampfigen Change-Projekte, nicht mehr die Frage des schon wieder Neu-Anfangens. Dann wird das Ganze ein Flow und die Dinge entwickeln sich, können sich entwickeln. Man muss dafür »nur« die Aufmerksamkeit gut lenken. Die Energie folgt dann der Aufmerksamkeit.

Bei all dem wechseln sich Phasen der Veränderung mit Phasen der Stabilität ab. Auch das braucht es – und zwar bewusst. Aus der Ruhe kann wieder etwas reifen. Ein System pendelt sich immer wieder neu ein. Alles ist ein andauernder und fortlaufender Prozess.

Es stimmt einfach, das mit dem *»Change ist jetzt immer«*. War er übrigens auch schon immer. Das ist die Natur, das sind wir Menschen. Wir sind immer in Veränderung. Während Sie dieses Buch lesen, hat sich Ihre Haut wahrscheinlich schon einmal komplett erneuert. Der menschliche Körper baut zwischen 10 und 50 Millionen Körperzellen pro Sekunde ab und ersetzt sie durch neue.

Gleichzeitig ist Veränderung wie ein Muskel, den wir ständig trainieren müssen. Wir gehen ja auch nicht ein einziges Mal ins Fitnessstudio, heben Gewichte und sehen an Tag eins wie ein:e Bodybuilder:in aus. Neue Gewohnheiten verändern über die Zeit dann auch unser Gehirn. Neue Rituale tun uns gut. Bei der Selbstwirksamkeit geht es nicht nur darum, etwas in einem Moment, einer Situation zu bewirken, sondern es geht darum, sie generell zu stärken und in unserem Leben zu halten.

Am besten geht das, wenn wir eine Neugierde entwickeln, wenn wir unsere Freude an der Veränderung, am Lernen entdecken. Eine Lust am Lernen, die eigenen Kompetenzen weiter zu entwickeln. Entdecken. Sich entdecken.

Und trotz allem: manchmal kann das mit dem Verändern auch einfach schwierig werden...

... und wenn es doch schwierig/komisch wird?

Wenn man all die genannten Aspekte und Ideen für Veränderung berücksichtigt, einen neuen Umgang mit diesem Verändern findet, ist die Wahrscheinlichkeit, dass es gut oder wenigstens besser als bisher läuft, ziemlich hoch. Aber, hey, man weiß nie.

Veränderung ist ein Prozess. Unterwegs kann so Einiges und Unerwartetes passieren. Manchmal ändern sich Umstände, plötzlich gibt es neue Akteure, neue Chef:innen oder Kolleg:innen oder jemand kündigt, Situationen verändern sich, Meinungen verändern sich, Budgets werden gekürzt oder gestrichen. Manchmal hat man auch einfach etwas übersehen. Und ganz abgesehen davon, lernen alle Beteiligten auf dem Weg dazu, machen Erfahrungen, entdecken Neues – für sich selbst, aber natürlich auch im Team. Veränderung ist einfach kein gerader Prozess.

Und manchmal ist es schwierig. Das ist einfach so. Wie immer ist es eine Frage der Perspektive.

Zum einen muss man dieses »schwierig« einfach als ein Teil des Prozesses sehen. Punkt. Es gehört dazu. Gleichzeitig ist es alleine unser Gehirn, das in gut und schlecht einordnet, das Dramen aus Dingen macht, die so gesehen »einfach nur« passieren. Ab wann fängt denn etwas an, in die Kategorie »Problem« oder »anstrengend« zu fallen. WIR entscheiden doch über die Wörter, über Bedeutung. Was für den oder die eine:n völlig okay, normal oder aushaltbar ist, ist für den oder die andere:n schon Drama oder Katastrophe. All das mit dem »Schwierigen« ist eben nur: eine Fantasie. Unser Gehirn samt Nervensystem machen das mit uns.

Ich will das nicht klein reden. Natürlich kann Veränderung anstrengend sein, mitunter wird es mühsam, es gibt traurige, enttäuschende und hilflose Momente. Aber die wichtigste Frage ist doch, wie man auf diese Momente schaut und wie man damit umgeht. Es ist auch hier eine Frage der Haltung. Und ein Bewusstheitsthema. Es ist ein bisschen wie samstags zu Ikea zu fahren und schon auf dem Parkplatz die Krise zu kriegen – anstatt sich zu sagen, dass, wenn man schon hinfährt, es eine bewusste Entscheidung ist und man das Beste daraus macht, sich überlegt, wie man es gut gestalten kann, vor allem, wenn es sich nicht vermeiden lässt. Sich dafür zu belohnen, hilft manchmal auch.

Es ist auch eine Frage, wie sehr Gefühle, Zweifel und Ängste, Unsicherheit Platz und Erlaubnis in der Organisation haben, da sein und ausgesprochen werden dürfen. Gedanken wie, dass das alles sowieso nicht funktioniert, keinen Sinn macht, nichts bringt, dass die anderen das nicht wollen, dass man das sowieso nicht schaffen kann. Wir kennen das. Es muss (gerade in Veränderungsprozessen) erlaubt sein, kritische Themen anzusprechen. Deshalb sind Tools wie das »Spannungbasierte Arbeiten« und Retrospektiven auch so hilfreich. Es braucht Rituale, die regelmäßig in einem sicheren Raum dafür sorgen, dass diese Themen adressiert werden können und dann vor allem aber auch gelöst werden. Es geht darum, auch leise Signale wahrzunehmen, gut zuzuhören, zwischen den Zeilen zu hören und wirklich verstehen zu wollen. Es geht in diesen Prozessen um Achtsamkeit, manchmal um Entschleunigung und darum, wieder Eins zurückzugehen. Es ist gut, immer wieder anzuhalten, zu atmen, Raum für Reflexion zu schaffen. Man muss checken, ob die Annahmen und Bedingungen noch dieselben oder die gleichen und die richtigen sind. Und es muss auch Nichts-Tun geben.

Es wird definitiv »Zwischenzeiten« geben, in denen es ungemütlich und unsicher ist, weil das Neue noch nicht da, das Alte vielleicht noch nicht ganz weg oder schon komplett weg ist. Man nennt das »Liminal Space« oder »Neutrale Zone«. Auch das muss man bewusst aushalten. Auch hier gilt: sprechen hilft. Und: was kommt, kommt, was nicht kommt, kommt eben auch nicht. Ruhe bewahren. Und schauen, wieso es nicht kommt oder nicht kommen kann. Manchmal muss man Unbehagen auch aushalten und Widersprüche und Widerstand umarmen. Wenn es schwierig wird, hilft für die Beruhigung ein einfacher Anhang an den Satz der lautet: *»... jetzt gerade«*. In diesem Moment ist es, kommt es mir so vor, geht es mir so. Und das ist auch völlig in Ordnung.

In solchen Veränderungsprojekten taucht oft das Thema »Widerstand« auf. *»Die wollen das nicht«*. Meiner Erfahrung nach geht es dabei sehr oft, um einzelne Menschen, die gegen etwas sind oder dagegen arbeiten und mit denen man einfach mal sprechen und etwas klären müsste. Sehr oft sind es nicht *»die (alle)«*. Es ist meist mit ganz alten und ungelösten Themen verbunden, die sich aufgestaut und nichts mit der aktuellen Situation zu tun haben. Von daher geht es darum, sich diesen Widerstand anzuschauen, ihn nicht als etwas Allgemeines zu sehen, in Einzelgespräche zu gehen und zu fragen: *»Was brauchst du?«*. Das ist überhaupt eine wunderbare Frage, um Menschen wieder zu sich selbst zurückzubringen, ihnen ihre Verantwortung zurückzugeben. Wenn man diese Frage ernst nimmt und von Herzen stellt, bringt sie die Menschen wieder in ihren Fokus. Sie geht weg vom Wirrwarr der Emotionen, hin zu einem ernsthaften Nachdenken, was denn wirklich das Problem ist.

Was auch hilft, ist, die Menschen von den Rollen zu trennen. Nicht *»Herr oder Frau Schulze findet etwas doof oder schwierig«*, sondern das Problem liegt in der Rolle. Auch das verändert die Perspektive und hilft, Themen zu lösen.

Und manchmal führt kein Weg daran vorbei und ist es auch gut, sich zu trennen – für beide Seiten. Es ist okay, wenn Menschen eine Organisation verlassen, weil sie nicht hinter einer Veränderung, hinter strategischen Überlegungen, hinter Ideen wie zum Beispiel der Selbstorganisation stehen. So ist das eben manchmal. Es werden dafür neue kommen, die genau DAS suchen, unterstützen und damit für diese Zukunftsfähigkeit sorgen. Das heißt nicht, dass man nicht alles versuchen sollte, die Menschen zu halten und für einen guten Platz zu sorgen, aber manchmal geht es eben auch nicht. So ein Prozess der Trennung braucht aber dann ganz viel Transparenz, Respekt und Anstand.

Was auch noch wichtig ist: Nicht selten, verfallen Menschen in schwierigen, kritischen oder hektischen Situationen wieder ins Alte, in ihre Muster. Auch das ist eine ganz normale Reaktion unseres Gehirns auf Stress. Auf jeden Fall gilt, wenn etwas nicht funktioniert, nicht noch mehr vom Selben zu machen, sondern anzuhalten, die Maßnahmen wie auch die Fragen zu hinterfragen. Und zu schauen, was jetzt guttun würde. Und übrigens entsteht Mut dadurch, dass man sich etwas zumutet.

Nicht nur für schwierige Prozesse, aber gerade dann hilft, wenn es in der Organisation Knowhow zu Moderation oder Facilitation, zu Konfliktmanagement und Meditation gibt. Es gibt auch gute intern Formate wie die Kollegiale Beratung, die unterstützen. Und manchmal hilft eben auch der berühmte Blick von außen, eine Beratung oder Supervision durch einen externe:n Berater:in oder Coach.

Man kann diesen »guten« Umgang mit Veränderung, mit Herausforderungen oder Schwierigkeiten lernen. Viel davon gibt es in den Konzepten der Resilienz oder der Positiven Psychologie. Wann immer es schwierig wird: es ist auch hier wieder die Frage unseres Menschenbildes. Es braucht keine Schuldigen und keine Anklage. Nur Fragen und Verstehen. Menschen handeln nicht doof, weil sie doof sind, sondern weil sie das System genau so handeln lässt. Weil sie unsicher sind, nicht die richtigen Informationen oder in der richtigen Form haben, weil sie nicht den richtigen »Raum« für sich finden.

Es ist wichtig, diesen guten Raum für Veränderung zu schaffen.

Reflexion

Wann haben sie gute Veränderungsprojekte erlebt? Was genau ist passiert, dass sie gut waren? Wer hat was getan dafür? Und was haben Sie getan?

Kleine, feine Lieblingstools, die ich und viele meiner Kund:innen verwenden, um ins Tun zu kommen:

- **Dailys, Weeklys und StandUps**
  Weg mit langatmigen Meetings, hin zu kurzen und knackigen Formaten, die aus dem agilen Kontext kommen, bei denen sich Menschen in regelmäßigen Abständen schnell und unkompliziert miteinander abstimmen, gemeinsam schauen, ob sie auf einem guten Weg sind und ob sie dafür etwas brauchen. Das kann am Anfang oder zu Ende eines Tages, einer Woche, eines Monats, eines Projektes stattfinden und dauert um die 15 Minuten. Am besten findet es im Stehen statt. Gerne mit einer Tasse Kaffee in der Hand.

- **Check-In und Check-Out**
  Gutes Ankommen und Abschließen von Meetingformaten aller Art – um sich zu fokussieren, um sich einzustimmen oder gut abzuschließen und um sich besser kennenzulernen. Dabei können die Fragestellungen je nach Anlass variieren. Das Internet liefert jede Menge Vorlagen dafür. Ein kleines Ritual, das, wenn man es von Herzen macht, für bessere Meetings und über die Zeit für ein besseres Miteinander sorgt.

- **Instant Feedback, Retrospektiven und Spannungsbasiertes Arbeiten**
  Am besten ist es natürlich, sich in der jeweiligen Situation Feedback zu geben und nicht bis zu irgendwelchen Jahresgesprächen zu warten. Man nennt das Instant Feedback. Gleichzeitig ist es gut, regelmäßige Formate zu haben, in denen die Zusammenarbeit gemeinsam im Team reflektiert wird: Retrospektiven. Retros finden zu wichtigen Milestones eines Projektes oder regelmäßig alle sechs Wochen bis maximal drei Monate statt. Man schaut sich an, was gut läuft und was nicht so gut läuft. Dabei startet man immer mit dem Guten! Das »Spannungsbasierte Arbeiten« ist ebenfalls eine gute Methode, um Unstimmigkeiten an- und auszusprechen. Die Idee ist: ich habe eine Spannung zwischen dem, wie ich finde, dass es etwas läuft und wie es (meiner Meinung nach) laufen sollte. Darin liegt ein Raum der Möglichkeit und Veränderung. Auch das Spannungsbasierte Arbeiten kann im Moment oder als Ritual angewandt werden. Es geht immer

wieder um gemeinsames Lernen und Verbessern. Was manchmal helfen kann, ist, das Ganze ins Freie zu verlagern und gemeinsam auf einen Spaziergang zu gehen.

- **Prototypen, Sprints und Definition of Done**
  Loslegen und klein anfangen helfen, um ins Tun zu kommen. Dazu helfen kurze Zyklen von vier Wochen bis maximal drei Monaten, in denen etwas ausprobiert, getestet, überprüft, immer weiter verfeinert und gegebenenfalls auch wieder losgelassen werden kann. Wichtig ist, dass man sich darüber einigt, was das Ende und Ergebnis eines solchen Prozesses sein soll, die »Definition of Done«. Dafür hilft auch, sich am Anfang ein Zielbild zu imaginieren und sich vorzustellen, wie es ist, wie es sich anfühlt, wenn alles gut gelaufen ist.

- **Kanban Boards**
  Aus dem Lean Management kann man die Idee der Kanban Boards übernehmen. Ein einfaches Arbeitsmittel, bei dem alle die Projekte oder Aufgaben und deren Status sehen und daran mitarbeiten können. Es gibt drei Spalten: Was läuft gerade, was ist schon getan, was kann später gemacht werden? Ganz schlicht.

- **KonsenT und integrative Entscheidungsfindung**
  Wenn man viele Meinungen hören, aber trotzdem nicht ewig diskutieren will, hilft der KonsenT. Für Entscheidungen gilt das Prinzip des schwerwiegenden Einwandes: Jemand macht einen (natürlich wohl überlegten) Vorschlag, bei dem er oder sie einen guten, einen integrativen Entscheidungsprozess durchläuft, das heißt alle und alles Relevante mit einbezieht und bedenkt. Und wenn es keine großen und geschäftsschädigenden Bedenken gibt, ist die Entscheidung angenommen. Fertig.

- **Kollegiale Beratung, Communities of Practice und WOL etc.**
  Für Menschen, die Lust haben, sich mit einem Thema zu beschäftigen, gemeinsam zu lernen, sich auszutauschen und sich bei Fragen gegenseitig zu unterstützen, gibt es viele verschiedene Formate. Sogenanntes »Peer-Learning«. Menschen treffen sich in Organisationen zu kollegialer Beratung und in Communities of Practice rund um ein Thema. Was auch gut ist, ist das Format von »Working Out Loud« (WOL),

bei dem sich Menschen in kleinen gemischten Gruppen anhand eines Leitfadens über zwölf Wochen miteinander zu ihrem jeweils selbst gewählten Thema austauschen. Oder man kann einfach »Mittagessen-Roulette« machen – Mitarbeitende werden einander per Zufallsprinzip zugelost. Oder einen internen Buchclub gründen. Alles ist freiwillig und selbstorganisiert und man ist nichts und niemandem verpflichtet – außer sich selbst.

wieso ich?!

Sie haben bis dahin jede Menge über »New Work« und über das Thema »Veränderung« gehört (also gelesen). Und vielleicht fragen Sie sich ja schon die ganze Zeit, was das bitte alles mit Ihnen zu tun hat... Ich würde mal sagen: viel, weil:

WIR sind die Arbeit

Das Grundverständnis von »New Work« ist, dass WIR ALLE gemeinsam die Arbeit, die Organisation, das Unternehmen sind. Erst, wenn wir die Frage nach dem *»Wem nützt es?«* neu beantworten, wird sich etwas verändern. UNS muss es nützen, dieses Arbeiten. ALLEN Beteiligten und Betroffenen. Nicht nur den Unternehmen, den Organisationen, sondern eben gleichermaßen den Mitarbeitenden, den Partner:innen samt unserem Planeten. Es ist nicht (mehr) DIE und WIR, sondern wir zusammen. Wir alle zusammen müssen mitmachen, sonst schaffen wir das nicht, wird sich einfach nichts verändern. Wenn wir ALLE auf die Barrikaden gehen, das bisherige Arbeiten so nicht weiter unterstützen, nicht mehr weiter so mitmachen, wenn wir uns gemeinsam bewegen, dann bewegt sich auch das große Ganze.

Es braucht jede:n

Wenn wir alle die Arbeit sind, geht es auch um jede:n Einzelnen. Dann muss die »gute Arbeit« im Interesse jedes:r Einzelnen liegen. Jede:r ist Teil des Systems. Und jede:r ist wichtig. Je mehr einzelne »New Work«-Menschen in ihrem Wirkkreis starten, desto größer wird der Wirkkreis. Dafür brauchen wir auch gute neue Chef:innen, die wir alle unterstützen sollten. Das Neue, das Frische, das Zeitgemäße und Zukunftsfähige muss in die Organisationen. Für diese Veränderung braucht es alles an Wissen, an Erfahrungen, an Energie und an Diversität.

Das Feld nicht den »Alten« überlassen

Wir können nicht denen das Feld überlassen, die für die »alte Arbeit«, für Höher-Schneller-Weiter und Oben-versus-unten stehen. Sie sitzen schon viel zu lange an entscheidenden Hebeln. Indem wir weiter mitmachen wie bisher, unterstützen wir all das auch weiter. Man kann nämlich nicht

nicht wirken. Und kündigen is' auch nich'. Weil, wenn die Guten kündigen, weil sie keine Lust mehr auf das alte Spiel haben, bleiben die Doofen übrig und an der Macht. Das wollen wir auch nicht.

Die anderen schon, aber ich nicht: geht nicht

Das, was wir uns alle so sehr von den Unternehmen, von unserem Unternehmen wünschen, nämlich mehr Wertschätzung, mehr Miteinander, mehr Gerechtigkeit, mehr Weitsicht, mehr Herzlichkeit, mehr Veränderungswille, mehr Zuhören, mehr Gesehenwerden und und und, das müssen wir auch selbst machen. Alle Veränderung fängt bei einem selbst an.

Sie können das!

Man nennt es Selbstwirksamkeit. Wir, also JEDE:R von uns, kann jederzeit Einfluss nehmen, um Arbeit gut und verantwortlich zu gestalten. Und zwar in seinem oder ihrem Wirkkreis. Und selbst den können wir jederzeit selbst bestimmen, vergrößern und immer wieder verändern. Oft tut es dafür schon das Kleine und Feine. ALLES ist gut. Alles bringt Bewegung. Alles verändert. Die Idee von »New Work«, von einem verantwortlichen Arbeiten, kann wie ein Nordstern fürs Große wie fürs Kleine dienen. Es kann Orientierung für jeden noch so kleinen Schritt, jede noch so kleine Tat sein.

Es könnte gut werden ...

Ganz abgesehen von den Zwängen und der Not, die uns zu »New Work« führen, könnten wir diese Idee doch einfach gut finden. Sie könnte dazu führen oder dazu anstiften, das Arbeiten ein bisschen schöner, leichter und freudvoller zu gestalten. Angst ist eh eine schlechte Ratgeberin und Begleiterin. Wir könnten die Ideen von »New Work« für einen Perspektivwechsel nutzen. Lust und Vergnügen entwickeln, aus unseren Unternehmen und Organisationen richtig gute Unternehmen und Organisationen zu machen. Wie wäre das denn?!

»mitten im tiefsten
winter wurde mir
endlich bewusst,
dass in mir ein
unbesiegbarer
sommer wohnt.«

Albert Camus[32]

»neue arbeit« selber machen

über die selbstwirksamkeit

Seit ich Führungskräfte und Teams in Veränderungsprozessen begleite, beschäftigt mich vor allem EINE Frage: Wie bringen wir die Menschen in den Organisationen, in den Unternehmen wieder oder mehr ins Handeln? Was müssen wir tun, dass sie sich beteiligen, dass sie ihre Gedanken, Erfahrungen und Ideen einbringen, dass sie aus ihrem Rückzug und manchmal auch der innerlichen Kündigung kommen? Es ist einfach Potenzialverschwendung. Und wirkliche Veränderung geht nur mit allen und mit voller Überzeugung. Alles andere verläuft im Sande oder im Widerstand.

Die gute Nachricht ist, dass Menschen das mit dem Verändern eigentlich alles wollen. Und vor allem können. Man nennt es Selbstwirksamkeit. Diese Selbstwirksamkeit ist sozusagen das Herz von »New Work«. Und ein richtig gutes Konzept

Albert Bandura, ein kanadischer Psychologe und Lernforscher hat es in den 1970er Jahren entwickelt. Bandura fragte sich, wie Menschen lernen, sich entwickeln und was sie dafür brauchen. Er wollte wissen, wie sie mit den vielschichtigen Kompetenzen, die sie alle in sich tragen, und in so komplexen sozialen Beziehungen, in denen sie alle leben, (gut) funktionieren (können). Er wollte die *»Black-Box menschlichen Denkens und Verhaltens erhellen, indem er nach den zentralen Motiven für menschliches Lernen und Verhalten fragt«*.[33] In seiner Forschung hat er sich die Frage gestellt, was soziale Bedürfnisse des menschlichen Handelns sind und was menschliche Eigenaktivität ausmacht. Aus dieser Forschung sind die »Sozialkognitive Lerntheorie« und eben sein Konzept der Selbstwirksamkeit entstanden.

Das Konzept der Selbstwirksamkeit besagt, dass wir ALLE IMMER und JEDERZEIT wirksam sind und sein können.

Bandura sagt, dass Menschen selbstorganisierende, proaktive, selbstreflexive und selbstregulierende Individuen und damit in der Lage sind, den Verlauf ihres Lebens selbst zu bestimmen. Er nennt das *»Human Agency«*, menschliche Handlungsfähigkeit. Sie sind in der Lage, Aufgaben und Herausforderungen eigenständig zu bewältigen und Ziele zu erreichen. Dabei sprechen wir nicht nur von alltäglichen Dingen wie dem Zähneputzen, sondern vor allem von der Bewältigung anspruchsvoller und komplexer Aufgaben.

Das Gute ist, dass die Selbstwirksamkeit einfach da ist. Sie hat nichts mit Wissen, Können oder Intelligenz zu tun. Auch, wenn Selbstwirksamsein in vielen Studien als eine DER Zukunftskompetenzen genannt wird, hat Bandura sie nicht als Kompetenz, als etwas, das wir erlernen müssen, eingeordnet, sondern als eine Fähigkeit, die wir alle per se besitzen. Sie hat auch nichts mit sozialer oder kultureller Herkunft zu tun. Oder damit, wie extro- oder introvertiert Menschen sind. Auch stille, schüchterne oder unsicher erscheinende Menschen sind selbstwirksam.

Die Selbstwirksamkeit ist wie eine Quelle, eine Energie oder Kraft, die in uns liegt und auf die wir vertrauen können. Diese Fähigkeit oder vielleicht Begabung ist in uns allen angelegt, wie eine Eigenschaft. Sie ist einfach immer da.

Wir können jederzeit und in jeder Situation etwas aus eigener Kraft in unserem Leben und Arbeiten bewegen und verändern. Darauf können wir uns verlassen, uns darauf besinnen, sie vor allem aber auch und gerade in schwierigen Zeiten jederzeit hervorholen. Wir können zu jedem Zeitpunkt unseres Lebens Einfluss auf unser Umfeld nehmen und etwas bewirken. Wir können in jedem Augenblick unseres Lebens und das immer wieder neu Entscheidungen treffen.

Damit will ich sagen, dass wir das Arbeiten, wie es in den meisten Unternehmen und Organisationen praktiziert wird, also das »alte Arbeiten«, nicht hinnehmen und aushalten müssen. Wir haben Wahl- und Einflussmöglichkeiten. Immer.

Ich werde oft gefragt, wie das bitte gehen soll. Wir leben doch alle in Abhängigkeiten, haben Vorgaben, Chef:innen und all sowas. Und das Leben ist ja schließlich kein Wunschkonzert oder Ponyhof, bei dem jede:r einfach wollen und machen kann, was er oder sie will. Das stimmt natürlich (auch). Aber darum geht es nicht. Es geht darum, wie wir mit diesen Abhängigkeiten umgehen, wie wir auf sie schauen, sie bewerten, ob wir uns davon einschüchtern lassen oder uns sogar ohnmächtig fühlen, ob wir in den inneren Rückzug oder in den Widerstand gehen. Natürlich sind wir manchmal auch einfach nicht in unserer vollen Kraft, finden Situationen aussichtslos und fühlen uns weit entfernt von einem Gefühl von Selbstwirksamkeit, zum Beispiel bei Krankheiten oder Todesfällen. Aber selbst in solchen Momenten können wir uns auf unsere Selbstwirksamkeit besinnen. Eben angemessen für diesen Moment.

Wir können *immer immer* entscheiden, wie wir mit einer Situation umgehen wollen. Es gibt immer den einen Moment zwischen einem Reiz und der Reaktion. Darin liegt die Kraft. Dementsprechend können wir auch immer (wieder neu) handeln. In jedem ersten oder nächsten Schritt liegt diese Wahlfreiheit – auch wenn dieser Schritt vielleicht nur ein kleiner ist, uns klein erscheint. Diesen Schritt sind wir immer in der Lage, aus uns selbst heraus zu gehen.

Manchmal bedeutet dieser Schritt erst einmal »nur« ein bewusstes Akzeptieren der Situation, die Entscheidung, dass man im Moment nichts tun kann, dass man innehalten und abwarten muss. Oder es ist, dass man seine Fragen, seine Sorgen einfach »nur« laut ausspricht, sie mit einem anderen Menschen teilt. Dass man um Rat oder Unterstützung bittet, vielleicht, dass man einfach »nur« für ein paar Worte von außen offen ist. Manchmal ist es, dass man einfach nur traurig ist, sein darf. All das sind Optionen und Aspekte der eigenen Selbstwirksamkeit.

Das Konzept der Selbstwirksamkeit deckt sich sehr mit dem, was wir über die menschlichen Grundbedürfnisse, über den Wunsch nach Selbstbestimmung wissen. Menschen haben ein Bedürfnis und eine Sehnsucht nach Selbstentfaltung, nach Potentialentwicklung. Menschen lernen und entwickeln sich gerne. Wir alle kennen diese Momente von uns selbst – wenn man etwas Neues für sich entdeckt oder in den Flow kommt. Eine Sehnsucht kann aber nur entstehen, wenn man ein bestimmtes Gefühl schon einmal für sich erlebt hat und in sich trägt. Wenn es diese Sehnsucht nach Selbstwirksamkeit nicht gäbe, würde dieses Thema auch nicht so viele Menschen berühren. Und das tut es auf jeden Fall.

Selbstwirksamkeit ist weder gut noch schlecht. Sie ist einfach da. Das bedeutet aber nicht, dass – egal was und wie wir etwas tun – alles in Ordnung und erlaubt ist. Absolut nicht. Es geht nicht um einen Ego-Trip. Wir sind ja nicht alleine auf dieser Welt. Was wir tun, hat immer Auswirkungen – auf andere Menschen, auf Situationen, auf Entwicklungen. Wir sind soziale Wesen und tragen damit eine Verantwortung im Umgang mit anderen. Es geht um gesunden Egoismus, bei dem man sich gut im Blick hat, aber eben auch die Konsequenzen seines Handelns und das Wohlergehen der Menschen um einen herum. Die Idee ist, dass, wenn man gut und klar mit sich selbst ist und umgeht, man das auch mit anderen sein kann, es anderen auch gut geht. Manchmal ist das eben auch ein »Nein«.

Selbstwirksamkeit ist kein Selbstzweck. Es geht nicht darum, dass wir uns zwingend mehr mit uns beschäftigen müssen, weil man das eben jetzt so macht. Es geht nicht um Selbstoptimierung oder die Perfektionierung des Selbst. Es geht nicht um blinde Selbstverliebtheit. Es geht aber auch nicht nur um das (wie Wilhelm Schmid es in seinem Buch *»Mit sich selbst befreundet sein«* sagt) *»leichte, unbekümmerte Leben«*.[34] Es geht darum, zu erkennen, dass ICH die Veränderung bin, dass man Veränderung eben auch nur selbst sein kann, niemand anders. Kein:e Chef:in, kein:e Kolleg:in, auch kein:e Ehepartner:in.

Was auch noch wichtig ist: Bei dieser Selbstwirksamkeit geht es nicht »nur« um die Bewältigung schwieriger Situationen oder von Problemen, oder darum, dass man nur über das Negative spricht. Sondern darum, sich selbst einfach besser zu verstehen, zu wissen, was einen bewegt, Angst macht, aber auch Energie gibt und trägt. Es geht darum, aus den eigenen Reflexen und immer wiederkehrenden Schleifen zu kommen. Im Hier und Jetzt der aktuellen Situation, in guter Verbindung zu den Menschen um uns herum zu sein.

der eigene wirkkreis

Es gibt sozusagen eine Grenze der Selbstwirksamkeit. Jeder Mensch kann sie, kann sein Leben »nur« in seinem eigenen Wirkkreis gestalten und verändern, in dem Kontext, den man selbst beeinflussen kann.

Diese Perspektive hilft, sich zu fokussieren und sich nicht in den ganzen Schlechtigkeiten dieser Welt zu verlieren. Letztendlich ist ja immer was, gibt es Baustellen ohne Ende. Der Job, das Team, der oder die Chef:in, die Firma. Überhaupt müsste das Leben ein ganz anderes sein. Wir denken oft viel zu groß. Aber es hilft nichts, sich den lieben langen Tag über die fehlende Vision des Unternehmens zu echauffieren (wenn man nicht der oder die CEO der Firma ist) oder die Kunden nervig zu finden (wenn es im Moment keine anderen gibt).

Also geht es darum, das Wollknäuel auseinanderzupulen, die Ebenen voneinander zu trennen. Wann immer einen etwas übermächtig aufregt, sind es meist alte Erfahrungen und Wünsche, ungelöste Probleme, die sich mit der aktuellen Situation vermischen.

Es geht darum, nicht das Unschaffbare und Große vor sich herzutragen, sondern die Schritte zu gehen, die man selbst gehen, die Dinge zu lösen, die man selbst lösen kann. Alle Veränderung kann immer nur von einem selbst ausgehen. Immer. Und eben »nur« in diesem eigenen Wirkkreis. Und den gilt es auszuloten und die Themen darin zu verorten. Und dann den ersten guten Schritt zu gehen. Was ist *»good enough for now; save enough to try«*. Alles, was man nicht beeinflussen kann, kommt weg. Und alles, was auch noch wichtig wäre, jetzt aber nicht dran ist, kann man sich in seinen »Backlog« oder eine »Bucket List« oder wo auch immer notieren und von Zeit zu Zeit draufschauen.

Auf der einen Seite ist es limitiert, auf der anderen Seite können wir unser Umfeld und dessen Radius selbst bestimmen. Auch jederzeit. Man kann auch das ganz große Ding drehen, mächtige Dinge bewegen, dafür muss man an der richtigen Stelle sitzen oder sich auf den Weg dahin machen (siehe die »kleine« Greta Thunberg).

was ich beeinflussen kann:

Meine Gedanken
Wie ich mich entwickle
Mit wem ich meine Zeit verbringe
Wie ich mit mir selbst spreche
Meine Grenzen
Wofür ich mich entscheide
Wie ich mit Herausforderungen umgehe
Meine Handlungen
Wem oder was ich Energie gebe
Was ich unterstütze
Wie ich meine Zeit verbringe
Die Ziele, die ich mir setze
Das Hier und Jetzt

was ich nicht beeinflussen kann:

Die Handlungen anderer Menschen
Die Meinungen anderer Menschen
Wie andere mit ihrem Leben umgehen
Die Reaktionen anderer Menschen
Die Vergangenheit
Die Zukunft
Das Weltgeschehen

mein wirkkreis

Dieser Wirkkreis, der »Circle of Influence« ist Teil eines Konzeptes von Stephen R. Covey aus seinem Buch *»Die sieben Wege zur Effektivität. Prinzipien für persönlichen und beruflichen Erfolg«*.[35] Covey ist ein amerikanischer Autor und Trainer, der dieses Buch 1989 veröffentlichte. 2021 hat es das TIME Magazin zu den einflussreichsten Business Management-Büchern gewählt. Nicht alles in diesem Buch ist noch zeitgemäß, aber es ist ein guter Fundus. Unter anderem die Idee, in Verhandlungen nach dem Prinzip von »win-win« zu denken und handeln, der Gedanke, in Projekten immer wieder die »Säge zu schärfen«, sie vom Ende und vom »wünschenswerten Ergebnis« her zu denken und zu planen und dann »first things first« zu starten.

ein gutes bild von menschen

Die Stärke des Selbstwirksamkeitskonzeptes liegt definitiv in Banduras Menschenbild, in seinem Vertrauen in die Menschen. Bandura glaubte an ihre Kraft, an ihre Fähigkeiten und Möglichkeiten, an das, was Menschen tun und erreichen können. Und zwar alle beziehungsweise jede:r.

Er hat Menschen als »aktiv Lernende« gesehen, die sich bewusst mit ihrer Umwelt auseinandersetzen können. Er war fest davon überzeugt, dass Menschen sich selbst reflektieren können und das auch ständig tun – ihre Leistungen, ihre Leistungsfähigkeit, die Richtigkeit ihrer Gedanken und Handlungen. Sie können daraus Schlüsse ziehen, Handlungsweisen selbst überprüfen und überdenken und damit sich und ihr Verhalten selbst regulieren. Bei Bedarf korrigieren sie ihr Handeln und passen es an. Sie sind in der Lage, absichtsvoll und vorausschauend zu handeln, das heißt, ihre Absichten zu formulieren, aktiv Pläne und Strategien für die Umsetzung zu entwickeln. Dabei können sie sich Ziele selbst setzen und Ergebnisse von Maßnahmen vorausplanen. Das wiederum leitet ihr Handeln und auch ihre Motivation. Sie können sich also ganz gut selbst motivieren. Und: Menschen sind soziale Wesen. Sie sind in der Lage, ihr Wissen, ihre Fähigkeiten und Ressourcen zu bündeln und gemeinschaftlich mit anderen zu handeln, um ihre Zukunft zu gestalten.

Das alles deckt sich auch mit dem Menschenbild humanistischer Konzepte wie dem Systemischen, der Transaktionsanalyse (TA), der Positiven Psychologie oder auch den Grundlagen der Resilienzforschung.

Menschen sind per se gut, wollen Gutes und wollen jederzeit ihr Bestes tun. Dabei ist jeder Mensch einzigartig, besonders und liebenswert (auch, wenn sie manchmal nicht so scheinen). Alle Menschen sind verletzlich, haben Ängste und Sorgen. Leider bestimmt genau das sehr oft ihr Handeln. Aber, wenn wir respektieren, dass eben Jede:r mit seinen oder ihren »Mitteln« versucht, das Beste zu geben, wenn wir überhaupt alle so respektieren und wertschätzen, wie es Bandura getan hat, wären wir schon ein gutes Stück weiter mit dem »guten Arbeiten«.

über albert bandura

Bandura zählt mit seinen Forschungen, Theorien und Entwicklungen rund um das Thema »Lernen« und »Persönliche Entwicklung« zu den einflussreichsten Psychologen des 20. Jahrhunderts.

Obwohl sein Name den wenigsten Menschen bekannt ist, hat er mit seinen Erkenntnissen, aber vor allem mit seinen Überzeugungen und seiner Haltung und seinem Menschenbild viele Konzepte und Methoden unserer Zeit beeinflusst. Seine Arbeit im therapeutischen Kontext hat großen Anteil daran, dass sich der Fokus weg von der Analyse von Problemen hin zur Befähigung von Menschen dazu, ihren eigenen Weg zur Bewältigung ihres Lebens zu finden, entwickelt hat. Seine Ideen zum Thema Selbstregulation sind unter anderem Basis für unterschiedliche Resilienz-Konzepte.

Maßgeblichen Einfluss hat Banduras Arbeit im Bereich der Pädagogik, bei der Gestaltung von neuen Unterrichtsformen und anderen Arten von Schulen. Dabei geht es nicht nur um einen anderen Blick auf die Vermittlung von Wissen und auf Lernformate, sondern vor allem auf die Haltung und die Rolle von Lehrenden und deren Beziehung zu den Schüler:innen. Mit seinen Forschungen wurde zum Beispiel eine wichtige Grundlage für die Entwicklung von Reformschulen geschaffen. Siehe dazu auch den Extra-Text zu »Neue Schule«.

Das Thema der Selbstwirksamkeit war für ihn eng mit der Geschichte seiner Familie und den Umständen, unter denen er aufwuchs, verbunden. Bandura wurde als Kind einer Immigranten-Familie geboren, die aus der Ukraine und Polen nach Kanada kam. Er wuchs in einfachen, wie er selbst sagte »arbeitsamen« Verhältnissen auf, in denen formale Bildung nicht im Vordergrund stand. Trotzdem war Bildung vor allem für seine Mutter ein wichtiges Thema.[36 37]

Eine der prägenden Erfahrungen in seinem Leben war, wie er später sagte, dass es an seiner Schule zu wenige Lehrer:innen gab und sich die Schüler:innen von daher selbst um das Lernen kümmerten. Dass das funktionierte, ist einer der Ursprünge seiner Überzeugung von Selbstwirksamkeit.

Und dann glaubte er nicht nur an die Selbstwirksamkeit, sondern auch an Zufälle – oder besser gesagt an Nicht-Zufälle. Auch dazu gab es ein für ihn einschneidendes Erlebnis: seine Mutter fragte ihn eines Tages, ob er denn vorhabe, in ihrem kleinen Kaff zu bleiben und wie die meisten dort zu enden oder, ob er vielleicht doch lieber etwas aus seinem Leben machen und etwas lernen wolle. Auf diese Frage hin machte er sich auf den Weg zur Universität, fand in der Bibliothek ein Programmheft und der darin angebotene Psychologie-Kurs passte einfach gut in seinen morgendlichen Zeitplan. So kam er zur Psychologie. In einem Artikel schrieb er später darüber, wie ein eigentlich triviales Ereignis den eigenen Lebensweg manchmal beeinflusst und bereitet.

Anstatt den Zufall aber als etwas Unkontrollierbares zu betrachten, konzentrierte sich Bandura in seiner Forschung darauf, wie man zufällige Geschehnisse bewusst für sich und die eigene Entwicklung nutzen kann. Er sagt zwar, dass alles, was kommt, aus einem bestimmten Grund kommt und seinen Sinn hat, aber er verwies dabei auf den französischen Wissenschaftler Louis Pasteur und das schon erwähnte *»Chance favors the prepared mind«*.[38] Man muss schon ein bisschen selbst zu seinem Glück beitragen. Man könnte auch sagen, es geht um Selbstverantwortung.

Banduras Grundüberzeugung war, dass Veränderung und Lernen nicht (wie in vielen psychologischen Konzepten davor) nur einfach auf Trial-and-Error oder Belohnung/Bestrafung beruhen kann, auch nicht auf unergründlichen und unkontrollierbaren inneren Impulsen oder reinen Trieben, also kein stupides Reiz-Reaktions-Muster sind, sondern, dass Lernen ein komplexes Geflecht an Bedingungen und unterstützenden Elementen ist.

Für ihn war Lernen eine Wechselwirkung zwischen Mensch und Umwelt, von kognitiven, affektiven und biologischen Ereignissen beeinflusst. Menschen sind dabei sowohl Produzent:innen als auch Produkte ihrer Umwelt. Ihm ging es nicht nur darum, wie Menschen kognitive, soziale, emotionale und Verhaltenskompetenzen erwerben, sondern vor allem darum, wie sie ihr Verhalten motivieren und regulieren und sich soziale Systeme schaffen, die ihr Leben organisieren und strukturieren. In seinen zahlreichen Forschungen sprach er über das Lernen durch bewusste Beobachtung und Imitation.

Die Lernumgebung, der »situative Kontext«, ist ein wichtiger Teil seiner Konzepte – ebenfalls entstanden aus seinen persönlichen Erfahrungen. Die Stanford Universität war für ihn ein »bemerkenswerter Ort«, an dem zum Beispiel die Idee von »kollaborativem Research«, interdisziplinärem Forschen und Zusammenarbeit zentralen Stellenwert besaß. Selbstorganisation und Lernen in Gemeinschaft waren wichtige Aspekte seiner Arbeit.

das kleine aber: die selbstwirksamkeitserwartung

Wenn das mit dieser Selbstwirksamkeit eine so unendlich sprudelnde Quelle ist, wieso fühlen wir uns dann manchmal machtlos oder ausgeliefert? Gerade im Arbeitskontext. Warum machen wir nicht einfach beherzt das, was wir glauben, das jetzt zu tun wäre? Warum, verdammt, nutzen wir diese Selbstwirksamkeit nicht einfach? Berechtigte Frage!

Antwort 1: wir wissen es einfach nicht.

Bandura und sein Konzept der Selbstwirksamkeit ist nicht vielen bekannt. Ich würde behaupten, dass die meisten Menschen nicht wissen, dass Selbstwirksamkeit eine Eigenschaft ist, die alle in sich tragen, dass wir *immer immer* selbstwirksam sind.

Antwort 2: wir wissen es einfach nicht.

Der zweite Aspekt ist, dass wir uns unserer Fähigkeiten und Kompetenzen oft nicht wirklich bewusst sind oder nicht an sie glauben.

Antwort 3: wir wissen es einfach nicht.

Und der dritte Aspekt ist der, dass wir überhaupt wenig über uns selbst wissen, darüber, wie Gehirne und Gefühle und Glaubenssätze funktionieren und was sie so alles mit uns machen.

Was uns im Wege steht, ist das, was Bandura »self efficacy belief«, unsere Selbstwirksamkeitserwartung nennt. Es ist das Vertrauen in das eigene Können, der Glaube an persönliche Handlungsmöglichkeiten oder die Überzeugungen bezüglich eigener Wirksamkeit. So fasst es Carina Fuchs zusammen, die ein gutes Buch über Banduras Wirken geschrieben hat.[39]

Bandura sagt, dass die Motivation, die Gefühle und Handlungen der Menschen eher daraus resultieren, woran sie glauben oder wovon sie überzeugt sind, und weniger daraus, was objektiv der Fall ist. Diese Wirksamkeitserwartung beeinflusst, wie Menschen denken, wie sie fühlen, wie sie sich motivieren und wie sie handeln, sagt er.[40]

Wenn einem als Kind von den eigenen Eltern oder Lehrer:innen oder vielleicht auch später von irgendwelchen Chef:innen erzählt wird, dass man nichts taugt und nichts kann, dann glaubt man das irgendwann selbst – und handelt entsprechend. Die Selbstwirksamkeit kann über die Jahre oder auch in einem Moment, in einer bestimmten Konstellation, durch die eigene Umgebung geschwächt werden. Wenn man in seinem Unternehmen immer wieder erlebt, dass Vorschläge nicht gehört, nicht wertgeschätzt werden, wird man sich so ziemlich sicher irgendwann innerlich zurückziehen, sich nicht mehr wirksam fühlen. Das wird zum Teufelskreis. Verrückterweise sind Mitarbeiter:innen, die von ihren Chef:innen als arbeitsunwillig, desinteressiert oder unengagiert betitelt werden, nach Arbeitsschluss ganz gut in der Lage, mit viel Energie und eigenständig ihr Leben zu meistern, ein altes Haus ganz alleine umzubauen oder eine Jugendmannschaft im Fußball zu trainieren. Nur im Job performen sie leider nicht mehr.

Es gibt nicht nur eine grundsätzliche Selbstwirksamkeitserwartung, sondern auch eine situationsabhängige. Will sagen, es gibt einfach schlechte Tage, an denen man nicht gut drauf oder nicht in seiner Kraft ist und sich nichts zutraut. Dann geht es darum, sich bewusst zu machen, dass nicht das ganze Leben schwierig ist, sondern eben genau dieser Moment. Und, dass dieser Moment auch wieder vorbei geht. Immer.

Wichtig ist auch, dass man in der Lage ist, sich die Wirksamkeit selbst zuzuschreiben. Es gibt ja Menschen, die lieber anderen den Ruhm und die Ehre überlassen. Das ist nicht gut fürs Selbstwirksamkeitsgefühl.

Man muss diese Selbstwirksamkeit auch »generalisieren« können, das heißt, aus einer Situation für die Zukunft zu lernen und die Selbstwirksamkeit immer wieder zu nutzen. Das hängt davon ab, wie gut man darin ist, mentale, psychische Barrieren zu überwinden. Je bewusster man immer wieder reflektiert, was man getan hat und wie man etwas getan hat, was unterstützt und geholfen hat, desto mehr wächst und stärkt sich unsere Selbstwirksamkeitserwartung. Es ist wie ein sich selbst fütterndes Tier.

Bandura hat dazu die Theorie der Selbstregulation entwickelt, die aus den drei folgenden Komponenten besteht:[41]

- der Selbstbeobachtung (überhaupt etwas oder besser gesagt sich zu spüren)
- der Selbstbewertung (also die Deutung, die Einordnung dessen) und
- der Selbstreaktion (was mache ich mit der Bewertung – auch im Umgang mit anderen).

Will sagen: Wir sind nicht nur per se selbstwirksam, sondern wir sind auch jederzeit (wieder) in der Lage, an dieses Gefühl, an diese Energie ranzukommen. Unsere Selbstwirksamkeitserwartung kann trainiert werden.

die selbstwirksamkeit stärken

banduras vier quellen

Im Rahmen seines Selbstwirksamkeitskonzeptes beschreibt Albert Bandura vier Quellen, die die Selbstwirksamkeitserwartung eines Menschen beeinflussen und stärken können.

die vier quellen der selbstwirksamkeit

Quelle Nr. 1: Vorbilder

Auf den Schultern von Riesen stehen

Die einfachste Möglichkeit, die eigene Selbstwirksamkeit zu stärken, ist, Vorbilder zu haben. Bandura nennt das »Lernen am Modell« oder »stellvertretende Erfahrungen«. Wir suchen uns Menschen aus, die wir gut finden, schauen uns ab, was und wie sie etwas tun und: machen es einfach nach. Frei nach dem Motto *»Wenn der oder die das kann oder macht, wieso soll ich das nicht auch können oder machen?«*. Das ist ziemlich schlicht.

Dabei geht es weniger um Promis und große Persönlichkeiten, sondern vielmehr um Menschen in unserem direkten Umfeld, zu denen wir einen Bezug haben und mit denen wir uns identifizieren können. Je näher die Vorbilder an unserer eigenen Lebensrealität sind, desto größer ist die Wirkung. Und wir alle haben tolle Menschen um uns herum, die nachahmenswerte Dinge tun. Im Team, in der Firma, an der Uni, im Bekanntenkreis, in der Familie. Wir vergessen das nur manchmal.

Here's to the crazy ones.
The misfits.
The rebels.
The troublemakers.

The round pegs in the square holes.
The ones who see things differently.
They're not fond of rules.
And they have no respect for the status quo.
You can quote them, disagree with them,
glorify or vilify them.

But the only thing you can't do is ignore them.
Because they change things.
They push the human race forward.
And while some may see them as the crazy ones,
We see genius.
Because the people who are crazy enough to
think they can change the world,
Are the ones who do.

Vorbilder geben uns Mut, manchmal Hoffnung. Sie können unsere Gedanken und Ideen bestätigen. Sie können uns aber auch herausfordern, unsere Kreativität anregen, unseren Horizont und die Möglichkeiten erweitern. Sie können uns auf neue Ideen bringen, indem sie uns zeigen, was alles möglich ist. Sie motivieren uns, Ziele zu erreichen, uns Dinge zuzutrauen, weil sie es eben auch geschafft haben. Sie zeigen uns, was alles machbar ist und anhand ihres Handelns, wie es genau gehen kann. Vorbilder können Haltung zeigen oder Werte vorleben. Sie können uns damit Orientierung geben, eine Richtung für unser Tun weisen. Vorbilder können Sehnsüchte wecken, uns an Dinge erinnern, die wir irgendwann erstrebenswert fanden, vielleicht schon vergessen haben. Ein schönes Beispiel ist die Apple-Kampagne »Here is to the crazy ones...« aus den 90er Jahren, die große Vordenker:innen zeigte.[42]

Ich glaube, die große Kraft der Vorbilder liegt darin, dass sich das Prinzip mit unserem ureigenen Bedürfnis nach Wachstum und Entwicklung, nach persönlicher Entfaltung und gleichzeitig mit dem nach Anerkennung und Gesehenwerden deckt.

Viel von dem, was im Rahmen der »New Work«-Bewegung entstanden ist, basiert auf diesem Prinzip. Menschen haben sich etwas getraut, haben neue Formate ausprobiert, neue Methoden getestet, Teams haben sich von einem Tag auf den anderen neu organisiert, sind dadurch enger zusammengerückt und haben ihre Zusammenarbeit verbessert. Und andere haben sich davon anstecken, ermutigen lassen und haben es nachgemacht.

Gerade im Kontext von »New Work«, wenn man etwas verändern, neugestalten will, ist es wichtig, sich Verbündete zu suchen, die ermutigen. Es ist gut, sich mit guten Menschen zu umgeben und die Zweifler:innen zu verabschieden.

Reflexion

Wer sind Ihre Vorbilder? Oder wer könnte ein gutes sein? Und weshalb genau diese Person(en)?

Quelle Nr. 2: Eigene Erfahrungen

Einfach mal machen

Die nachhaltigste Quelle für ein größeres Selbstwirksamkeitsgefühl ist die der eigenen Erfahrungen und Erfolgserlebnisse. Ich mache etwas – und es funktioniert.

Die Erfahrung stärkt den Glauben an die eigenen Fähigkeiten, indem man sich selbst demonstriert, dass man etwas kann. Das ist deshalb so stark, weil Erfolgserlebnisse mit Emotionen, körperlichen Erfahrungen wie Freude und Glück verbunden sind, die sich wiederum in unserem (Körper)Gedächtnis manifestieren. Das ist die Verbindung zur vierten Selbstwirksamkeitsquelle von Bandura, der emotionalen Erregung.

Die größte Herausforderung mit diesem Ausprobieren sind die Erwartungen und Fantasien, die wir haben. Wir denken ja immer voraus, weil unser Gehirn darauf fokussiert, uns rechtzeitig vor Gefahr zu warnen. Deshalb ist unser Glas schneller halbleer als halbvoll. Es ist und bleibt aber nur eine Fantasie, selbst, wenn es alte Erfahrungen dazu gibt. Die müssen nicht aufs Hier und Jetzt zutreffen.

Das Wichtige ist von daher die kleinen Schritte, der nächste gute, der nächste machbare, der nächste sinnvolle Schritt. Mehr nicht. Nicht gleich übertreiben. Und danach noch einen und dann noch einen. Und jedes Mal gibt es einen guten Impuls im Gehirn, das Herausforderungen übrigens mag.

Im »New Work«-Kontext sind das Prototypen, die wir bauen und erproben können, Experimente, die wir machen, Sprints, die wir starten, Iterationen.

Was noch wichtig ist: ICH habe das hingekriegt! Nicht die anderen. Die Voraussetzung für die Wirksamkeit ist, dass man das, was man tut, vor allem die Erfolge, seinen eigenen Anstrengungen und seinen Fähigkeiten zuschreibt.

Und selbst, wenn etwas nicht funktioniert hat, gilt der Gedanke: »So what! Ich habe es überlebt und vor allem habe ich mich getraut und habe etwas versucht. Und ich lerne daraus.« Das braucht einen bewussten Prozess der Reflexion. Deshalb ist gutes Scheitern, eine Fehlerkultur, aus der man wirklich lernt und verändert, wichtig für einen selbst, aber natürlich auch für Teams und Organisationen. Am meisten stärken uns übrigens das Überwinden unserer Ängste oder Befürchtungen oder auch der erfolgreiche Umgang mit Widerständen.

Reflexion

Wann haben Sie das letzte Mal etwas einfach ausprobiert? Wie ging es Ihnen damit? Und was haben Sie daraus gelernt oder könnten Sie noch daraus lernen?

Quelle Nr. 3: Verbale Ermutigung

Du kannst das!

Die dritte Quelle der Selbstwirksamkeit ist Zuspruch, verbale Ermutigung oder Überzeugung durch andere. Wir alle kennen das: Wir sind vor oder in einer schwierigen Situation und jemand sagt uns *»Du kannst das!«* oder *»Du schaffst das!«*. Oder jemand sagt uns im Nachhinein, dass wir etwas gut gemacht haben. Das stärkt einfach.

Wir können Menschen davon überzeugen, dass sie etwas können, sie ermutigen, ihnen vielleicht auch gut zureden. Wir können sie an gelungene Situationen oder Projekte erinnern, ihre Wahrnehmung stärken, indem wir Fähigkeiten oder Erfahrungen betonen, sie ihnen bewusst machen oder ihnen von unseren eigenen Erfahrungen und Erfolgserlebnissen berichten. Das alles kann helfen, Selbstzweifel zu überwinden.

Wir sind soziale Wesen und brauchen diese Verbundenheit. Wir brauchen Resonanz. Wir wachsen an dem, was wir mit anderen teilen, was durch andere resoniert. Austausch und Feedback stärken uns, weil sie uns bestätigen, zeigen uns, was wir alles können, was wir gut machen, vielleicht auch, wo wir Lernpotential haben. Alles ist eine Möglichkeit, sich zu entwickeln.

Dafür muss Feedback natürlich gut gemacht sein. Die unsäglichen Jahresgespräche, die in den meisten Organisationen immer noch praktiziert werden, sind es nicht. Die berühmt-berüchtigte Sandwich-Regel, die sagt, man solle erst etwas Nettes sagen, dann die Kritik und zum Abschluss noch einmal etwas Nettes, ist eine der dämlichsten Erfindungen von Führung. Menschen funktionieren, Kommunikation funktioniert so leider nicht. Gutes Feedback ist glaubwürdig, angemessen und kommt von Herzen – egal, ob Lob oder Kritik. Im Übrigen kann man das auch lernen, dieses Sprechen.

Verbale Ermutigung ist auch keine Einbahnstraße, die nur einer Seite hilft und sie unterstützt, sie macht immer etwas mit der anderen Seite, dem oder der Feedbackgeber:in. Auch der oder die, die Feedback gibt, ermutigt, erhält dadurch Energic, Freude oder Bestätigung. Man muss auch nicht darauf warten, man kann es auch einfordern, danach fragen.

Nicht umsonst ist das Thema »Feedback« im »New Work«-Kontext ein zentrales Element.

Und falls übrigens gerade keine:r in der Nähe ist, um einen zu ermutigen: Man kann sich notfalls auch selbst sagen, dass man gut ist. Das ist auch nicht schlecht.

Wann haben Sie das letzte Mal ein richtig gutes und hilfreiches Feedback bekommen? Was hat es mit Ihnen gemacht? Und, wen könnten Sie denn mal (wieder) ermutigen?

Reflexion

Quelle Nr. 4: Emotionale Erregung

I can feel it

Damit kommen wir zur vierten Quelle für mehr Selbstwirksamkeit: der emotionalen Erregung. Nur wenn *»unsere Gefühle auf Trabkommen, ändert sich das Verhalten«*, sagt der Bremer Hirnforscher Gerhard Roth.[43]

Das reine Verstehen, die kognitive Einsicht allein bewirken nur einen Bruchteil für Selbstwirksamkeit und für Veränderung. Es geht ums Spüren. Es geht darum, dass wir lernen, uns wahrzunehmen und körperliche Signale gut zu deuten. Sogar Launen und Stimmungen beeinflussen, wie wir unsere Selbstwirksamkeit wahrnehmen.

Wo passiert was im Körper, wenn es schwierig wird oder aber auch, wenn etwas gut ist? Und was ist ein gutes Hilfsmittel, um damit umzugehen? Hilft atmen, hilft aus der Situation gehen, hilft in Bewegung sein? Das gilt es für sich herauszufinden.

Man nennt es »Embodiment«. Die Forschung dazu geht davon aus, dass alles, was Menschen erleben oder erfahren, nicht nur im Gehirn gespeichert wird, sondern in unserem gesamten Körper, in den Zellen. In unserem Körpergehirn. Man spricht in dem Zusammenhang von somatischen Markern. Der Körper baut ein »Erfahrungswissen« auf, das oft unbewusst ist. Das bedeutet auch, dass Körper, Geist und Seele nicht voneinander zu trennen, sondern als Einheit wahrzunehmen sind.

Für die Selbstwirksamkeit ist wichtig, dass wir gut für uns sorgen und resilient werden.

Reflexion

Wie ist das mit Ihrer eigenen Selbstwahrnehmung? Wie gut kriegen Sie sich mit? Und was hilft Ihnen, um gut mit sich zu sein?

Bandura sagt, dass wir zwar alle und jederzeit selbstwirksam sind, sein können, dafür müssen wir uns aber selbst vertrauen. Und um uns selbst zu vertrauen, müssen wir uns mitkriegen, uns wahrnehmen, uns spüren, mit uns in Verbindung treten, eine Verbindung zu uns aufbauen. Mit unserem wirklichen Ich. Und dem, was wirklich wichtig und gut für uns ist. Der Philosoph Wilhelm Schmid nennt das und ein Buch so schön *»Mit sich selbst befreundet sein«*.[44]

Alle Selbstwirksamkeit startet also mit der Selbstentdeckung. Der Entdeckung der eigenen Gedanken, Gefühle, Reaktionen. Mit der Klarheit, was einen (an)treibt, was triggert, was hindert, was motiviert, was unterstützt, was Kraft gibt. Es geht um Teufelskreise und alte Geschichten. Es geht darum, zu verstehen, dass wir nicht einfach so sind, wie wir sind, sondern, dass es Ursachen, sehr alte Ursachen dafür gibt, die uns und unser Leben leider manchmal so dermaßen im Griff haben.

Dafür müssen wir uns als ganzheitliche Wesen begreifen, die nicht nur aus Kopf, Gedanken und Verstand, sondern aus einem Körper mit unterschiedlichsten Empfindungen, aus tatsächlichen (nicht gedachten) Gefühlen, einem Herzen und vielleicht auch so etwas wie einer Seele, einem feinen »Etwas« bestehen. Frédéric Laloux beschreibt das in *»Reinventing Organizations«* mit »Ganzheit«. Er sagt, wir haben uns so sehr *»von unserer wahren Natur getrennt. Wir haben zugelassen, dass unser geschäftiges Ego die leise Stimme der Seele übertönt. Wir sind Teil einer Kultur, die den Verstand feiert und den Körper vernachlässigt; wir verehren das Männliche so sehr, dass wir das Weibliche in uns geringschätzen; wir haben das Gefühl für Gemeinschaft und die uns innewohnende Verbundenheit mit der Natur verloren«*.[45] Wir sollten unserer Sehnsucht nachgehen, die Masken abnehmen und unser ganzes Selbst in die Arbeit einbringen können.

Um unsere Selbstwirksamkeit zu spüren, um sie zu stärken, müssen wir zu uns selbst reisen, uns (wieder) selbst entdecken, uns mehr Aufmerksamkeit schenken. Für dieses Verreisen kann man den ganzen Fundus aus dem letzten Kapitel über das Verändern nutzen. Das Anhalten und Atmen, die bewusste Entscheidung fürs Verändern, das Zielbild. Dann heißt es einfach loslegen und den ersten Schritt gehen und immer wieder beobachten und lernen. Banduras Verstärker der Selbstwirksamkeit wie Vorbilder zu haben, eigene Erfahrungen zu machen oder Feedback zu bekommen, helfen dafür.

Dabei müssen wir vor allem eins: gut mit uns, zu uns sein. Freundlich. Und großzügig. Uns nicht gleich wieder beschimpfen und klein machen, wenn etwas nicht gut läuft. Wichtig ist, dass wir in der Beobachtung, in der Bewertung oder Einordnung und in der Reaktion, im Handeln achtsam und aufmerksam mit uns sind.

Was nicht heißt, dass diese Selbstwirksamkeit nicht auch ein kritisches Ich beinhaltet. Es geht darum, sich auseinanderzusetzen, sich ein eigenes Bild zu machen, gleichzeitig das eigene Denken und die Annahmen zu reflektieren. Dieses Selbstdenken und das kritische Denken zählen zu diesen Zukunftskompetenzen, die weiter vorne im Buch beschrieben sind. Es geht um das Enfant Terrible-Sein. Das gute natürlich.

Aus all dem entstehen gute Erfahrungen, stärkt sich die Selbstwirksamkeit. Sie wird zu einem sicheren Hafen. Schritt für Schritt kann man sich dann vielleicht auch wieder aus der Schmollecke, dem Widerstand oder Trotz und der inneren Kündigung bewegen. Je mehr wir uns selbst gut mitkriegen, desto ernster nehmen wir uns, schätzen wir uns, lieben und akzeptieren wir uns, desto sicherer werden wir – mit uns selbst, aber auch mit anderen.

Es geht um ein selbstbestimmtes Leben. Letztlich um Selbstverantwortung. Dieses Wort hat nur so eine Schwere, eine Anstrengung, es geht immer auch gleich um Schuld. Aber es steckt eben auch sich selbst Antworten geben zu können darin. Selbstver-ANTWORT-ung. Es geht darum, von Selbstverantwortung zu Selbstwirksamkeit zu kommen. Letztendlich geht es darum, ein bewusstes, selbstbestimmtes Leben zu führen. Wilhelm Schmidt sagt, es geht um *»die bewusste, überlegte Lebensführung«*.[46]

Kurzum: Es geht darum, erwachsen zu sein.

Aber nicht um dieses übliche, meist negative Bild von Erwachsensein – nach dem Motto *»Don't grow up, it's a trap«*. Erwachsensein bedeutet, sich im Denken, Fühlen und Verhalten angemessen voll und ganz auf das Hier und Jetzt zu beziehen. Es geht darum, sich bewusst zu sein, welche alten, meist aus der Kindheit stammenden und eher unbewusst ablaufenden Bewältigungsstrategien uns leiten und in schwierigen Momenten in alte Verhaltensmuster zurückfallen lassen.

Je höher die Komplexität und Unsicherheit werden, der (vermeintliche) Halt im Außen entfällt, desto mehr braucht es innere Stärke, braucht es Resilienz. Und dafür die eigene Meinung. Selbstorganisation braucht in erster Linie Selbstwirksamkeit. Diversität und Vielfalt in Unternehmen und in unserer Gesellschaft braucht Selbstwirksamkeit. Organisationen, die sich verändern oder zukunftsfähig bleiben wollen, brauchen Selbstwirksamkeit. Sie aktiviert die Mitarbeiter*innen.

Wenn wir selbst wirksam sind, uns selbstwirksam fühlen, dann können wir mit diesen ganzen Erkenntnissen, den (neuen) Erfahrungen, dem Gelernten auch einen Beitrag leisten – im eigenen Wirkkreis. Man kann Kolleg:innen, Mitarbeiter:innen teilhaben lassen an diesen Erkenntnissen, von den Erfahrungen erzählen. Man kann, wie schon erwähnt, eine »Community of Practice« für gutes Arbeiten gründen, eine gute alte Arbeitsgruppe. Man kann eine Mentorship-Rolle für andere übernehmen. Und und und.

Auch das ist im Sinne von Bandura, der in seinen späteren Forschungen den Begriff der »Kollektiven Selbstwirksamkeit« prägte. Selbstwirksame Mitarbeiter*innen werden zu Multiplikator*innen. Der Wirkkreis erweitert sich. Am Ende sind wir alle gefordert, einen guten Beitrag zur Gemeinschaft und für unser aller Miteinander zu leisten.

Wenn wir uns selbst Antworten geben können, können wir sie auch anderen geben. Gerade in so komplexen und unsicheren und unvorhersehbaren Zeiten, bei denen der vermeintliche Halt im Außen wegfällt, brauchen wir innere Stärke. Es ist wie im Flugzeug mit den Sauerstoffmasken: Bei Druckabfall ist wichtig, zuerst die eigene Sauerstoffmaske aufzusetzen und danach anderen Menschen dabei behilflich zu sein.

was das mit der selbstwirksamkeit bringt...

Menschen, die ihre Selbstwirksamkeit spüren, ...

... haben eine bessere Wahrnehmung von sich selbst und eine gesunde Selbsteinschätzung. Dieses positive Selbstkonzept führt zu einer guten inneren Überzeugung, zu einem guten Selbstwert, zu mehr Selbstvertrauen. Optimismus ist eine persönliche Ressource, die sie haben. Das Ganze verstärkt sich und kommt in einen positiven, sich selbst verstärkenden Kreislauf. Dadurch wird man wiederum zuversichtlicher, weil man an die eigenen Kompetenzen und Erfahrungen glaubt.

... haben eine höhere und gestärkte intrinsische Motivation und sind damit unabhängiger von Anreizen von außen. Sie können sich selbst immer wieder neu motivieren.

... haben eine bessere Kontrolle über ihr Leben, sind nicht so leicht verunsicher- und erschütterbar. Und damit unabhängiger von anderen Meinungen. Sie sind vor allem in der Lage, sich diese Sicherheit und Orientierung auch gut selbst zu geben.

... sind offener und besser in der Lage, immer wieder Neues auszuprobieren oder sich an neue Themen zu wagen. Weil sie spüren, dass sie ein größeres Instrumentarium oder Repertoire an Möglichkeiten zur Verfügung haben, haben sie einen größeren Gestaltungsfreiraum. Sie kommen mit den unterschiedlichsten Situationen besser zurecht.

... lernen aktiv aus Situationen und ändern ihr Verhalten entsprechend über die Zeit. Dadurch, dass sie sich stärker mit Inhalten auseinandersetzen, verabschieden sie sich schneller wieder von falschen Ideen oder Strategien.

... haben eine größere Ausdauer, setzen sich immer höhere Ziele, wagen sich einen weiteren Schritt nach vorne und erreichen mehr. Sie trauen sich mehr zu als andere, betrachten Hindernisse eher als eine anspornende Herausforderung.

… haben eine höhere Frustrationstoleranz bei Schwierigkeiten oder Rückschlägen. Sie sind besser in der Problembewältigung. In schwierigen Situationen nutzen sie gute Bewältigungsstrategien. Sie sind besser in der Lage, spontane Gefühle zu regulieren, gerade in schwierigen Situationen.

… sind insgesamt resilienter, weil sie besser für sich selbst sorgen und eine höhere Selbstfürsorge aufweisen. Sie zeigen weniger Angst- und Stresssymptome, indem sie in der Lage sind, Stress zu reduzieren und konstruktiv mit Rückschlägen umzugehen.

… haben damit auch Wirkung und Auswirkungen für die Menschen um sie herum. Sie sind überhaupt sichtbarer, vor allem aber motivierend und aktivierend – sowohl psychologisch als auch emotional. Ihre eigene Klarheit sorgt auch für Klarheit bei anderen. Ihre eigene Selbstverantwortung gibt Orientierung und Ermutigung für andere.

… sind insgesamt glücklicher und zufriedener. Das zeigt sich sowohl in einem geistigen wie körperlichen Wohlbefinden. Sie fühlen mehr Stärke und Energie.

loslegen
drei schritte

Hier kommen drei ganz konkrete Schritte, um loszulegen, die eigene Selbstwirksamkeit zu erleben und zu beleben und sich damit auf den Weg hin zur »guten Arbeit« zu machen.

Schritt 1: Fokus Fokus Fokus
Der eigene Wirkkreis

Wenn man sich im Wust der ganzen Themen, die einen beschäftigen, nicht mehr zurechtfindet, und da man sowieso nicht die ganze Welt retten kann, hilft nur eins: Fokus Fokus Fokus. Wir erleben unsere Selbstwirksamkeit dann am meisten, wenn wir konkret etwas schaffen und erreichen. Das geht eben nur eins nach dem anderen.

Dafür hilft es, sich immer wieder auf den schon beschriebenen eigenen Wirkkreis zu konzentrieren, den »Circle of Influence«.

Zu diesem Wirkkreis gibt es eine Übung, die man alleine für sich, aber eigentlich viel besser zu zweit machen kann. Beide Varianten sind hier beschrieben.

Was diese Übung macht: Sie zeigt Ihnen Ihre Möglichkeiten. Man kann ja immer nur mit dem ersten Schritt starten. Über diese Übung kann man zu diesem ersten Schritt kommen. Die Übung macht bewusst, auf was und wen man eigentlich (schon) Einfluss hat oder hätte.

Und, wenn man die Übung zu zweit macht, stellt man fest, dass es einfach gut ist, sich jemandem mitzuteilen. Nicht unbedingt mit dem Ziel, einen Rat oder Tipp zu bekommen, sondern viel eher, um »in Resonanz« mit jemandem zu gehen, zu merken, dass andere Menschen für einen da sind. Und dieses »Sprechdenken« hilft, um aus dem eigenen Kopf zu kommen.

Der äußere Kreis ist übrigens der »Circle of Concern«, also der Kreis der Bedenken, der innere Kreis ist der »Circle of Influence«, also der Kreis des Einflusses. Es geht darum, sich auf diesen inneren Kreis zu konzentrieren. Und damit den Kreis der Bedenken zu verkleinern.

alleine mit sich selbst

- Sie brauchen einen ruhigen Platz, zwei Blatt Papier und einen Stift. Und eine Uhr oder einen Timer. Und circa 30 Minuten Zeit.
- Schreiben Sie auf dem ersten Blatt Papier alles auf, was aktuell nicht gut läuft. Alles! Denken Sie nicht darüber nach. Es ist wirklich alles erlaubt. Egal, ob große oder kleine Themen, ob es lösbar erscheint oder nicht. Einfach sammeln.
- Suchen Sie sich EIN Thema aus, das jetzt wirklich wichtig ist: wenn dieses Thema gelöst oder erledigt wäre, wäre schon vieles gut. Kreisen Sie dieses Thema ein.
- Zeichnen Sie jetzt auf das zweite Blatt Papier zwei Kreise auf: einen inneren und einen äußeren.
- Stellen Sie sich die Uhr für drei Minuten und schreiben Sie in den ÄUßEREN Kreis alle Bedenken und Schwierigkeiten, die Ihnen zu ihrem eingekreisten Thema einfallen. Alle. Ob groß oder klein.
- Entscheiden Sie sich jetzt für einen Aspekt, der Ihnen im Moment am relevantesten erscheint und kreisen Sie ihn ein.
- Nehmen Sie sich drei Minuten Zeit, um über diesen Aspekt nachzudenken. Lassen Sie dabei Ihren Gedanken freien Lauf.
- Und schreiben Sie jetzt in den INNEREN Kreis alles auf, was Sie zu Ihrem Thema sofort konkret machen, mit was Sie gleich anfangen können.

als übung zu zweit

- Suchen Sie sich jemanden, mit dem Sie diese Übung machen wollen. Es muss niemand sein, der Sie oder Ihre Themen gut kennt. Ganz im Gegenteil. Es kann sogar jemand sein, der komplett fremd ist.
- Sie brauchen einen ruhigen Platz, jede:r ein Blatt Papier und einen Stift. Und eine Uhr oder einen Timer. Und circa 30 bis 45 Minuten Zeit gesamt.
- Jede:r für sich
  - Zeichnen Sie zwei Kreise auf: einen inneren und einen äußeren.
  - Stellen Sie den Timer auf fünf Minuten und schreiben Sie in den ÄUßEREN Kreis in Stichworten alles auf, was aktuell nicht gut läuft. Alles! Denken Sie nicht darüber nach. Es ist wirklich alles erlaubt. Ob große oder kleine Themen, ob es lösbar erscheint oder nicht. Einfach sammeln.
  - Suchen Sie sich EIN Thema, aus, das jetzt wirklich wichtig ist: wenn dieses Thema gelöst oder erledigt wäre, wäre schon vieles gut. Kreisen Sie dieses Thema ein.
- Zu zweit
  Erzählen Sie sich gegenseitig von dem Thema, das Sie eingekreist haben. Jede Person erzählt drei Minuten davon. Es ist KEIN Austausch. Die Person, die nicht erzählt, hört einfach nur zu. Es geht wirklich nur ums Zuhören. Wechseln Sie nach drei Minuten.
- Jede:r wieder für sich
  Schreiben Sie jetzt in den INNEREN Kreis alles auf, was Sie zu Ihrem eingekreisten Thema sofort konkret machen, mit was Sie gleich anfangen können.
- Noch einmal zu zweit
  Teilen Sie, wenn Sie mögen, Ihre Erfahrungen mit Ihrem Gegenüber.

Schritt 2: Alles einsammeln Keep – Loose – Add

Wenn klar ist, was das Thema, das Projekt sein soll, mit dem Sie konkret starten wollen, geht es darum, sich zu besinnen, was Sie dafür brauchen. Es geht um die Stärken, Kräfte, Ressourcen und Potentiale. Aber auch ums Weglassen.

Dafür nimmt man sich einen ruhigen Moment, ein Blatt Papier und einen Stift und zeichnet drei Spalten: Keep (behalten), Loose (loslassen) und Add (hinzufügen).

Was habe ich, ist schon alles da?
Was kann weg, brauche ich nicht mehr?
Was könnte ich noch gut gebrauchen?

keep	loose	add

Schreiben Sie alles auf. Machen Sie sich eine mentale Landkarte ihres Wissens, Ihrer Fähigkeiten, Ihrer Erfahrungen, Ihrer Verbündeten und Unterstützer:innen. Und schaffen Sie sich ein gutes, »gesundes« Umfeld für Ihr Projekt. Suchen Sie sich Verbündete, Gleichgesinnte, Unterstützer:innen. Vielleicht müssen Sie sich dabei auch von Altem und von Negativem trennen.

Man kann für diese Übung auch gut mit ein paar Menschen (nahestehende und weniger nahestehende) sprechen, kleine Interviews führen. Neugierig und mit offenem Herzen. Einfach nur ein paar Perspektiven hören. Nicht kommentieren. Vielleicht auch gar nichts damit tun.

Hier kommen ein paar anregende Fragen für die Übung:

- Welche Kompetenzen, welches Knowhow haben Sie für das Projekt? Und was brauchen Sie noch dafür?
- Welche Ihrer Fähigkeiten, Erfahrungen oder Leidenschaften könnten Sie für das Projekt gut nutzen?
- Von welchen alten Glaubenssätzen und Mustern trennen Sie sich für den Erfolg des Projektes? Was lassen Sie los?
- Wer oder was wäre gut als Unterstützung?
- Wen könnten Sie notfalls um Rat oder Unterstützung fragen?
- Was würde Ihnen Halt und Sicherheit fürs Projekt geben?
- Was müssen Sie tun, damit es dem Projekt gut geht?
- Was würde Sie im Projekt lächeln lassen?

Die letzte und wichtigste Frage ist:
Was ist eigentlich das Schlimmste, das tatsächlich passieren könnte?
Und siehe da: Die Welt wird nicht untergehen.

Schritt 3: Den ersten Schritt machen
Mein Ding ab morgen

Aus diesen ganzen Gedanken, vor allem aus der »Circle of Influence«-Übung gilt es jetzt, sich das EINE Ding auszusuchen, mit dem Sie morgen in Ihrem Projekt ganz konkret starten.

Dieses Anfangen ist ganz im Sinne von Banduras stärkster Quelle der »Mastery Experience« und gleichzeitig der »Emotionalen Erregung«. Wenn man loslegt, etwas ausprobiert und damit eigene Erfahrungen macht, ist das die effektivste Form des sich Entwickelns und Lernens. Und ein großer Unterstützer unserer Selbstwirksamkeit. Auch die kleinsten Erfolge machen etwas in unserem Gehirn, in unserer Seele, mit unseren Emotionen.

Man kann sich das auf einen kleinen Zettel schreiben und den in die Hosentasche oder an einen ähnlichen Ort packen.

mein ding ab morgen ...

bitte selbst ausfüllen.

über die geduld
ein paar gute worte für den weg

Man muss den Dingen
die eigene, stille,
ungestörte Entwicklung lassen,
die tief von innen kommt
und durch nichts gedrängt
oder beschleunigt werden kann,
alles ist austragen – und
dann gebären…
Reifen wie der Baum,
der seine Säfte nicht drängt
und getrost in den Stürmen des Frühlings steht,
ohne Angst,
dass dahinter kein Sommer
kommen könnte.

Er kommt doch!

Aber er kommt nur zu den Geduldigen,
die da sind, als ob die Ewigkeit
vor ihnen läge,
so sorglos, still und weit…

**Man muss Geduld haben
mit dem Ungelösten im Herzen,
und versuchen, die Fragen selber lieb zu haben,
wie verschlossene Stuben,
und wie Bücher, die in einer sehr fremden
Sprache geschrieben sind.**

**Es handelt sich darum, alles zu leben.
Wenn man die Fragen lebt, lebt man vielleicht
allmählich,
ohne es zu merken,
eines fremden Tages
in die Antworten hinein.**

Rainer Maria Rilke[47]

Um was es in diesem Kapitel geht ...

- Zum Abschluss des Buches gibt es noch ein paar andere Perspektiven auf das große Feld von »New Work« – von Expert:innen und Macher:innen aus ganz unterschiedlichen Kontexten. Sie erweitern, ergänzen, aber vor allem bereichern sie das Thema mit ihren Ansichten, ihren Erfahrungen und ihren Anliegen.

- Vier Blickwinkel gibt es an dieser Stelle: Es geht um Männlichkeit, um eine neue Männlichkeit. Und es geht um einen feministischen, einen Generationenaspekt. Es geht um die Suche nach der eigenen Bestimmung und dem richtigen Job. Und es geht um die Idee neuer Schulen, neuer Orte und Möglichkeiten des Lernens.

- Die Autor:innen haben Gedanken, Impulse, Übungen und ihre Lieblingsbücher zum jeweiligen Thema eingebracht. Alles ist Inspiration und Anregung zum Nach- und Weiterdenken. Und natürlich ist es Unterstützung und Ermutigung für die eigene Selbstwirksamkeit.

inspirationen

neue männlichkeit

new work needs new men

Ein Gastbeitrag von Jacomo Fritzsche und Daniel Pauw

Der kritische Diskurs über Männlichkeit im Kontext von Unternehmen, Zusammen- und Führungsarbeit hat in den vergangenen Jahren Fahrt aufgenommen. Begriffe wie »toxische Männlichkeit«, »das Patriarchat« oder auch »alte weiße Männer« werden prominent diskutiert und halten mehr und mehr Einzug in die Debatten rund um das Thema New Work. Dem Diskurs folgend wird immer deutlicher, wovon es sich zu entfernen gilt, was losgelassen werden muss, um eine diversere, gerechtere und innovativere Arbeitskultur zu ermöglichen. Komplementär zu dieser sich entwickelnden Klarheit über das »Weg-von« ist es wichtig, die bestehende Leere des männlichen Identitätsvakuums zu füllen, in dem wir uns auf das »Hin-zu« fokussieren und das Potential sowie die im Verborgenen liegenden Ressourcen einer neuen Männlichkeit anfangen zu kultivieren. Denn, es gibt ein Problem mit und für Männer, wenn sich Organisationen auf den Weg zu New Work machen. Um das zu verdeutlichen, möchten wir zu Beginn ein paar Fakten auf den Tisch legen.

Der New Work Männlichkeits-Gap

Mann-sein, das heißt in Deutschland noch immer für rund 83 % der Männer sich mehr oder weniger stark mit traditioneller Männlichkeit zu identifizieren.[1] Traditionelle Männlichkeit ist ein definiertes Korsett an Erwartungen und Glaubenssätzen, nach denen Mann sich auszurichten hat. Dazu gehören Aspekte wie Dominanz und Macht über andere, Unabhängigkeit und alleine-für-sich-sorgen, Verachtung oder zumindest Ablehnung von Homosexualität und mit Weiblichkeit assoziierten Verhaltensweisen, oder auch emotionale Kontrolle und Unterdrückung. Häufig wirken hier unbewusste Muster stärker in uns Männern und den Bildern, die wir darüber haben, als wir annehmen.

Die Folgen sind für uns individuell als Mann nicht zu unterschätzen und gut belegt: Männer leben im Durchschnitt fünf Jahre kürzer als Frauen, sind für 75 % der Selbstmorde verantwortlich, führen eine Vielzahl von Statistiken an, zum Beispiel die in Bezug auf Substanzmissbrauch, Täter *und* Opfer von Gewalttaten, Gefängnisaufenthalte, Wirtschaftsverbrechen oder auch die benötigte Dauer, um sich bei Bedarf Unterstützung zu suchen (3-5x länger als Frauen im Vergleich).[2 3]

Richten wir den Blick auf Organisationen und das Arbeitsleben, zeigt sich hier zum Beispiel, dass Männer einen negativen Einfluss auf die Gruppenintelligenz, also die Fähigkeit einer Gruppe, Lösungen für neuartige Probleme zu erarbeiten, haben.[4] Männer schätzen sich selbst als bessere Führungskräfte ein, schneiden in der Fremdwahrnehmung aber bedeutend schlechter ab als weibliche Führungskräfte.[5] Entsprechend ist es nicht verwunderlich, dass eine großangelegten Studie der Credit Suisse wiederholt zu dem Ergebnis kommt, das sich der Anteil von Frauen in Entscheidungspositionen signifikant positiver auf den Unternehmenserfolg auswirkt.[6] In den zitierten und vielen weiteren Studien wird dabei stets betont, dass es sich (selbstverständlich) nicht um »die Männer« handelt, sondern vielmehr um die mit traditioneller Männlichkeit assoziierten Prägungen und Verhaltensweisen.

Es ist offensichtlich und gleichzeitig oft eine Wahrnehmungslücke: Traditionelle Männlichkeit schadet Männern selbst, allen anderen Geschlechtern und passt schlichtweg immer weniger in die Zeit und insbesondere zu New Work. Denn für echtes New Work sind bewusste Selbstführung als auch starke Kommunikations- und Kollaborationskompetenzen im besonderen Maße relevant. Die Kluft dazwischen nennen wir den New-Work-Männlichkeits-Gap. Diesen Gap zu überwinden kann, im gleichen Maße für Männer individuell sowie für New Work Transformationen im allgemeinen, heilsam sein. Doch wie gelingt der Schritt in die Selbstwirksamkeit als Mann, in Bezug auf die Entwicklung hin-zu einer neuen Männlichkeit?

Pioniere neuer Männlichkeit

Wenn das Alte in Frage gestellt wird, das Neue aber noch wenig greifbar ist, gilt es Pionierarbeit zu leisten. Dabei geht es auch darum, der Versuchung zu widerstehen, die alte lediglich durch eine neue Schublade zu ersetzen, um durch die Komplexitätsreduktion ein oberflächliches Gefühl von Sicherheit und Orientierung aufrechtzuerhalten. Sondern neugierig und mutig den Status Quo zu hinterfragen und die vielfältigen und komplexen Beziehungen des Lebens zu explorieren. Wie gestaltet sich tagein, tagaus unserer Selbstkontakt und inwiefern erleben wir (oder eben nicht) die gesamte Bandbreite unserer zutiefst menschlichen Gefühle? Welche (unbewussten) Muster und Annahmen leiten mein Handeln? Wie gestaltet sich unsere Beziehung zu anderen Männern und Personen anderen Geschlechts? Und letzten Endes, wie erleben wir uns als Teil der Natur und Umwelt?

Auch wenn neue Männlichkeit keine neue Schublade ist, so wird sie getragen von lebensbejahenden Prinzipien und einer bewussten Beziehungskultur. Genau wie Organisationen, die es ernst mit New Work meinen und bereit sind ihre Machtverhältnisse neu zu verhandeln, so durchziehen neue Formen von Männlichkeit das gemeinsame Prinzip der Transformation von »Macht über« zu »Macht mit« oder auch »Macht zu«. Das zeigt sich dann zum Beispiel im Zusammenspiel der eigenen Rationalität mit der Intelligenz der Gefühle, im Wechsel von Konkurrenzkampf zu Kooperation in zwischenmenschlichen Beziehungen oder auch dem gelebten Verständnis, dass jeder von uns Teil einer planetaren Gemeinschaft ist und daraus eine gemeinsame Verantwortung erwächst die drohende Klimakatastrophe zu verhindern.

Die Entwicklung neuer Männlichkeit fängt bei dir als Mann an, unterstützt dich dabei, dein gesamtes menschliches Potential zu entfalten und entfaltet sich darüber hinaus auf Zusammen- und Führungsarbeit, Gesellschaft und globale Themen der kollektiven Verantwortung.

Es ist Zeit für New Work. Es ist Zeit für eine neue Männlichkeit.

»Reflect to Reconnect«

Auf dem Weg hin zu neuer Männlichkeit ist das Reflektieren von (häufig unbewussten) Glaubenssätzen über Männlichkeit ein Schlüsselpunkt und häufig ein Transformationskatalysator für bessere Beziehungsqualität – zu uns selbst und Anderen. Nimm' dir Zeit über folgende Fragen zu reflektieren und bringe gerne die Einsichten und Erkenntnissen in das Gespräch mit Anderen ein:

- Was hast du in deiner Familie über Männlichkeit gelernt? Welche Rollenbilder wurden dir, vielleicht auch unbewusst, von deinen Eltern und anderen Bezugspersonen vermittelt?
- Welche 3-5 Glaubenssätze kannst du auf dieser Basis für dich Formulieren (»Männer sollten…«)?
- Gehe jeden einzeln durch und mach ein Gedankenexperiment: Was ändert sich in dir, wenn du das nicht mehr Glauben würdest? Was wäre dann möglich und was vielleicht auch nicht in Bezug zu den Beziehungen in deinem Privatleben und im Kontext Arbeit?
- Was ist eine (!) »Sache« (Verhalten, Grundannahme, Haltung o. Ä.), die du als Experiment ins Leben tragen und ausprobieren möchtest, um die Beziehungsqualität zu Dir selbst und zu anderen Menschen zu verbessern?

Die drei Schritte hin zu neuer Männlichkeit

1. Erkennen: Werde dir über deine persönlichen, biografischen Prägungen in Bezug auf Männlichkeit bewusst
2. Verstehen: Betrachte und begreife die Wirkungsweisen traditioneller männlicher Werte in dir selbst und deinen Beziehungen zu anderen Menschen
3. Verändern: Gehe den mutigen Schritt in die Exploration der Integration deiner Gefühle und das Potential tiefer Verbundenheit zu dir selbst und Anderen

Jacomo Fritzsche, selbstständiger Achtsamkeitstrainer (MBSR) und Daniel Pauw, Organisationsberater mit Schwerpunkt auf New Work, gründeten »New Work Men« mit der Mission, Männer auf ihrem Weg hin zu einer fortschrittlicheren und zukunftsfähigen Form von neuer Männlichkeit zu inspirieren und zu unterstützen. Hierfür geben Sie Workshops in Unternehmen und hosten gemeinsam den »New Work Men Podcast«. Im Vahlen Verlag soll im Laufe des Jahres 2024 das »New Work Men«-Buch erscheinen.

Lese-Empfehlungen

- **Männer, Männlichkeit und die Liebe – Der Wille zur Veränderung**
  Bell Hooks, Elisabeth Sandmann Verlag (2022)
- **Männer: Erfindet. Euch. Neu. – Was es heute heißt, ein Mann zu sein**
  Björn Süfke, Mosaik (2016)
- **New Work Men – Eine neue Männlichkeit für eine neue Arbeitswelt**
  Jacomo Fritzsche & Daniel Pauw, Vahlen (2024 geplant)

new (generation) female

new work als feministische praxis

Ein Gastbeitrag von Nina-Kathrin Wienkoop

i stand
on the sacrifices
of a million women before me
thinking
what can I do
to make this mountain taller
so the women after me
can see farther

Rudi Kaur »the sun and her flowers«[1]

Inspiriert von Erich Kästners' Brief an sich selbst, dem feministischen Manifest »Dear Ijeawele« von Chimamanda Ngozi Adichie sowie der Briefsammlung »Anders bleiben. Briefe der Hoffnung in verhärteten Zeiten« von Selma Weis habe ich mich als Wissenschaftlerin auf ein mir unbekanntes Schreibterrain begeben, eine neue Form der Wissensvermittlung ausprobiert.[2] [3] [4] Statt eines akademischen Essays über Frauen, New Work und Arbeitsformen schreibe ich einen Brief an eine (fiktive? historische?) junge Frau. Das Wort »New Work« fällt nicht. Das war nicht beabsichtigt, zeigt aber meine eigene Ambivalenz mit einem Sammelbegriff, der Transformation mit Effizienzsteigerung, Innovationen mit Digitalisierung, Empowerment mit Individualisierung ver-

wechselt. Für mich heißt New Work die innere und systemische Emanzipation – und ist auf diese Weise verstanden ein feministischer Akt.

Liebe Ada, oder eine Wunschliste für den (feministischen) Wandel der Arbeitswelt,

bald hast du Geburtstag und wirst sechzehn Jahre alt. Ich darf seit über einem Jahrzehnt beobachten, wie du zur Frau wirst. Als Jugendforscherin weiß ich, du gehörst der Generation Z an; einer Generation, die viel diskutiert wird wegen ihres klimapolitischen Engagements, zuletzt wegen ihrer Einstellung zur Arbeit. Euch wird nachgesagt, dass ihr nicht arbeiten wollt wie auch damals der 68er-Bewegung. Mein Eindruck zahlreicher Gespräche mit jungen Menschen und besonders mit dir ist ein anderer. Ihr wollt arbeiten, aber nicht wie wir es bisher getan haben – zu Recht! Ihr schätzt Arbeit, aber schätzt sie nicht mehr wert als andere Aspekte eures Lebens. Besonders in Anbetracht der Krisen, nicht zuletzt der Klimakrise, kommt euch Arbeit weniger entscheidend vor – ganz nach dem jüngst erschienenen Buch von Sara Weber, »Die Welt geht unter, und ich muss trotzdem arbeiten«[5], was euer Unwohlsein sehr gut mit Fakten und Handlungsempfehlungen unterfüttert. Das Potential, dass junge Menschen bestehende Strukturen und Werte hinterfragen und wir als Gesellschaft uns neu betrachten dürfen, wurde damals wie heute nicht gesehen. Durch euren Spiegel erkenne ich zum Beispiel Glaubenssätze meiner Generation, der Millennials. »Du kannst alles erreichen, wenn du dich nur anstrengst« – ein Satz, der von unseren Eltern geprägt wurde, die den Wirtschafts- und Wohlstandsaufschwung erlebten. Sie glaubten an die Erzählung des ewigen Wachstums und dass wir individuell für unseren (Klassen)Aufstieg verantwortlich seien. Die Täuschung liegt in der Annahme, wir starten gleich in einem System, das Arbeit und Anstrengung aller gleichwertig anerkennt. Der Satz verkennt, dass wir wie im Schwimmbad nicht von den gleichen Startblöcken losschwimmen, sondern von Anfang an ungleich beginnen, jeglicher Anstrengung zum Trotz. Ich schreibe dir das, weil auch dir Versprechungen begegnen werden und nicht gesehen werden wird, von wo du startest. Ein Grund dir diesen Brief zu schreiben, den auch du mir schreiben könntest. Er kann als Erinnerung dienen, wie die Auto

Response Mails, und am besten immer dann in deine Hände gelangen, wenn du zu hart mit dir bist, zu viel von dir verlangst und das Gefühl hast wie Don Quichotte gegen Windmühlen zu kämpfen, die Geschichte kennst du doch, oder?

Apropos Geschichte, fangen wir mit einem Blick zurück an, bevor wir in die Zukunft blicken, wie es sich auch für Foresight-Artikel gehört (das sind potenziell Szenarien für die Zukunft, die ich in meiner Arbeit als Wissenschaftlerin manchmal entwickeln darf). Hier kommt deine Oma ins Spiel. Wie du weißt, verbindet uns eine enge Freundschaft. Oft sprechen wir über das Frau-Sein, damals und heute. Ich sehe wie sie mit vielen (weiblichen) Verbündeten in Westdeutschland in den 1970er Jahren, den Keim gesät hat für andere Ideen und Ideale von Frauen-Leben – und weiß heute durch das Studieren von Revolutionen, dass es für Wandel Verbündete braucht (erster Reminder an uns alle, dies nicht zu vergessen). Im Kern ging es deiner Oma und vielen anderen um nicht weniger als die gleichen Rechte, wie es männlich gelesene Personen haben und um die Befreiung der Frau aus den engen gesellschaftlichen Verhältnissen und nicht zuletzt aus der ihr zugesprochenen dominanten Mutterrolle. Verstehe mich nicht falsch, Frauen arbeiten seit Langem, sichtbar und noch viel mehr unsichtbar. Und dennoch, als ich so alt war wie du, sah ich nur zwei Vorbilder fürs Frau-Werden: Mutter oder Karrierefrau. Anerkennung, besonders finanziell, gibt es in der Gesellschaft für Letzteres mehr, wenn du Ersteres nicht wirst, musst du dich aber (auch) rechtfertigen. Als Teenager und selbst später noch als Studentin verkörperte Karriere für mich im Anzug mit zwei Handys »auf Tasch«, wie wir im Norden sagen, gestresst auf Flughäfen herumzulaufen. Heute sehe ich in diesem Bild ein Abbild vieler Wertesysteme, die unsere Gesellschaft weiterhin durchziehen: Das Anzug-Tragen als Symbol für den männlichen Archetypus des Karrieremannes, den es nachzuahmen galt, um aufzusteigen. Die Nutzung zweier Mobiltelefone als Symbol für die Dauererreichbarkeit und Wichtigkeit, die sich aus dieser ergibt. Der Flughafen selbst stand als Sinnbild für die Verheißung eines (sozial) räumlich weiteren Lebens als das meiner Eltern. Es fehlte mir noch der kritische Blick auf postkoloniale Strukturen der Globalisierung und Klimafolgen von Mobilität. Und gestresst sein war für mich lange positiv besetzt. »Ich bin im Stress« hieß, ich bin wichtig, ich zähle. Heute lese ich das Bild wie einen Spiegel für unser ungleiches, patriarchales und nicht zuletzt auf Ausbeutung des Menschen und der Umwelt ausgerichteten Systems.

Zwanzig Jahre später sehe ich die Veränderung in unserer Gesellschaft – ich erlebe Vorbilder von mutigen Frauen, die Kinder haben und Karriere machen, solche die beides verweigern. Aber hier ist die traurige Wahrheit, ich sehe auch die Erschöpfung, die uns als Gesellschaft und individuell durchzieht, die uns nicht alle gleichermaßen trifft, abhängig von unserer eigenen Herkunft und Rolle in der Gesellschaft, die wir haben und vielmehr noch die uns zugeschrieben oder zugeteilt wird. Besonders Frauen über alle Altersgrenzen hinweg, leiden stark an stressbedingten Krankheiten, sogar zu mehr als 50 % im Vergleich zu Männern, wie Caroline Criado-Perez in ihrem Buch »Unsichtbare Frauen. Wie eine von Daten beherrschte Welt die Hälfte der Bevölkerung ignoriert« schildert.[6] Mut und Müdigkeit sind auch mir bekannte Gefühle. Denn trotz vieler Reformen, leben und arbeiten wir nicht zuletzt in einem vermeintlich für Männer geschaffenen System, das aber auch für sie oft nicht gesund funktioniert. Unsere vielfältigen Lebensrealitäten als Frauen finden sich hier nicht wieder, ebenso wenig die vieler anderer Gruppen, besonders derjenigen, die mehrfach diskriminiert sind und die noch immer viel zu wenig in den entscheidenden Räumen mitsprechen und mitentscheiden(!) können. Stattdessen werden auch dir Räume beim Arbeiten begegnen, die von dir verlangen andere Bedürfnisse um deine Arbeit herum zu organisieren, die sich nicht dir flexibel anpassen, sondern von dir Anpassung verlangen.

Apropos Räume und Anpassung, habe ich dir jemals von meiner Herkunft erzählt? Wie du bin ich in einer nicht-akademischen Familie aufgewachsen. Für mich hieß das immensen Druck, die eigene Herkunft und somit auch einen Teil meiner Identität zu verstecken, zu überkommen. Druck, dazu zu gehören. Diesen Druck kennst du sicher. Ich erinnere mich aus meiner Jugend, dass ich den bereits in der Schulzeit empfand und dachte, der höre mit der Zeit auf. Lange habe ich mich angepasst, meine Herkunft verschwiegen, versucht Riten und Verhaltensweisen nachzuahmen, besonders »auf der Arbeit« (heute lächle ich sitzend am Küchentisch bei dem Begriff, weil er auch suggeriert, wir müssten woanders sein, um zu arbeiten). Der Soziologe Pierre Bourdieu nannte solche erlernten Verhaltensweisen und die daraus folgende Positionierung in der Gesellschaft Habitus. Der Habitus umfasst ein Wissen, dass dir auch deine Schule nicht vermittelt, sondern von dort geprägt ist, wo und wie du aufwächst und dich »wie ein Fisch im Wasser« fühlen lässt – oder eben das Gegenteil. Ich fühlte mich oft wie ein Neonfisch im Goldfischglas (wo er wegen der Wassertemperatur nicht hingehört). Damals hätte ich dieses Wissen gerne erlernt, heute erkenne ich darin viel Anstrengung. Mir fällt beim Blick zurück auf, wie oft ich mich angepasst, gerechtfertigt, angestrengt habe für ein System, das sich nicht vor mir rechtfertigte, sich nicht an mir und meiner Lebensrealität(en) anpasste. Heute wünsche ich mir, dass wir den Versuch wagen, Arbeits(t)räume neu, für unsere Bedürfnisse passend und letztlich menschengerechter zu gestalten. Alleine wird uns das nicht möglich sein, zusammen kann uns das im Kleinen und dann hoffentlich auch im Großen gelingen. Jede Revolution startet mit einem revolutionären Gedanken – und der eigenen Erlaubnis diesen auszuleben.

Die Leipziger Autorin Svenja Gräfin beschreibt in ihrem Buch »Radikale Selbstfürsorge jetzt! Eine feministische Perspektive« dieses neue Suchen und Gestalten von Räumen als feministischen und solidarischen Akt nach den eigenen Wegen trotz beziehungsweise gerade wegen der strukturellen Ungleichheiten.[7] Mit strukturellen Ungleichheiten meine ich all die Momente, die du vielleicht auch bereits erlebst – wenn dir weniger Kompetenz als deinem Mitschüler zugesprochen wird, wenn deine wütende Reaktion als emotional überzogen und die von einer männlich gelesenen Person als entschlossen gewertet wird. Später zeigen sich diese Ungleichheiten in weniger Geld für die gleiche Arbeit und schwierigeren Aufstiegschancen. Und vielleicht wirst auch du denken, wenn ich alles gebe, dann wird es gleich werden. Falle nicht darauf rein und verausgabe dich nicht. Erkenne an, dass diese ungerechten Strukturen dich umgeben, dich prägen, dich nicht zuletzt stressen. Egal wie viele Yogaübungen oder Achtsamkeitskurse du machst, individuell lässt sich das System nicht wandeln, nur oft besser ertragen. Und verliere deinen größten Schatz nicht aus den Augen, deine Intuition. Du kennst das, dein Bauchgefühl, das du oft so klar spürst. Leider wird das im Erwachsenenleben nicht selten überdeckt. Von vielen »du sollst/du musst/du darfst nicht«. Wie gerne würde ich dir und auch meinem früheren Ich zuflüstern, so muss es nicht sein. Wir als Frauen müssen uns und anderen nicht ständig beweisen, dass wir das Recht haben, dort zu sein, wo wir sind. Wir müssen nicht alles schaffen, sondern dürfen uns Hilfe holen und Verbündete suchen.

Wenn ich auf dich schaue, Ada, dann sehe ich eine Zukunft, die weiblich ist und das Weibliche stark und weich leben kann. Wie die Poetin Lora Mathis (du kannst sie auf Instagram finden) schreibt: »Being soft does not mean you are any lesser. It means despite how difficult the world can be, you have held onto your capacity to feel«.[8] Eine Zukunft, in der es weniger um die binären Konstruktionen geht, weder bei Menschen und ihrer Geschlechtszuordnung noch bei Aussagen. Eine Zukunft, in der es nicht heißt, eine Frau sei Mutter *aber* auch Karrierefrau, sondern in denen Parallelität und Ambivalenzen zugelassen werden – ohne *aber* sondern mit vielen *und*'s. So gerne würde ich dir schreiben, dass diese Zukunft einfach kommt. Stattdessen werden die Momente kommen, die sich wie Kämpfe anfühlen – Kämpfe für deine Räume, Rechte, Rollenvielfalt. Aber – jetzt ist es ein wichtiges aber – du darfst entscheiden, welche Kämpfe sich für dich lohnen und auch, wie und wann du sie kämpft. Und das möchte ich dir mitgeben: Choose your battles wisely. Du wirst viel Ungerechtigkeiten erleben. Wir beide teilen, dass wir solche manchmal nicht aushalten, schreien wollen, Räume verlassen müssen. Wisse, dass du in einem System groß wirst, das dir viele negativen Gefühle geben wird. Das dir sagen wird, wie du zu sein hast, wie du arbeiten sollst und nicht zuletzt leben. Prüfe immer wieder für dich, wie es dir damit geht, was du brauchst, damit es dir gut geht und in welchen Räumen es dir nicht gut gehen kann, wo sich der Kampf auch nicht lohnt.

Und hier beginnt meine Wunschliste für deine, unsere Zukunft. Ich wünsche dir und deiner Frauengeneration, dass ihr neue Glaubenssätze formuliert, die wohlwollender, fürsorglicher und solidarischer mit- statt gegeneinander sind. Ich wünsche euch, dass ihr euch zusammenschließt und die Räume weitet, statt um die viel zu wenigen Plätzen nach oben zu konkurrieren. Generell lasst uns das Konkurrieren, den Neid, den Dauervergleich aufgeben und mit Empathie und Mitgefühl ersetzen. Ich wünsche uns, dass wir uns unserer Unterschiede bewusst sind als Frauen(Generationen) und den Blick auf das gleiche Erleben im gleichen System nicht verlieren. Und wo wir schon beim Ablegen von ungesundem Verhalten sind – ich wünsche uns, dass wir uns weniger rechtfertigen und mehr in unser Können vertrauen – und dass du dich nie als Hochstaplerin fühlen wirst (das ist, wenn du daran zweifelst dir etwas verdient zu haben – hinterfrage das Gefühl unbedingt, es betrifft oftmals Frauen und hat auch systemische Ursachen). Ich wünsche dir, dass du nein sagst, ohne zu erklären warum und ohne dich schuldig zu fühlen. Erinnere dich, du hast ebenso ein Recht auf die Gestaltung von Räumen, Zeitplänen und Kommunikation. Konkret, nein, du musst nicht erklären, wenn du zu vorgeschlagenen Terminen nicht kannst – andere, besonders oft (männliche) Personen in Machtpositionen tuen dies auch nicht. Dahinter steht das Ziel, dass wir uns weniger verstellen und durchbeißen. Apropos, ich hoffe sehr, dass in deiner Generation Beißschienen weniger vorkommen, wir als Gesellschaft irgendwann insgesamt weniger unter Druck stehen (mit der erdrückenden Klimakrise mal ausgenommen, da kommen wir aus dem Druckgefühl nicht raus, das hoffentlich zu Handlungen führt). Und nicht zuletzt, sondern eigentlich zuvorderst wünsche ich dir den Mut und die Entschlossenheit deinen Weg zu gehen, abzubiegen, neu anzufangen und auch dich auszuruhen. Dafür wünsche ich uns Zeitwohlstand, um Zeit fürs Nachdenken zu haben. Was das heißen kann, kann dir Teresa Bücker in ihrem Buch »Alle Zeit. Eine Frage von Macht und Freiheit.« genauer erzählen und dir auch viel besser erklären, wie auch die Aufteilung (freier) Zeit mit Macht und unter Anderem Geschlecht zu tun hat.[9]

Ich wünsche mir, dass wir alle nicht aufhören, bestehende Glaubenssätze, vermeintliche Wahrheiten oder vorgefertigte Rollen zu hinterfragen, immer und immer wieder. Ich wünsche mir für euch, dass ihr vielfältige Vorbilder als Frauen habt – und versuche meinen Beitrag hierfür zu leisten. Ich wünsche uns, dass wir uns trauen, unsere eigenen, inneren Wahrheiten zu leben und dabei nicht gemocht zu werden. Ich wünsche uns Räume, die uns schützen, in denen wir uns unterstützen und wir vom Mangelgefühl zum Mitgefühl kommen. Ich wünsche uns Hoffnung, denn nur Hoffnungslosigkeit führt zur Apathie. Alle anderen Gefühle taugen zur Mobilisierung.

Ich wünsche mir, dass ihr den Keim, der durch viele Frauenbewegungen vor uns gelegt wurde, weitertragt und eure eigenen Keime sät, auf die ich mich gespannt freue. Erlaubt euch aber auch nicht zu kämpfen, nach euren individuellen Fähigkeiten zu leben. Eine Fähigkeit, die ich dir und nicht zuletzt uns allen wünsche, ist das »Sich-selbst-Zuhörenkönnen«, wie es Mascha Kaléko in ihrem Gedichtband »Sei klug und halte dich an Wunder« nennt.[10]
Ada, ich verspreche dir, ich bin da und höre zu.

Deine Nina

Eine kurze Anleitung zur Unterbrechung des Autopiloten

(inspired by Svenja Gräfen)

#GefühleJetzt – Was fühlst du, was sagt dir dein Körper, welche Gefühle fühlst du nicht?

#StressGestern – Was und wer verursacht bei dir Stress, welche Stressoren kannst du nennen?

#SelbstliebeMorgen – Was tut dir gut, was kannst du tun, damit es dir morgen besser geht?

Mantra zur Meditation für Selbstwirksamkeit in Krisenzeiten

Ich erlaube mir nein zu sagen. Ich erlaube mir nicht zu gefallen. Ich erlaube mir, genug zu sein. Ich erlaube mir kritische Fragen zu stellen. Ich erlaube mir zu rebellieren. Ich erlaube mir zu pausieren. Ich erlaube mir in meinem Tempo zu leben. Ich erlaube mir, mir selbst und anderen zu verzeihen. Ich erlaube mir nicht alles zu leben und alles zu leben, was ich will. Ich erlaube mir zu scheitern. Ich erlaube mir mein Scheitern nicht als Scheitern zu bewerten. Ich erlaube mir wütend/traurig/weich/ängstlich zu sein. Ich erlaube mir Schwächen zu zeigen. Ich erlaube mir, ich zu sein. Ich erlaube mir zu fühlen. Ich erlaube mir, mein Frau-sein zu sein.

Nina-Kathrin Wienkoop ist promovierte Politikwissenschaftlerin und Ethnologin. Sie ist Vorstandsmitglied beim Institut für Protest- und Bewegungsforschung sowie Co-Leitung in Teilzeit eines Innovationslabors der Stadt Hamburg. Ihre Leidenschaft sind Fragen der Transformation für eine Gesellschaft, in der Vielfalt, Toleranz, Kollaboration und Zusammenhalt gelebt werden. Sie publiziert, berät, forscht und lehrt zu Themen wie Resilienz und Zukunft der Demokratie, Emotionen in Politik und Gesellschaft, Jugend und Engagement, sowie Erfolge von Protesten und sozialen Bewegungen. Zudem gibt sie regelmäßig Workshops zum Empowerment und Zukunftsfähigkeit von Menschen und Organisationen.

Lese-Empfehlungen

- **Die Welt geht unter, und ich muss trotzdem arbeiten**
  Sara Weber, KiWi Paperback (2023)
- **Radikale Selbstfürsorge jetzt! Eine feministische Perspektive**
  Svenja Gräfen, Eden Books (2021)
- **Unlearn Patriarchy**
  Lisa Jaspers, Naomi Ryland & Silvie Horch, Ullstein Buchverlage (2022)
- **Unerschrocken. Porträts außergewöhnlicher Frauen**
  Pénélope Bagieu, Reprodukt (2021)

eine neue schule

wie sich selbstwirksamkeit entfalten kann

Aus einem Gespräch mit Margret Rasfeld

Die meisten Menschen denken ja eher mit Schrecken an ihre eigene Schulzeit. Natürlich hat sich seit »damals« schon viel verändert, aber es ist noch lange nicht ausreichend. Es gibt immer noch mächtige Vorfahren, die wir loswerden müssen. Wann immer ich irgendwo einen Vortrag halte, merke ich, dass die Menschen eine große Sehnsucht danach haben, dass sich etwas verändert. Eine Hoffnung. Deshalb habe ich unter anderem vor über zehn Jahren die Initiative und das Netzwerk »Schule im Aufbruch« gegründet.

Eine »Neue Schule« ist für mich in erster Linie eine Schule, in der wir den jungen Menschen so wichtige Dinge wie Mut, Zuversicht, Sinn, Resilienz vermitteln, wir ihnen Verantwortung übergeben und ihnen etwas zutrauen, in der sie herausgefordert werden. Wir müssen ihnen Möglichkeits- und Entwicklungsräume eröffnen. Sie müssen Kompetenzen wie Risikobereitschaft, Frustrationstoleranz und auch das Scheitern lernen. In den meisten Schulen unterbinden wir so viel von dem, was in Zeiten wie diesen essenziell ist. Raus aus der Ohnmacht, rein in die Veränderung. Raus aus der eigenen Komfortzone, sich selbst Herausforderungen suchen, selbst Lösungen finden und selbst umsetzen. Die eigene Selbstwirksamkeit erleben. Es bräuchte dabei viel mehr ein Lernen im Leben. Das Leben selbst stellt uns doch die wichtigen Fragen, nicht irgendein Schulbuch. Wir brauchen mehr Staunen und Ehrfurcht und sich berühren lassen.

Natürlich braucht es auch den Teil der Wissensaneignung, aber nicht wie in den meisten Schulen frontal und nach vorgegebenen Stundenplänen, bei denen einfach nur stupide Arbeitsblätter ausgefüllt werden müssen. Arbeitsblätter sind überhaupt eine absolute Beleidigung für Kinder. Vielmehr müssen sie selbstorganisiert lernen können, im eigenen Tempo, im Peer-Learning, also gemeinsam, unterstützt von den Mitschüler:innen anstatt im ständigen Vergleich mit anderen. Vertrauen statt Kontrolle.

Der Schlüssel zu einem anderen, einem guten Lernen sind Resonanz und Beziehung. Zwischen den Menschen, aber zum Beispiel auch zwischen Mensch und Natur. Durch das heutige Schulsystem sind wir nicht nur viel zu sehr abgeschnitten vom wirklichen Leben, sondern vor allem von dem, was uns eigentlich ausmacht: Gemeinschaft und Verbundenheit. Lernen läuft in erster Linie über Beziehung. Von daher ist das Gemeinsame mit den Lehrer:innen auch so wichtig – als Lernbegleiter:innen, als Mentor:innen, die den Prozess unterstützen. Zur Selbstwirksamkeit gehört immer jemand, der mir das alles zutraut, jemand, der mir sagt, dass ich gut bin, dass ich wichtig bin, dass ich gebraucht werde. Selbstwirksamkeit wird eher verhindert als gefördert. Man sollte es nicht für möglich halten, aber den meisten Lehrenden ist Albert Bandura mit seinem Selbstwirksamkeitskonzept nicht bekannt, beziehungsweise scheinen sie es in ihrer Arbeit nicht präsent zu haben. Verrückterweise spielt ja auch die Psychologie in unserem Schulalltag so gut wie keine Rolle.

Unser Schulsystem sorgt dafür, dass Fachlernen immer noch wichtiger ist, als Themen wie Herzensbildung oder Kreativität. Fächer wie Kunst, Theater oder Musik werden aktuell am ehesten gestrichen. Wir müssen aber viel mehr raus aus dem Kopf und rein ins Herz. Wir müssen vor allem ganz dringend weg von diesem ständigen Stresslevel der Benotung und des Gegeneinanders. Man muss sich das mal vorstellen: 30 % der jungen Menschen sind heutzutage depressionsgefährdet. Die mentale Gesundheitslage ist wirklich besorgniserregend. Lernen im Stress ist zur Normalität geworden. Unser Gehirn ist in einem ständigen Funktioniermodus. Nie sind wir genug. Es herrschen Erfüllergeist, Gehorsam. Alles ist regelkonform und Schubladendenken. Bürokratisierte Zwangsveranstaltungen. Was wir erleben, ist eine totale Entfremdung von unseren Gefühlen, von uns selbst. Gefühle müssen hinter einer Fassade versteckt werden, es darf mir nicht schlecht gehen. Im Grunde werden wir damit schon in den Schulen auf unsere Burnoutgesellschaft vorbereitet. Und das, obwohl Eltern im Vergleich zu früher heutzutage ja schon eher wie

Freunde sind. Diese Idee eines friedlichen Aufwachsens ist zwar ein schöner Grundgedanke, aber, wenn Eltern deine Freunde sind, willst du sie ja nicht enttäuschen. Also entsteht auch dadurch ein Druck. Ganz abgesehen davon, dass es immer noch genügend Eltern gibt, die von ihren Kindern erwarten, dass sie erfolgreich sind und später bleiben.

Und dann ganz wichtig und mit Blick auf »gute Arbeit«: eine »Neue Schule« ist vor allem auch für die Lehrenden ein Ort, an dem sie gut und zeitgemäß als Kolleg:innen miteinander arbeiten, die Schule mit modernen Tools und Methoden steuern und führen können. Schule muss auch ein guter Arbeitsort sein. Auch daran müssen wir arbeiten.

Lieblingstipps zum Starten

1. Sucht Euch als erstes Mitstreiter:innen. Und geht raus aus der »Pessimismus-Bubble«. Du wirst schnell merken, dass Du mit deinen Gedanken, Deinen Vorstellungen und Hoffnungen nämlich nicht alleine bist – und nie alleine sein wirst. Am besten ist es, in einer kleinen, gemischten Gruppe aus gleichgesinnten Eltern, Lehrer:innen und Schüler:innen zu starten.
2. Lasst Euch am Anfang einfach nur inspirieren und versucht, das »andere« zu fühlen. Schaut Filme, geht zu Konferenzen und Kongressen wie z. B. die »Pioneers of Education«. Besucht Schulen, die anders arbeiten. Ladet spannende Akteure an die Schule ein und verursacht eine kleine Infektion von außen. Geht dazu gemeinsam in den Austausch, in Resonanz: was habt Ihr erlebt, was habt Ihr gesehen, was hat Euch berührt, was hat Euch verwundert, was hat Euch inspiriert, was hat Euch ermutigt?
3. Fangt einfach (klein) an. Jede Schule, jede:r Lehrer:in hat genügend pädagogische Freiheit, um Projekte zu machen und etwas auszuprobieren. Damit kann man die eigene Selbstwirksamkeit wunderbar stärken.
4. Macht andere neugierig, ladet sie ein. Verschenkt zum Beispiel tolle Bücher zu dem Thema. Und sprecht bei all dem aus dem Herzen, aus der eigenen Überzeugung. Teilt und berichtet von guten Erfahrungen.
5. Bezieht (früh) die Schulleitung mit ein, versucht sie zu überzeugen, damit es auch einen nachhaltigen und strukturellen Erfolg geben kann.

Margret Rasfeld ist Schulleiterin, Bildungsinnovatorin, Speakerin, Autorin, Vernetzerin von Ideen und Menschen und Inspirateurin für eine zukunftsfähige Lern- und Arbeitskultur. Mit der *Initiative Schule im Aufbruch*, Vorträgen, Büchern und Veröffentlichungen tritt sie für eine neue Bildungskultur ein. Deren Eckwerte sind: Bildung für nachhaltige Entwicklung, Potenzialentfaltung, wertschätzende Beziehungskultur, Partizipation, Verantwortung, Sinn.

Lese-Empfehlungen

- **Wie wir Schule machen: Lernen, wie es uns gefällt**
  Alma de Zárate, Jamila Tressel & Lara-Luna Ehrenschneider et al, Albrecht Knaus Verlag (2014)
- **Eine andere Welt ist möglich: Aufforderung zum zivilen Ungehorsam**
  Vandana Shiva & Lionel Astruc, oekom Verlag (2019)
- **Hoffnung durch Handeln: Dem Chaos standhalten, ohne verrückt zu werden**
  Joanna Macy & Chris Johnstone, Junfermann Verlag (2014)
- **Vorbilder: Menschen und Projekte, die hoffen lassen. Der alternative Nobelpreis**
  Jürgen Streich, J. Kamphausen Mediengruppe GmbH (2005)

ein neuer job
über das »gerne-prinzip«

Ein Gespräch mit Cathy Narriman und Juliane Berghauser Pont von Flipped Job Market

Ihr wendet die Idee der Selbstwirksamkeit seit Jahren in eurer Arbeit an, für Menschen, die auf Jobsuche sind oder etwas an ihrer derzeitigen Arbeitssituation ändern wollen. Wie verbindet ihr das Konzept von Bandura mit eurem Ansatz bei Flipped Job Market?

Cathy: Einerseits haben wir unsere Konzepte und Formate vor allem aus realen Kontexten heraus erarbeitet, weil sie schließlich auch *für* reale Kontexte taugen sollen. Also, wir schauen immer: Was funktioniert gut bei uns und bei anderen, was gelingt in der Arbeitswelt? Und dann bauen wir das in Modellen nach und erfinden Formate. Andererseits machen wir das natürlich gleichzeitig auch vor einem sehr fundierten theoretischen Hintergrund. Wir greifen auf längst bestehende gelingende Konzepte zurück, wie auf das der Salutogenese oder das der wertschätzenden Kommunikation, das des Life/Work-Plannings etc. Und so eben auch auf die Idee der Selbstwirksamkeit. Die prägt uns und unsere Arbeit stark.

Juliane: Uns ist das ein wichtiges Anliegen, weil bei der Jobsuche das Gefühl der eigenen Selbstwirksamkeit schnell verloren gehen kann. Jobanzeigen klingen oft fordernd und nach einem »Du musst alles können!«. Jobsuche hat leider noch viel von »sich gut verkaufen«- müssen oder »den eigenen Marktwert« kennen. Zum Beispiel, dass man kaum etwas wert ist, wenn man es nicht mit Zertifikaten nachweisen kann. In so einer Grundstimmung fällt es schwer, auf die eigenen Fähigkeiten und die eigene Wirkung zuzugreifen. Wir nennen das »Kompetenzamnesie«. Unsere Kurse haben daher überhaupt gar nichts mit Stellenanzeigen oder Bewerbungen zu tun, ganz im Gegenteil. Wir arbeiten gegen den heutigen Selbstoptimierungswahn an und helfen dabei, dass man wieder Zugriff auf die vorhandenen Kompetenzen bekommt.

Was ist denn eure Definition von »Kompetenzen«?

Cathy: Kompetenzen, oder auch Fähigkeiten, sind für uns komplex und lebendig. Und sie haben mehrere Dimensionen. Es geht nie nur um das Können oder eine Tätigkeit isoliert an sich: Auf welche Weise übt jemand eine Tätigkeit aus? Welches Wissen steckt dahinter? Welche Erfahrung? Kompetenzen hängen z. B. auch von Tagesform oder Lebensphasen ab. Oder: Ein und dieselbe Kompetenz kann in manchen Kontexten voll hilfreich, in anderen eher hinderlich sein. Dieses Differenzieren und neu Kombinieren macht nicht nur Spaß – es wird vor allem der Komplexität von Fähigkeiten gerecht, wenn wir die Begriffe mit echtem Leben füllen.

Juliane: In unseren Kursen machen sich die Teilnehmenden wortwörtlich »einen Begriff« von ihren Fähigkeiten – und sich somit wieder ganz zu eigen. Dann bedeutet meinetwegen das »Kommunizieren« der einen etwas ganz anderes als das des anderen. Und auch das, was wir unter den Kompetenz-Klassikern aus Stellenanzeigen wie »Teamfähigkeit« verstehen oder was sie in der Realität bedeuten mögen, darüber lässt sich doch prima diskutieren! Wichtig ist – im Sinne der Selbstwirksamkeit – ja nur, sich der eigenen Kompetenzen gewahr zu sein. Dann kann man sie selbstbestimmt einsetzen oder auch nicht.

Ihr nutzt in eurer Arbeit unter anderem auch die vier Quellen von Bandura. Wie geschieht das genau?

Juliane: Unsere Arbeit basiert in der Tat sehr stark auf Banduras erster Quelle der eigenen Erfahrungen: Es geht um Kompetenzerleben. Wir erforschen mit den Teilnehmenden das Gelingende aus ihrer Biographie. Unabhängig von ihrem Beruf und der aktuellen Situation. Uns interessieren die Kompetenzen, die ihnen derart leichtfallen, die so sehr zu ihnen gehören, dass sie diese kaum noch wahrnehmen. Weil sie so selbstverständlich erscheinen. Es sind übrigens keine *Erfolg*s-geschichten, Erfolg ist nicht Gelingen! Und es ist viel mehr als Stärkenorientierung. Wir fragen: Was ist sowieso schon alles da, was ist wörtlich genommen WESENtlich?

Cathy: Und das ist dann meist so überraschend viel, dass es die Leute regelrecht flasht. Hier lösen wir uns langsam, aber sicher von Bewertungen und gehen in Richtung dessen, was wir die »Gerne-Fähigkeiten« nennen. Das kitzeln wir alles heraus – wobei: Eigentlich machen das die Teilnehmenden selbst – womit wir bei der Vorbilder-Quelle, der zweiten von Bandura wären: Wir wollen nicht, dass die Leute nur um sich selbst kreisen! Wir arbeiten grundsätzlich in Gruppen und schaffen lediglich Strukturen, Reihenfolgen und einen freien, (geschützten) Raum, damit alle selbstbestimmt voneinander lernen können und den Blick für Gelingendes schärfen. Andere spiegeln und von anderen gespiegelt werden. Konkurrenz ist unserer Auffassung nach ja ohnehin nur ein (völlig überflüssiges) Konstrukt, wir alle sind einander Vorbilder! Tatsächlich fällt es den Teilnehmenden leichter, Kompetenzen an anderen zu erkennen und wertzuschätzen als bei sich selbst. Die so selbstverständlichen eigenen Kompetenzen erscheinen manchmal nicht so wertvoll, weil sie eben nicht hart erarbeitet sind.

Juliane: Für die dritte Quelle, die der verbalen Ermutigung, arbeiten wir mit vielen Feedback-Methoden. Dadurch, dass sich die Teilnehmenden vorher ja nicht kennen und sehr gleichwürdig und freiwillig zu uns kommen, können sie sich dabei recht unbelastet und aufrichtig begegnen: Sich gegenseitig stärken, ermutigen, sich vor allem auch verstanden fühlen. Das Gruppensetting ist explizit kein Team-Setting: Jeder und jede hat eine eigene Baustelle – aber alle helfen bei allen mit. Jeder weiß, wie es ist, andere zu unterstützen – und kann Ermutigung und Unterstützung dann selbst besser annehmen. Das hilft dabei, sich wieder selbst zu glauben und sich Dinge zu erlauben, die einem nicht möglich schienen.

Cathy: Wieder die Chefin oder der Chef des eigenen Lebens zu werden zum Beispiel! Und was die vierte Quelle angeht, die der emotionalen Erregung, so ist für uns nicht nur ein herzliches Miteinander, ein gemeinsames Arbeiten im Kurs wichtig. Wir arbeiten mit allen Sinnen, gehen in Resonanz miteinander, mit uns selbst, mit den Inhalten. Wir gehen im Kurs auch physisch raus in die reale Arbeitswelt, begegnen Fremden, schauen uns Orte an, vermitteln Netzwerktechniken. Zu einer gelingenden Gestaltung des eigenen Berufslebens gehört schließlich auch, dass man mit einem guten Gefühl zur Arbeit geht, auf allen Ebenen, das muss man erspüren können. Und nicht zuletzt gehört hier auch die Frage nach der Sinnbehaftung hin: Ob der eigene

Job als sinnvoll wahrgenommen wird oder nicht, liegt ja nicht in erster Linie am Job, sondern an einem selbst: Nur man selbst kann einem Job einen Sinn verleihen.

Juliane: Das Gerne-Prinzip fördert Selbstwirksamkeit in jeder Hinsicht – und das passt auch ziemlich gut zu unserer sehr besonderen Vorgehensweise im Modus der Serendipity und zu unserer Haltung mit einem positiven Menschen- und Weltbild. Am Ende geht es ja bei uns nicht um Bewerbungen, nicht um Ziele oder Meilensteine, sondern darum, Möglichkeitsräume zu vergrößern und Gestaltungsspielräume zu schaffen.

Wie es so schön heißt: *»It is easier to act yourself into a new way of thinking than to think yourself into a new way of acting«.*

Cathy, Du hast das Buch »Das Gerne-Prinzip« geschrieben. Was ist dieses »Gerne-Prinzip«?

Das »Gerne-Prinzip« ist das Denkmodell hinter unseren Methoden für eine gerechte Arbeitswelt. Wir denken nicht in Stärken und Schwächen, das ist uns zu kurz gesprungen. Wir lösen uns von Bewertungs- und Verwertungsideen, und fragen nach dem *Gerne* (was Herausforderungen natürlich nicht ausschließt). Und natürlich geht es auch um Werte, Bedürfnisse, Erfahrungen. Das »Gerne-Prinzip« berücksichtigt aber vor allem immer alle drei Ebenen gleichwürdig: erstens die der Menschen, um die es geht, zweitens die der Organisation von Arbeit und drittens die der Relevanz der zu erledigenden Aufgaben für die Gesellschaft.

Das Denkmodell basiert auf folgenden fünf Leitgedanken:

1. Es ist schon alles da: Positives Menschenbild und neue Bewertungskultur erleben.
   Standortbestimmung statt Selbstoptimierung
2. Mit Spaß an der Freude: Der eigene Gelingensblick und Sinnbehaftung herstellen.
   Gerne ist wichtiger als gut
3. Das Ziel darf nicht im Weg sein: Möglichkeitsräume für Unvorhergesehenes schaffen.
   Serendipity statt Zielorientierung

4. Interessiert statt interessant: Wir alle brauchen einander.
Persönliche Begegnungen und Resonanz statt Marketing

5. Auf den Kopf stellen: Perspektivwechsel schärfen den Blick auf das Wesentliche
Flipped Jobmatching und Jobcrafting

Was empfehlt ihr jemanden, der seinen Job nicht mehr mag? Einfach so wechseln ist ja manchmal nicht einfach. Man hat vielleicht Familie, Verpflichtungen, etc.?

Es geht nicht um den nächsten Job, sondern darum, das eigene Arbeitsleben immer wieder und verantwortlich zu gestalten. Und tatsächlich geht es bei uns nicht darum, sofort etwas Neues oder was ganz anderes zu suchen und sich damit wieder nur anzupassen: Wir halten es für sinnvoller, sich erstmal gründlicher darüber klar zu werden, was man wirklich gerne macht, mit welchen Leuten, zu welchen Themen, mit welcher Wirkung man gerne arbeiten möchte. Und dann ein eigenes Netzwerk aufzubauen oder mit den neu gewonnenen Erkenntnissen im aktuellen Job etwas zu verändern.

Cathy Narriman und Juliane Berghauser Pont sind Arbeitswelt-Aktivistinnen (Flipperium) und entwickeln mit Flipped Job Market Formate, Konzepte und Methoden zu Job-Matching und Job-Crafting. Sie beraten, moderieren, coachen zu und für eine gerechtere Arbeitswelt. Und am liebsten vernetzen sie Menschen miteinander. Sie stehen dabei für eine faire Arbeitswelt, in der die vielen wichtigen Aufgaben in unserer Gesellschaft gerne (und deswegen: gut) erledigt werden. Von Menschen, die sich als selbstwirksam erleben und denen es gut dabei geht.

Lese-Empfehlungen

- **Das Veto-Prinizp. Die sieben Säulen gleichwürdiger Pädagogik**
Maike Plath, Beltz (2023)

- **Momo**
Michael Ende, Thienemann (1973)

- **Im Grunde gut: Eine neue Geschichte der Menschheit**
Rutger Bregman, Rowohlt Taschenbuch (2021)

- **Das Gerne-Prinzip: Jobsuche auf den Kopf stellen**
Cathy Narriman, mikrotext (2023)

Deine Liste der Selbstwirksamkeit

Um Dir bewusst zu machen, wie selbstwirksam Du bereits bist, suchen wir nach Selbstwirksamkeitserfahrungen aus Deiner Biographie. Wir fahnden nach Situationen und Momenten, kürzeren und längeren konkreten Szenen oder Anekdoten aus Deinem Leben, an die Du gerne zurückdenkst, und in denen Du Dich selbst gut fandest.

Nimm Dir VIER Minuten Zeit und schreibe SIEBEN kleine Geschichten bzw. deren Titel auf (z. B. »Geschenk für meine Freundin zum runden Geburtstag«).

Es ist dabei völlig irrelevant, ob Du sie gestern oder vor 8 Jahren erlebt hast. Und es ist irrelevant, ob sie aus dem beruflichen oder privaten Kontext kommen, und auch, ob Du dabei alleine warst oder mit anderen Leuten interagiert hast. Vor allem aber ist völlig egal, ob Du in diesen Momenten in irgendeiner Form erfolgreich warst oder nicht – wenn Du zufrieden warst und bist, ist es eine gelungene Selbstwirksamkeitserfahrung.

Relevant sind folgende Kriterien, die jede Geschichten erfüllen muss:

1. **Du hattest dir bewusst etwas vorgenommen zu tun. (»Ich möchte meinem:r Freund:in eine Freude machen und ein sehr persönliches Geschenk gestalten.«)**

2. **Während des Erlebnisses, ging es Dir gut, Du hast es gerne gemacht. (»Ich habe mir gerne die Mühe gemacht und von ganz vielen ihrer Bekannten Fotos eingesammelt und es hat Spaß gemacht, damit ein großes Album zu gestalten.«)**

3. **Du gefällst Dir selbst (auch) im Rückblick in dieser Szene (»Ich mag mich in dieser Erinnerung, ich finde gut, dass ich das so gemacht habe.«)**

4. **Du selbst bist mit dem »Ergebnis« zufrieden (»Ich bin mit dem Album zwar erst nach dem Fest ganz fertig geworden, aber ich finde, es war eine gute Idee und es ist richtig schön geworden, und er oder sie hat sich sehr darüber gefreut.«)**

Ergänze gerne vier Wochen lang jeden Tag eine weitere Geschichte oder einen Titel (aktuelle oder aus der Vergangenheit).

Viel Freude damit!

ein anhang

was ganz gut ist, zu lesen

absolute lieblingsbücher

Zum Einstieg in »New Work«

- **Reinventing Organizations**
  Ein illustrierter Leitfaden sinnstiftender Formen der Zusammenarbeit
  Frédéric Laloux

- **Organisation für Komplexität**
  Wie Arbeit wieder lebendig wird – und Höchstleistung entsteht
  Niels Pfläging

- **New Work needs Inner Work**
  Ein Handbuch für Unternehmen auf dem Weg zur Selbstorganisation
  Joana Breidenbach, Bettina Rollow

Zur Vertiefung

- **Neue Arbeit. Neue Kultur**
  Frithjof Bergmann

- **Logbuch: Wandel in deiner Organisation integral gestalten**
  Stefan Enzler, Monika Luger, et al.

- **Selbstorganisation braucht Führung**
  Die einfachen Geheimnisse agilen Managements
  Boris Gloger, Dieter Rösner

- **Die Humanisierung der Organisation**
  Wie man dem Menschen gerecht wird, indem man den Großteil seines Wesens ignoriert
  Kai Matthiesen, Judith Muster, Peter Laudenbach

- **The Answer to How is Yes. Acting On What Matters**
  Peter Block

- **Kompass neues Denken: Wie wir uns in einer unübersichtlichen Welt orientieren können**
  Der unendliche Augenblick: Warum Zeiten der Unsicherheit so wertvoll sind
  Natalie Knapp

- **The Connected Company**
  Dave Grey

- **Die 7 Wege zur Effektivität**
  Prinzipien für persönlichen und beruflichen Erfolg
  Stephen R. Covey

- **Die fünfte Disziplin**
  Kunst und Praxis der lernenden Organisation
  Peter Senge

- **New Work braucht New Learning**
  Eine Perspektivreise durch die Transformation unserer Organisations- und Lernwelten
  Jan Foelsing, Anja Schmitz

- **Das Prinzip Verantwortung**
  Versuch einer Ethik für die technologische Zivilisation
  Hans Jonas

- **Resonanz**
  Eine Soziologie der Weltbeziehung
  Hartmut Rosa

- **WuWei**
  Die Lebenskunst des Tao
  Theo Fischer

- **Mit sich selbst befreundet sein**
  Von der Lebenskunst im Umgang mit sich selbst
  Wilhelm Schmid

zum vertiefen

das literatur- und quellenverzeichnis*

das vorwort

1 Zitat Alice Walker
https://beruhmte-zitate.de/autoren/alice-walker/

der zustand unserer arbeit

1+4 Gallup »State of the Global Workplace«
https://www.gallup.com/workplace/349484/state-of-the-global-workplace-report.aspx#ite-506897

2 World Economic Forum »Chief Economists Outlook«
https://www3.weforum.org/docs/WEF_Chief_Economists_Outlook_2023.pdf

3 World Economic Forum »The Future of Jobs Report«
https://www.weforum.org/reports/the-future-of-jobs-report-2023/digest

5 Porsche Consulting »Change Management Kompass«
https://www.porsche-consulting.com/de/de/publikation/change-management-kompass-2020

6 Bundesanstalt für Arbeitsschutz und Arbeitsmedizin »Psychische Belastung und mentale Gesundheit bei Führungskräften«
https://www.baua.de/DE/Angebote/Publikationen/Fakten/Mentale-Gesundheit-Fuehrungskraefte.htm

7+8 Harvard Business Review »What CEOs Are Afraid Of« sowie »CEOs, Don't Let Fear and Paranoia Sink Your Leadership«
https://hbr.org/2015/02/what-ceos-are-afraid-of?utm_campaign=WorldBlu+Awareness&utm_source=hs_email&utm_medium=email&utm_content=27063007&_hsmi=27063007
https://hbr.org/2020/10/ceos-dont-let-fear-and-paranoia-sink-your-leadership?ab=at_art_art_1x4_s01

9 Bundesverband Deutscher Unternehmensberatungen »Studie Honorar Consulting« sowie »Facts & Figures zum Consultingmarkt 2023«
https://www.bdu.de/studien/honorar-consulting/
https://www.bdu.de/media/355573/facts-figures-vorjahr.pdf

10 KPMG »Transformation erfolgreich gestalten«
https://klardenker.kpmg.de/digital-hub/transformation-erfolgreich-gestalten-2/

11 »Die Rosenheim Cops«
https://www.zdf.de/serien/die-rosenheim-cops

12 Matthiesen K., Muster J. & Laudenbach P. »Die Humanisierung der Organisation. Wie man dem Menschen gerecht wird, indem man den Großteil seines Wesens ignoriert«, Verlag Franz Vahlen München (2022), Seite 64

13 The Deming Institute
https://deming.org/a-bad-system-will-beat-a-good-person-every-time/

14 Duve K. »Weihnachten mit Thomas Müller«, Eichborn Berlin (2003)

15 Pestalozzi J.H. »Meine Nachforschungen über den Gang der Natur in der Entwicklung des Menschengeschlechts« https://www.heinrich-pestalozzi.de/werke/pestalozzi-volltexte-auf-dieser-website/1797-meine-nachforschungen/meine-nachforschungen-37

16 Bergmann F. »Die Freiheit leben«, Arbor Verlag (2005), Seite 10

alte arbeit

1 World Economic Forum »We're on the brink of a 'polycrisis' – how worried should we be?« https://www.weforum.org/agenda/2023/01/polycrisis-global-risks-report-cost-of-living/

2 Morin E. & Kern A.B. »Homeland Earth: A Manifesto for a New Millennium«, Hampton Press (1999), Seite 74

3 Vereinte Nationen »Agenda 21« https://de.wikipedia.org/wiki/Agenda_21

4 Cascades »European resilience« https://www.cascades.eu/topic/european-resilience/

5 U.S. Army Heritage and Education Center »Who first originated the term VUCA (Volatility, Uncertainty, Complexity and Ambiguity)?« https://usawc.libanswers.com/faq/84869

6 Hays Studie »Aktuelle Bedrohungslage« https://studien.hays.de/unternehmen-im-krisenmodus/aktuelle-bedrohungslage

7+8 Cascio J. »BANI – Facing the Age of Chaos« https://ageofbani.com/2023/01/human-responses-to-a-bani-world/

9 Kraaijenbrink J. »What BANI Really Means (And How It Corrects Your World View)«
https://www.forbes.com/sites/jeroenkraaijenbrink/2022/06/22/what-bani-really-means-and-how-it-corrects-your-world-view/

10 Adorno T.W. »Minima Moralia – Reflexionen aus dem beschädigten Leben«, Suhrkamp Berlin/Frankfurt am Main (1951)

11 Wikipedia »Industrielle Revolution«
https://de.wikipedia.org/wiki/Industrielle_Revolution

12 Planet Wissen »Das Fließband – eine Erfolgsgeschichte?«
https://www.planet-wissen.de/gesellschaft/wirtschaft/industrialisierung_in_deutschland/pwiedasfliessbandeineerfolgsgeschichte100.html

13+17 Taylor F.W. »Principles of Scientific Management«, Harper & Brothers (1911)
https://link.springer.com/referenceworkentry/10.1007/978-3-476-05728-0_21318-1

14 Bergmann, R., Garrecht, M. »Organisationstheorien. In: Organisation und Projektmanagement«, Springer Gabler, Berlin, Heidelberg (2021)
https://link.springer.com/chapter/10.1007/978-3-662-63754-8_6

15 Lucassen J. »The Story of Work – A new history of mankind«, Yale University Press (2021), Seite 349

16 Taylor F.W. »Principles of Scientific Management«, Harper & Brothers (1911)
https://link.springer.com/referenceworkentry/10.1007/978-3-476-05728-0_21318-1

18 Lucassen J. »The Story of Work – A new history of mankind«, Yale University Press (2021), Seite 296

19+20 Ford »Unser Gründer: Die Geschichte Von Henry Ford« https://www.ford.de/ford-entdecken/highlights-und-aktuelles/unser-gruender

21 Planet Wissen »Das Fließband – eine Erfolgsgeschichte?« https://www.planet-wissen.de/gesellschaft/wirtschaft/industrialisierung_in_deutschland/pwiedasfliessbandeineerfolgsgeschichte100.html

22 Zitat Henry Ford https://www.henry-ford.net/deutsch/zitate.html

23 Ford »Unser Gründer: Die Geschichte Von Henry Ford« https://www.ford.de/ford-entdecken/highlights-und-aktuelles/unser-gruender

24 Fayol H. »Administration industrielle et générale – prévoyance organisation – commandement, coordination – contrôle«, Dunod, Paris (1916)

25 Bregman R. »Im Grunde gut: Eine neue Geschichte der Menschheit«, Rowohlt Taschenbuch (2021), Seite 35

26 Planet Wissen »Das Fließband – eine Erfolgsgeschichte?« https://www.planet-wissen.de/gesellschaft/wirtschaft/industrialisierung_in_deutschland/pwiedasfliessbandeineerfolgsgeschichte100.html

27 Forberg C. »100 Jahre Fließband«, Deutschlandfunk https://www.deutschlandfunk.de/schwerpunktthema-100-jahre-fliessband-100.html

28 Wikipedia zu »Organisationstheorie« https://de.wikipedia.org/wiki/Organisationstheorie#cite_ref-12

29 Wikipedia zu »Frauenarbeit« https://de.wikipedia.org/wiki/Frauenarbeit

30 Bundeszentrale für Politische Bildung »Gleichberechtigung wird Gesetz«
https://www.bpb.de/kurz-knapp/hintergrund-aktuell/271712/gleichberechtigung-wird-gesetz/

31 The Mary Parker Follett Network
http://mpfollett.ning.com/

32 World Economic Forum »Jobs of Tomorrow: The Triple Returns of Social Jobs in the Economic Recovery«
https://www.weforum.org/publications/jobs-of-tomorrow-2022/

33 Heinrich Böll Stiftung »Sozialatlas 2022«
https://www.boell.de/de/sozialatlas

34 Wikipedia zu »Plattformkapitalismus«
https://de.wikipedia.org/wiki/Plattformkapitalismus

35 Heidbrink L. »Wie die Information uns verwirrt«, Zeit Online
https://www.zeit.de/2003/19/ST-Castells

36 Castells M. »Europäische Städte, die Informationsgesellschaft und die globale Ökonomie«
https://web.archive.org/web/20000818165055/http://www.heise.de/tp/deutsch/special/sam/6020/1.html

37 Statista »Green technology and sustainability market size worldwide from 2022 to 2030«
https://www.statista.com/statistics/1319996/green-technology-and-sustainability-market-size-worldwide/

38 Wikipedia zu »Anthropozän«
https://de.wikipedia.org/wiki/Anthropoz%C3%A4n

39 European Union »Industry 5.0«
https://op.europa.eu/en/publication-detail/-/publication/468a892a-5097-11eb-b59f-01aa75ed71a1/

40 Laloux F. »Reinventing Organizations. Ein illustrierter Leitfaden sinnstiftender Formen der Zusammenarbeit«, Verlag Franz Vahlen (2017)

neue arbeit

1 TheDive Hive Community
https://www.thedive.com/de/the-hive

2 intrinsify Community
https://www.expedition-arbeit.de/

3 New Work Women Community
https://new-work-women.jimdo.com/

4 Les Enfants Terribles Community
https://enfants-terribles.org/ueber-uns/community/

5 Filmreihe »Augenhöhe«
https://augenhoehe-film.de/mediathek/

6 Film »Die Stille Revolution«
https://diestillerevolution.de/

7 Xing New Work Experience (NWX)
https://nwx.new-work.se/

8 Freiräume (Un)Conference und Community
https://freiraeume.community/

9 Laloux F. »Reinventing Organizations. Ein illustrierter Leitfaden sinnstiftender Formen der Zusammenarbeit«, Verlag Franz Vahlen (2017)

10 Laloux F. »Reinventing Organizations. Ein illustrierter Leitfaden sinnstiftender Formen der Zusammenarbeit«, Verlag Franz Vahlen (2017), Seite 16/17

11 Harvard Business manager »Mehr Energie für den Neustart« https://www.manager-magazin.de/hbm/management/so-gelingen-change-projekte-a-00000000-0002-0001-0000-

12 Bergmann F. »Neue Arbeit. Neue Kultur«, Arbor Verlag (2007)

13 Bergmann F. »Neue Arbeit. Neue Kultur«, Arbor Verlag (2007), Seite 11

14 Interview mit Frithjof Bergmann »Ich ärgere mich sehr, sehr tüchtig«, Haufe https://www.haufe.de/personal/hr-management/frithjof-bergmann-uebt-kritik-an-akteuller-new-work-debatte_80_467516.html

15 Cascio J. »Get smarter« https://www.theatlantic.com/magazine/archive/2009/07/get-smarter/307548/

16 Knapp N. »Kompass neues Denken Wie wir uns in einer unübersichtlichen Welt orientieren können », Rowohlt Taschenbuch (2013), Seite 16

17+18 Jonas H. »Das Prinzip Verantwortung: Versuch einer Ethik für die technologische Zivilisation«, Suhrkamp Verlag (2020)

19 Karl Jaspers »Schuldvolle Passivität« https://www.deutschlandfunk.de/vortrag-vor-75-jahren-karl-jaspers-rede-zur-erneuerung-der-100.html

20 von Dewitz A. »Liebe CEOs, werden wir unserer Verantwortung gerecht!«, Manager Magazin https://www.manager-magazin.de/lifestyle/leute/vaude-chefin-antje-von-dewitz-warum-dauernoergelnde-ceos-mitverantwortlich-sind-fuer-den-hoehenflug-der-afd-eine-kolumne-a-a4921934-6ae4-40ca-99e7-6f7652c39520?sara_ref=re-xx-cp-sh

21 Stanley V. & Chouinard Y. »The Future of the Responsible Company«, Patagonia (2023)

22 von Rönne R. »Trotz«, dtv (2023) https://www.dtv.de/buch/trotz-28371

23 Wikipedia zu »Triple Bottom Line« https://en.wikipedia.org/wiki/Triple_bottom_line

24 Wikipedia zu »Drei-Säulen-Modell (Nachhaltigkeit)« https://de.wikipedia.org/wiki/Drei-S%C3%A4ulen-Modell_(Nachhaltigkeit)

25 United Nations »The 17 Goals« https://sdgs.un.org/goals

26 Raworth K. »Exploring Doughnut Economics« https://www.kateraworth.com/

27 Gemeinwohl-Ökonomie Deutschland https://germany.ecogood.org/

28 B Corporations https://www.bcorporation.de/

29 aus Kerth N. »Project Retrospectives: A Handbook for Team Review«, Dorset House Publishing Co Inc., U.S. (2001)

30 Scott Peck M. »Gemeinschaftsbildung – Der Weg zu authentischer Gemeinschaft«, eurotopia Verlag (2007)

31 New Pay
https://www.new-pay.org/

32 Matthiesen K., Muster J. & Laudenbach P. »Die Humanisierung der Organisation. Wie man dem Menschen gerecht wird, indem man den Großteil seines Wesens ignoriert«, Verlag Franz Vahlen München (2022)

33 Gloger B. & Rösner D. »Selbstorganisation braucht Führung. Die einfachen Geheimnisse agilen Managements«, Carl Hanser Verlag München (2017), Seite 40

34 unFix-Modell
https://unfix.com/what-is-unfix

35 Zellstruktur-Design
https://www.redforty2.com/cellstructuredesign

36 Beyond Budgeting
https://www.controllingportal.de/Fachinfo/Budgetierung/Ziele-und-Leistung-im-Steuerungsmodell-Beyond-Budgeting-eine-Neudefinition.html

37 HDI Berufe-Studie 2022
https://www.berufe-studie.de/2022_01-kernergebnisse.html

38 Statista »Anteil der Teilzeitbeschäftigung in der EU«
https://de.statista.com/statistik/daten/studie/1098738/umfrage/anteil-der-teilzeitbeschaeftigung-in-den-eu-laendern/#:~:text=Im%20zweiten%20Quartal%202022%20arbeiteten,rund%208%2C3%20Prozent%20lag

39 EY-Studie »Work Reimagined 2022: Warum Firmen eine neue Ära erwartet«
https://www.ey.com/de_de/workforce/hohe-fluktuation-wie-firmen-mitarbeiter-halten-koennen

40 Federal Reserve Bank of San Francisco »Does Working from Home Boost Productivity Growth?«
https://www.frbsf.org/research-and-insights/publications/economic-letter/2024/01/does-working-from-home-boost-productivity-growth/

41 New Pay-Konzept
https://www.new-pay.org/

42 Gesetz zur Förderung der Transparenz von Entgeltstrukturen, Bundesministerium für Familie, Senioren, Frauen und Jugend
https://www.bmfsfj.de/bmfsfj/themen/gleichstellung/frauen-und-arbeitswelt/lohngerechtigkeit/entgelttransparenzgesetz/entgelttransparenzgesetz-117952

43 Anderson B. »Der Geist des Führens«, Seite 2
https://leadershipcircle.com/wp-content/uploads/2021/12/DE-Spirit-of-Leadership-Whitepaper.pdf

44 Cascio J. »Facing the Age of Chaos«
https://medium.com/@cascio/facing-the-age-of-chaos-b00687b1f51d

45 X- (Twitter)-Post Niels Pfläging
https://twitter.com/NielsPflaeging/status/1001199959729897472

46 Breidenbach J. & Rollow B. »New Work Needs Inner Work. Ein Handbuch für Unternehmen auf dem Weg zur Selbstorganisation«, Vahlen (2019)

47 Zitat Spiderman
https://www.wikifi.de/post/mit-grosser-macht-kommt-grosse-verantwortung-bedeutung

48 Softgarden-Umfrage »The New Era of Work. Future of Leadership«
https://go.softgarden.com/de/study/future-of-leadership-teil-3/

49 »Fünf Gründe, warum Bayer-Chef Anderson die Notbremse zieht«, n-tv
https://www.n-tv.de/wirtschaft/Fuenf-Gruende-warum-Bayer-Chef-Anderson-die-Notbremse-zieht-article24671801.html

50 »Bill Anderson macht Ernst: Bayer rasiert seine Führungsebene«, Capital
https://www.capital.de/wirtschaft-politik/bayer-rasiert-seine-fuehrungsbene–chef-anderson-streicht-manager-jobs-34377148.html

51 Baecker D. »Postheroisches Management. Ein Vademecum« , Merve Verlag Berlin, Seite 36

52 Harvard Business Review »What sets successful CEOs apart«
https://hbr.org/2017/05/what-sets-successful-ceos-apart

53 Chatterjee A. & Pollock T.G. »Master of Puppets: How Narcissistic CEOs Construct Their Professional Worlds«, Academy of Management Review, Volume 42, No. 4
https://journals.aom.org/doi/abs/10.5465/amr.2015.0224/

54 Abatecola G. & Cristofaro M. »Ingredients of Sustainable CEO Behaviour: Theory and Practice«
https://www.mdpi.com/2071-1050/11/7/1950#B35-sustainability-11-01950

55 Duve K. »Warum die Sache schiefgeht: Wie Egoisten, Hohlköpfe und Psychopathen uns um die Zukunft bringen« , Goldmann (2016), Seite 17

56 Gerzema J. & D'Antonio M. »The Athena Doctrine: How Women (and the Men who think like them) will rule the Future«, Jossey-Bass (2013)

57 Brodbeck F. in Baumann-Habersack F. »Mit neuer Autorität in Führung.Warum wir heute präsenter, beharrlicher und vernetzter führen müssen », Springer Gabler (2015), Seite 28

58 Malik F. »Führungsstil ist nicht wichtig«, manager magazin (2002)
https://www.manager-magazin.de/unternehmen/karriere/a-199088.html

59 Zitat Frédéric Laloux
https://www.goodreads.com/author/quotes/7837769.Frederic_Laloux

60 Baumann-Habersack F. »Warum uns Führungsstile in der Zukunft nicht weiterbringen.«, LinkedIn-Artikel (2016)
https://www.linkedin.com/pulse/warum-wir-eine-neue-f%C3%BChrungshaltung-brauchen-und-baumann-habersack/

61 »New Amsterdam«-Serie
https://de.wikipedia.org/wiki/New_Amsterdam_(Fernsehserie,_2018)

62 »Einer von uns – nur besser«: Bewegender Abschied von Uwe Seeler«, NDR
https://www.ndr.de/sport/fussball/Abschied-von-Uwe-Seeler-Bewegende-Trauerfeier-im-Volksparkstadion,seeler638.html

63+64 »Postheroisches Management. Ein Vademecum« , Merve Verlag Berlin, Seite 82

65 Appelo J. »Manage The System, Not The People«, Forbes
https://www.forbes.com/sites/jurgenappelo/2015/09/15/manage-the-system-not-the-people/

66 Duve K. »Warum die Sache schiefgeht: Wie Egoisten, Hohlköpfe und Psychopathen uns um die Zukunft bringen« , Goldmann (2016), Seite 118

67 Brown B. »The Power of Vulnerability«, TED Talk
https://www.ted.com/talks/brene_brown_the_power_of_vulnerability

68 Interview mit Brené Brown, Süddeutsche Zeitung Magazin https://sz-magazin.sueddeutsche.de/wissen/verletzlichkeit-ist-der-schluessel-zu-allem-86367

69 »Warum Konzernchefs jetzt die Unternehmenskultur am Herzen liegt«, Spiegel Job & Karriere https://www.spiegel.de/karriere/unternehmenskultur-glueckliche-mitarbeiter-geld-in-der-kasse-a-77f41019-e621-4178-bfb4-5ad51feff0d4?utm_source=dlvr.it&utm_medium=linkedin#ref=rss

70 Kulturebenen-Modell von Edgar H. Schein https://de.wikipedia.org/wiki/Kulturebenen-Modell

71 Pfläging N. »Ihre Firma hat exakt die Kultur, die sie verdient«, LinkedIn https://www.linkedin.com/pulse/firmenkultur-da-haben-sie-sich-sch%C3%B6n-eingebrockt-niels-pflaeging/

machen

1 ifo Institut »Mangel an Fachkräften entspannt sich leicht« https://www.ifo.de/pressemitteilung/2023-02-15/mangel-fachkraeften-entspannt-sich-leicht

2 ifo Institut »Nachhaltiges Wirtschaftswachstum« https://www.ifo.de/themen/wirtschaftswachstum-und-nachhaltigkeit

3 Indset A. »Wohin transformieren wir uns?«, Interview Haufe https://newmanagement.haufe.de/strategie/anders-indset-suche-nach-einem-neuen-wirtschaftsuniversum

4 Laloux F. »Reinventing Organizations. Ein illustrierter Leitfaden sinnstiftender Formen der Zusammenarbeit«, Verlag Franz Vahlen (2017), Seite 41

5 Romhardt K. »Achtsam arbeiten – aber wie? Fünf Freunde auf dem Weg«, in »buddhismus aktuell« (4/2013)
https://www.romhardt.de/tl_files/romhardt/Artikel%20und%20Ressourcen/Achtsam-Arbeiten-buddhismus-aktuell-2013.pdf

6 Fischer T. »Wu wei: Die Lebenskunst des Tao«, Rowohlt Taschenbuch Verlag (2002), Seite 17

7 Block P. »The Answer to How is Yes: Acting on what matters«, Berrett-Koehler Publishers Inc. (2003)

8 Laloux F. »Reinventing Organizations. Ein illustrierter Leitfaden sinnstiftender Formen der Zusammenarbeit«, Verlag Franz Vahlen (2017)

9 Enzler S., Luger M. et al »Logbuch – Wandel in deiner Organisation integral gestalten«, imu augsburg GmbH & Co.KG (2021)

10 Wikipedia über Alfred Korzybski
https://de.wikipedia.org/wiki/Alfred_Korzybski

11 Zitat Hasso Plattner
https://digitaleneuordnung.de/blog/design-thinking-workshop/

12 Gopnik A. »The Emotional Benefits of Wandering«, Wall Street Journal
https://www.wsj.com/articles/the-emotional-benefits-of-wandering-11671131450?fbclid=IwAR1BhiF3suhl-4Kgi8wnbn9Gqp0Sf2LHFglRG3o6wYvGXLTkcO9Kif9_W78

13 Wikipedia über Louis Pasteur
https://de.wikiquote.org/wiki/Louis_Pasteur

14 aus Rilke R.M. »Über die Geduld« aus »Briefe an einen jungen Dichter«, Insel Verlag Leipzig (1929)

15 Wikipedia »Über die allmähliche Verfertigung der Gedanken beim Reden«
http://de.wikipedia.org/wiki/%C3%9Cber_die_allm%C3%A4hliche_Verfertigung_der_Gedanken_beim_Reden

16 Laloux F. »Reinventing Organizations. Ein illustrierter Leitfaden sinnstiftender Formen der Zusammenarbeit«, Verlag Franz Vahlen (2017), Seite 140

17 Knapp N. »Kompass neues Denken Wie wir uns in einer unübersichtlichen Welt orientieren können », Rowohlt Taschenbuch (2013), Seite 15

18 Wikipedia zu »Teams«
https://de.wikipedia.org/wiki/Team

19 Webseite zu Radical Collaboration
https://www.radicalcollaboration.com/

20 Research zu Radical Collaboration
https://www.radicalcollaboration.com/articles/summary-of-research/

21 Google rework-Projekt
https://rework.withgoogle.com/

22 Webseite von Amy Edmondson
https://amycedmondson.com/

23 Webseite von Prof. Dr. Carsten C. Schermuly
https://carstenschermuly.de/

24 Sebastian Purps-Pardigol »Führen mit Hirn: Mitarbeiter begeistern und Unternehmenserfolg steigern«, Campus Verlag (2015), Seite 51

25 Pfläging N. »Change ist so wie Milch in Kaffee geben«, Linkedin https://www.linkedin.com/pulse/change-ist-so-wie-milch-kaffee-geben-niels-pflaeging/

26 »Henrik Falk: Will die BVG stabilisieren«, rbb24 Inforadio https://www.ardaudiothek.de/episode/berlin-und-brandenburg/henrik-falk-will-die-bvg-stabilisieren/rbb24-inforadio/13082661/

27 Wikipedia zu »Law of the Instrument« https://de.wikipedia.org/wiki/Law_of_the_Instrument

28 Wikipedia zu »Transformation« https://de.wikipedia.org/wiki/Transformation_(Betriebswirtschaft)

29+30 Senge P.M. «Die fünfte Disziplin: Kunst und Praxis der lernenden Organisation«, Schäffer-Pöschel Verlag (2008), Seite 24

31 Gray D. »The Connected Company«, O'Reilly Media Inc. (2012), Seite 116

32 aus »Heimkehr nach Tipasa: Mittelmeehr-Essays«, Neue Arche Bücherei (1957)

33 Fuchs C. »Selbstwirksam lernen im schulischen Kontext. Kennzeichen – Bedingungen -Umsetzungsbeispiele«, Klinkhardt (2015), Seite 54

34 Schmid W. »Mit sich selbst befreundet sein. Von der Lebenskunst im Umgang mit sich selbst«, Suhrkamp Taschenbuch (2007), Seite 9

35 Covey S.R. »Die sieben Wege zur Effektivität: Prinzipien für persönlichen und beruflichen Erfolg«

36+37 Interviews mit Albert Bandura
https://www.youtube.com/watch?v=-_U-pSZwHy8
https://albertbandura.com/bandura-bio-pajares/albert-bandura-bio-sketch.html

38 Wikipedia über Louis Pasteur
https://de.wikiquote.org/wiki/Louis_Pasteur

39 Carina Fuchs »Selbstwirksam lernen im schulischen Kontext. Kennzeichen – Bedingungen -Umsetzungsbeispiele«, Klinkhardt (2015), Seite 24

40 Carina Fuchs »Selbstwirksam lernen im schulischen Kontext. Kennzeichen – Bedingungen -Umsetzungsbeispiele«, Klinkhardt (2015), Seite 40

41 Wikipedia zu »Theorie der Selbstregulation (Bandura)«
https://de.wikipedia.org/wiki/Theorie_der_Selbstregulation_(Bandura)

42 »Think Different: The Ad Campaign that Restored Apple's Reputation«
https://lowendmac.com/2013/think-different-ad-campaign-restored-apples-reputation/

43 Roth G. »Fühlen, Denken, Handeln. Wie das Gehirn unser Verhalten steuert«, Suhrkamp (2001)

44+45 Schmid W. »Mit sich selbst befreundet sein. Von der Lebenskunst im Umgang mit sich selbst«, Suhrkamp Taschenbuch (2007), Seite 9

46 Laloux F. »Reinventing Organizations. Ein illustrierter Leitfaden sinnstiftender Formen der Zusammenarbeit«, Verlag Franz Vahlen (2017), Seite 39

47 Rilke R.M. »Über die Geduld« aus »Briefe an einen jungen Dichter«, Insel Verlag Leipzig (1929)

inspirationen

new men

1 Studie »Männerperspektiven: Auf dem Weg zu mehr Gleichstellung?« Bundesministerium für Familie, Senioren, Frauen und Jugend (2016)

2 Bundesinstitut für Bevölkerungsforschung

3 Daten für 2021 laut Statistischem Bundesamt Deutschland

4 Malone, T. W., and Bernstein, M. S. (Eds.) »Handbook of Collective Intelligence«, Cambridge, MA: MIT Press (2015)

5 Paustian-Underdahl, S. C., Walker, L. S., & Woehr, D. J. »Gender and perceptions of leadership effectiveness: A meta-analysis of contextual moderators«, Journal of Applied Psychology (2014), Seiten 99(6), 1129–1145

6 Studie Credit Suisse
https://www.credit-suisse.com/about-us/de/research-berichte.html

new (generation) female

1 Kaur R. »the sun and her flowers«, Simon + Schuster UK (2017)

2 Kästner E. »Brief an mich selbst«
https://das-blaettchen.de/2008/04/brief-an-mich-selbst-6620.html

3 Adichie C.N. »Dear Ijeawele«, Fourth Estate (2018)
TED Talk »We should all be feminists«
https://www.ted.com/talks/chimamanda_ngozi_adichie_we_should_all_be_feminists

4 Wels S. »Anders bleiben. Briefe der Hoffnung in verhärteten Zeiten«, Rowohlt Taschenbuch (2023)

5 Weber, S. »Die Welt geht unter, und ich muss trotzdem arbeiten?«, KiWi-Paperback (2023)

6 Criado-Perez, C. »Unsichtbare Frauen. Wie eine von Daten beherrschte Welt die Hälfte der Bevölkerung ignoriert«, btb Verlag (2020)

7 Gräfin S. »Radikale Selbstfürsorge jetzt! Eine feministische Perspektive«, Eden Books (2021)

8 Instagram-Profil von Lora Mathis https://www.instagram.com/lora__mathis/

9 Bücker, T. »Alle Zeit. Eine Frage von Macht und Freiheit. Wie eine radikal neue, sozial gerechtere Zeitkultur aussehen kann«, Ullstein (2022)

10 Kaléko M. »Sei klug und halte dich an Wunder«, dtv Verlagsgesellschaft (2023)

*** Alle Links zuletzt abgerufen am 29.04.2024**

»viele kleine leute an vielen kleinen orten, die viele kleine schritte tun, können das gesicht der welt verändern.«

Afrikanisches Sprichwort

selbstbild

**Von dir erwarten
sollte Ich besser alles
und das Mögliche
mal eine Frage entfernt
mal um ein Rauschen entrückt**

**Von dir erwarten
sollte Ich besser gar nichts
als bloß Begleitung
in der Geduld deines Zorns
jäh und rückstandslos**

**Von dir erwarten
sollte Ich das Dazuhören
das Nichtantworten
Aufblasen von Luftballons
aber nicht das letzte Wort**

Dirk Seeger

dankeschön

Ein sehr großes Danke an alle, die mich bei diesem Buch begleitet, unterstützt und inspiriert, die mitgedacht, mitgeschrieben, mitgestaltet, und manchmal vielleicht auch ein bisschen mitgelitten haben. Das größte Danke geht an Andreas, der nicht im Geringsten ahnt, dass er die wichtigste Bestätigung fürs Schreiben genau dieses Buches war.